JN415134

최신 조리원리

송주은 · 현영희 · 변진원 · 백승희 · 김종욱 · 전기수 · 김미정

백산출판사

머리말

산업사회의 발달과 더불어 식생활은 세계화되고 다양화되어 더욱 더 풍요로워졌습니다. 또한 건강에 대한 욕구는 음식과 조리에 대한 사회적인 관심으로 이어지고 있는 추세입니다.

식품은 여러 가지 조리과정을 통하여 물리적·화학적인 성분이 변화되면서 음식으로 만들어집니다. 이러한 변화는 음식의 맛, 색, 풍미 등에 영향을 주어 기호성이 깊이 관련됩니다. 뿐만 아니라 영양학적으로도 변화를 나타내게 됩니다. 조리원리는 과학적인 이론을 근거로 하여 바람직한 조리를 할 수 있는 능력을 배양하는 실용학문입니다.

따라서 이 책은 학생들에게 조리과정에서 나타나는 변화의 원리를 규명하고, 이를 창의적으로 발전시켜 실생활에 응용할 수 있도록 하고자하는 목적으로 집필되었습니다.

필자들이 그 동안의 강의내용을 토대로 정리한 것으로 미처 발견하지 못한 미비한 부분이 많을 것으로 생각됩니다. 이는 앞으로 연구를 통하여 수정·보완해 나갈 것을 약속드리며, 선후배 여러분의 조언과 지도를 부탁드리고 싶습니다.

끝으로 이 책이 출판되기까지 수고해주신 백산출판사 진욱상 사장님과 직원 여러분께 깊은 감사를 드립니다.

2001년 7월

저자일동

차 례

제1장 조리원리의 기본개념

1. 조리의 의의 및 목적 ······ 14
1) 조리의 의의 / 14
2) 조리의 목적 / 14
2. 조리의 향후 과제 ······ 16

제2장 조리의 기초과학

1. 조리와 관련된 물리적 성질 ······ 20
1) 거품(foam) / 20
2) 점성(viscosity) / 20
3) 표면장력(surface tension) / 21
4) 유화(emulsification) / 21
5) 팽윤(swelling) / 23
6) 삼투압(osmotic pressure) / 23
7) 확산(diffusion) / 23
8) 콜로이드(colloid) / 24
9) 용해도(solubility) / 25
2. 조리와 열 ······ 26
1) 열과 열량 / 26
2) 열의 전달 / 28
3) 열 전달매체 / 30
3. 조리와 물 ······ 31
1) 물의 역할 / 31
2) 물의 분류 / 31

제3장 조리방법

1. 기본 조리조작 ··38

1) 계 량 / 38
2) 씻 기 / 43
3) 담그기 / 44
4) 썰 기 / 46
5) 섞기, 반죽하기 / 46
6) 냉 각 / 47
7) 냉 동 / 48
8) 해 동 / 48
9) 기 타 / 49

2. 생식조리 ··50

3. 가열조리 ··51

1) 습식조리 / 51
2) 건열조리 / 57
3) 초단파 조리 / 61

4. 조 미 ··63

1) 조미효과 및 시기 / 63
2) 조미료의 종류 / 64

제4장 탄수화물과 조리

1. 탄수화물의 분류 ··72

1) 단당류(monosaccharides) / 72
2) 이당류(disaccharides) / 73
3) 기타 소당류(올리고당, oligosaccharides) / 74
4) 다당류(polysacchride) / 76

2. 설탕의 조리 ··78

1) 설탕의 제조 / 78
2) 설탕의 조리성 / 78
3) 캔 디 / 84

3. 전분의 조리 ··85

1) 전분의 구조 / 85
2) 전분의 성질 / 87

4. 곡류의 조리 ··94

1) 쌀의 조리 / 95
2) 밀가루의 조리 / 101
3) 보리의 조리 / 116
4) 기타 곡류의 조리 / 117

5. 서류의 조리 ······118

1) 감 자 / 118
2) 고구마 / 122
3) 토 란 / 124

제5장 단백질 식품과 조리

1. 단백질의 특징 ······130

1) 단백질의 구조 / 130
2) 단백질 품질평가 / 133
3) 조리와 관련된 단백질의 성질 / 135

2. 두 류 ······141

1) 두류의 특징 / 142
2) 두류 조리시의 변화 / 143
3) 두류 응용식품 / 146

3. 육 류 ······150

1) 육류의 조직 / 150
2) 육류의 사후경직과 숙성 / 154
3) 육류의 연화 / 156
4) 육류의 부위와 명칭 / 158
5) 육류 조리시의 변화 / 161
6) 육류의 조리 / 164

4. 조육류 ······167

1) 조육류의 특징 / 167
2) 조육류 조리시의 변화 / 169
3) 조육류의 조리 / 169

5. 어패류 ······172

1) 어패류의 종류 / 172
2) 어패류의 특징 / 174
3) 어패류의 신선도 판정법 / 178
4) 어패류의 어취 제거방법 / 181

5) 어패류 조리시의 변화 / 182
6) 어패류의 조리 / 185

6. 난 류 ······ 188
1) 달걀의 구조와 특징 / 188
2) 달걀의 선도판정과 보존 / 190
3) 달걀 조리시의 변화 / 194
4) 달걀의 조리 / 199

7. 우유 및 유제품 ······ 201
1) 우유의 특징 / 201
2) 우유의 가공처리 / 204
3) 우유 조리시의 변화 / 206
4) 우유의 응용식품 / 208

제6장 지질식품과 조리

1. 지질(lipid) ······ 216
1) 지질의 분류 / 216
2) 중성지질(glyceride) / 217

2. 유지의 성질 ······ 220
1) 물리적 성질 / 220
2) 화학적 성질 / 223
3) 산패 측정하는 방법 / 226

3. 조리에서 유지의 이용 ······ 228
1) 연화작용(tenderization) / 228
2) 튀김(frying) / 228
3) 크리밍성(creaming) / 229
4) 유화성(emulsifying) / 230

4. 유지의 종류 ······ 231
1) 동물성 유지 / 231
2) 식물성 유지 / 234
3) 가공유지 / 237

第7장 미량성분 함유식품과 조리

1. 채소류 ······ 242

1) 채소의 분류 / 242
2) 채소류의 구조 / 243
3) 채소의 성분 / 244
4) 조리에 의한 채소의 변화 / 245
5) 채소류의 조리 / 251

2. 과일류 ······ 254

1) 과일의 분류 / 255
2) 과일의 구조 / 256
3) 과일의 성분 / 257
4) 색소와 향기성분 / 258
5) 조리에 의한 과일의 변화 / 259
6) 과일의 조리 / 261
7) 과일의 갈변반응 / 263

3. 해조류 ······ 264

1) 해조류의 분류 / 264
2) 해조류의 성분 / 265
3) 해조류의 조리 / 266

第8장 겔상 식품과 조리

1. 한천과 조리 ······ 272

1) 한천의 성질 / 272
2) 한천 조리시 첨가물의 영향 / 273
3) 한천 응용식품 / 274

2. 젤라틴과 조리 ······ 275

1) 젤라틴의 성질 / 275
2) 젤라틴 조리시 첨가물의 영향 / 276
3) 젤라틴 응용식품 / 278

3. 펙틴과 조리 ······ 279

1) 펙틴의 성질 / 279
2) 펙틴 조리시 첨가물의 영향 / 280
3) 펙틴 응용식품 / 281

4. 기 타 ······ 282

제 1 장

조리원리의 기본개념

1 조리의 의의 및 목적 14

2 조리의 향후과제 16

제1장
조리원리의 기본개념

인간이 삶을 영위하기 위한 3대 기본요소는 의식주(衣食住)이며 그 중에서 식(食)이야말로 고대 인류에게는 생존을 위하여, 현대인에게는 건강한 삶을 유지하기 위하여 필수적이라 할 수 있다. 인류는 수세기 동안 식량과 식품의 질을 향상시키기 위해 많은 노력을 해왔다. 인간이 불을 발견한 이래 불로 음식을 구울 수 있는 화덕(fire place)을 개발함으로써(B.C. 50만년) 인류 최초의 요리가 시작된 이후 더욱 맛있는 음식을 만들기 위한 여러 가지 조리방법이 개발되어 왔다. 이제는 단순히 맛을 낼 수 있는 조리방법 개발에 그치지 않고 그의 과학적 근거를 찾으려고 하는 연구를 통해 재현성 있고 타당한 조리방법을 제시할 수 있으리라 생각된다.

1. 조리의 의의 및 목적

1) 조리의 의의

인간은 생존을 위해 식품을 섭취해야만 하는데, 동물과 다른 점은 식품을 그대로 섭취하지 않고 여러 가지 과정을 거치면서 맛있게 만들어 먹는다는 것이다. 조리란 바로 이런 과정으로 식품에 조미료를 넣거나 가열, 또는 기타의 과정을 거치면서 식품의 기본적인 특성을 증진시켜 먹기 좋은 상태의 음식물로 만드는 과정을 말한다. 즉, 식품에 존재하는 유독하거나 좋지 않은 성분을 제거하고 안전성과 맛을 증진시켜 섭취하도록 하는 과정이다. 이런 조리는 바로 사람의 섭취량, 또 나아가서는 건강에도 영향을 미치므로 그 중요성에 대한 인식이 강조되고 있어 이제는 음식을 만드는 협의의 조리에서 식사계획, 식품구매, 그리고 음식제공 온도나 장식 등을 고려한 식사의 제공방법까지를 포함한 폭넓은 개념으로 확대해석하고 있다.

2) 조리의 목적

식품은 조리과정을 거치면서 맛과 소화성이 높아지는 한편, 좋지 않은 성분들이 제거되어 위생적으로 되면서 안전성이 높아지게 된다.

구체적으로 조리의 목적을 설명하면 다음과 같다.

(1) 기호성 증진

조리를 하게 되면 음식의 맛이 향상되어 기호성을 증진시키게 되는데, 그 예로는 빵을 구울 때 노르스름하게 색깔 변화가 있는 것, 고기나 생선을 구울 때 바람직하지 못한 향기성분은 제거되고 고소한 성분이 생성되는 것, 밀가루 반죽을 통해 점탄성이 생성되거나 채소를 물에 담가 놓음으로써 아삭거리는 것, 또 난백의 거품을 냄으로써 부드러운 질감이 생성되는 등 바람직한 물성의 변화를 들 수 있다.

(2) 소화·흡수율 증진

조리를 하게 되면 음식의 소화가 용이해지고 흡수율도 높아진다. 그 예로는 쌀이나 밀가루 등의 제품을 조리하여 전분의 호화가 일어나게 되면 아밀라아제의 작용을 받기 쉬워지는 것, 콩과 같은 단단한 부분은 씹기도 어렵고 소화되기도 어렵지만 수침이나 가열 등의 조리과정을 거치면서 연화되는 것, 달걀에 있는 아비딘(avidin)이나 콩에 있는 트립신저해제(trypsin inhibitor) 등과 같은 영양저해물질들이 가열을 통해 불활성화되는 것 등을 들 수 있다.

(3) 안전성 향상

조리를 하게 되면 음식의 안전성이 향상되는데, 그 예로는 식품재료를 씻음으로써 불순물이 제거되는 것, 가열을 통한 살균효과, 감자의 솔라닌이나 콩의 헤마글루티닌(hemagglutinin) 등의 독성성분들이 썰기·가열 등을 통해 무독화되는 것 등을 들 수 있다.

(4) 저장성 향상

조리과정을 거치면서 수분의 함량을 줄이거나 소금 등의 첨가로 수분활성도를 낮춰 미생물의 번식을 막을 수 있고, 가열에 의한 효소의 불활성화로 식품의 변패를 막을 수 있다. 그 예로는 소금이나 식초를 이용한 여러 가지 절임류, 갈변을 초래하는 산화효소의 불활성화 등을 들 수 있다.

물론 조리를 통해 좋은 것만 얻을 수 있는 것은 아니다. 여러 가지 영양소의 손실을 초래할 수도 있고 바람직하지 않은 색의 변화나 식품고유의 향기성분의 손실을 초래할 수도 있다. 그러므로 조리의 효과를 극대화하면서 바람직하지 않은 변화를 최소화할 수 있는 적절한 조리방법을 선택하도록 유의하여야 한다.

2. 조리의 향후 과제

조리란 식품이라는 소재를 먹을 수 있는 음식으로 만드는 과정으로, 경험과 전통을 통해 그 요령이 전수되어 왔다. 그러나 이제는 이런 답습에 관한 지식이나 요령을 누구라도 이해하고 활용가능하도록 이론적 근거를 제시함으로써 재현성 있는 기술로 바꿀 필요가 있다고 생각된다. 이를 위해 조리에서 일어나는 식품의 성분변화, 물성변화 등을 과학적으로 해명하고자 하나의 학문으로 발전하게 된 것이 조리학·조리과학이다.

조리학은 조리과정에서 일어나는 여러 가지 물리화학적 변화를 검토하기 위하여 식품학이나 영양학적 접근이 필요하기는 하나, 조리에서는 여러 가지 재료들을 동시에 사용함으로써 함께 영향을 미치므로 이 변화를 일목요연하게 체계적으로 해명하는 것이 쉬운 일은 아니다. 그러나 물리학, 화학, 생물학적인 지식과 식품학, 영양학, 통계학까지 통합된 접근방법을 통해 각 식품에서 일어나는 물리화학적인 변화들을 종합적으로 해석하여 조리에 응용하게 되면 조리기술의 과학적 해명을 통해 보다 좋은 조리법 개발과 합리적인 조리기술 습득에 기여하리라 생각된다. 또한 영양효율의 증대, 새로운 식량자원의 개발, 소비의 합리화 등의 문제해결을 통해 조리학을 중심으로 한 식생활의 합리적인 개선에도 한 몫을 하리라 생각된다.

제 2 장

조리의 기초과학

1 조리와 관련된 물리적 성질 20

2 조리와 열 26

3 조리와 물 31

제2장 조리의 기초과학

식품의 조리에 수반되는 여러 가지 물리적·화학적·가열적 조작과 조리과정 중의 영양소의 변화, 맛, 냄새 등에 관해 과학적으로 규명하는 것이 조리과학이다. 이를 위해 기본적으로 공부해야 하는 것을 조리의 기초과학이라 명하고, 조리과정에서 일어나는 물리적 성질, 열·물과의 관계 및 성질 등 각 세부사항에 대해 정리해 보았다.

1. 조리와 관련된 물리적 성질

1) 거품(foam)

거품은 기체가 얇은 액체의 막에 싸여 있는 것으로 매우 불안정한 상태이므로 분산되어 물 밖으로 나오게 되는데, 이것은 주로 용액상태에서 생기게 되며 순수한 액체에서는 생기기가 어렵다. 거품이 우리의 생활에서 잘 이용되고 있는 예는 맥주, 메링거(meringues), 비누나 세제 등에서 볼 수 있으며, 거품은 먹을 때의 촉감에 관계된다. 거품이 이와 같이 바람직한 경우도 있지만, 우유를 끓이거나 발효식품·두부·물엿 등을 만들 때도 나타나며, 이러한 경우는 바람직하지 않은 역할을 한다.

한편, 거품이 생기지 않도록 하는 것을 소포제(消泡劑)라 하는데, 소포제에는 실리콘기름과 같이 거품을 미리 억제하는 억포제(抑泡劑)와 지방산등과 같이 생긴 기름을 없애주는 파포제(破泡劑)가 있다.

표면장력이 큰 액체는 거품이 생기기는 어렵지만 일단 생기고 나면 잘 없어지지 않는 반면, 표면장력이 작은 것은 거품이 생기기도 쉽고 없어지기도 쉽다. 차게 한 맥주의 거품은 오래 지속되지만 맥주가 따뜻하게 되면 거품이 생겼다가 금방 없어지는데, 이것은 액체의 표면장력이 온도가 올라갈수록 저하되기 때문이다.

2) 점성(viscosity)

점성은 흐름에 대한 저항으로 찰지고 끈끈한 성질을 말하는데, 액체 내부의 분자밀도가 커지면 분자는 운동할 때 충돌하여 마찰을 일으키게 된다. 이 때 액체 내의 분자마찰을 점성이라 한다.

점성은 음식의 맛에 영향을 미치며 온도와도 관계가 있는데 낮은 온도에서는 점성이 높아진다. 또, 죽과 같이 점성이 높은 물질을 가열할 때에는 잘 저어서 내부에 열의 이동이 잘 일어날 수 있도록 해야 한다.

3) 표면장력(surface tension)

표면장력이란 표면을 작게 하려는 성질을 말하는 것으로, 예를 들면, 비누방울이나 액체 속의 기포와 물방울이 동그랗게 만들어지는 것 등이 있다. 표면장력은 표면에 있는 분자의 열운동으로 인하여 온도가 올라가면 감소한다. 설탕 등은 표면장력을 증가시키는 물질이며 지방산, 알코올, 단백질 등의 수용액은 감소시키는 물질이다.

4) 유화(emulsification)

한 액체 속에 그것과 서로 섞이지 않으려는 액체가 미세하게 분산되어 있는 것을 에멀전(emulsion)이라 하고, 그와 같이 안정한 유탁액으로 만드는 것을 유화, 그런 상태를 유화액이라 한다.

(1) 유화제의 종류

자연에 존재하는 식품 및 물질 중에서 유화제의 성질을 가지고 있는 것이 있지만, 자연유화제의 경우는 가격이 비싸기 때문에 보통 인공유화제를 많이 사용하고 있다.

가. 자연유화제

자연유화제로 가장 널리 알려져 있는 것이 난황인데, 이것은 레시틴(lecithin)을 함유하고 있기 때문이다. 인지질인 레시틴의 분자구조에는 친수성과 소수성인 래디칼(radical)이 같이 존재하기 때문에 유화제의 역할을 할 수 있다. 난백은 난황의 $\frac{1}{4}$정도의 유화력을 지니며 그밖에 젤라틴과 펙틴 등도 난황에는 미치지 못하지만 유화제의 역할을 할 수 있다.

나. 인공유화제

모노글리세리드(monoglyceride), 폴리옥시에틸렌 소르비탄 패티 에스터즈(polyoxyethylene sorbitan fatty esters), 소르비탄 패티 에스터즈(sorbitan fatty esters) 등이 인공유화제로 많이 사용되고 있다. 이 중 폴리옥시에틸렌 소르비탄 패티 에스터즈와 소르비탄 패티 에스터즈는 지방이 들어가는 케이크의 질감과 부피 등을 좋게 하는데 주로 이용되고 있다.

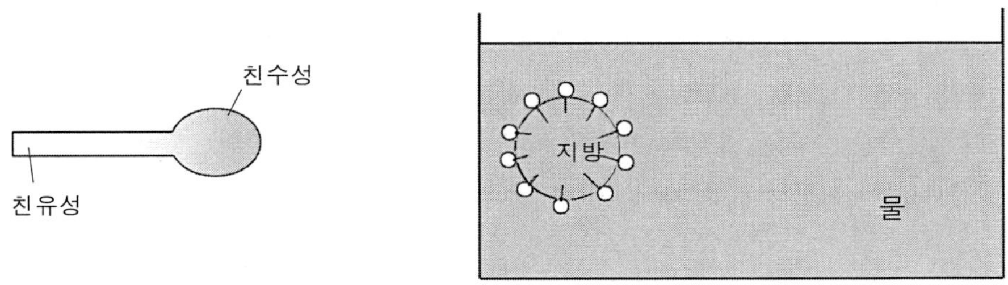

[그림 2-1] 유화제의 분자

유화액에는 수중유적형(oil in water, o/w)과 유중수적형(water in oil, w/o)이 있는데, 수중유적형에는 마요네즈, 우유, 아이스크림 등이, 유중수적형에는 마가린, 버터 등이 있다.

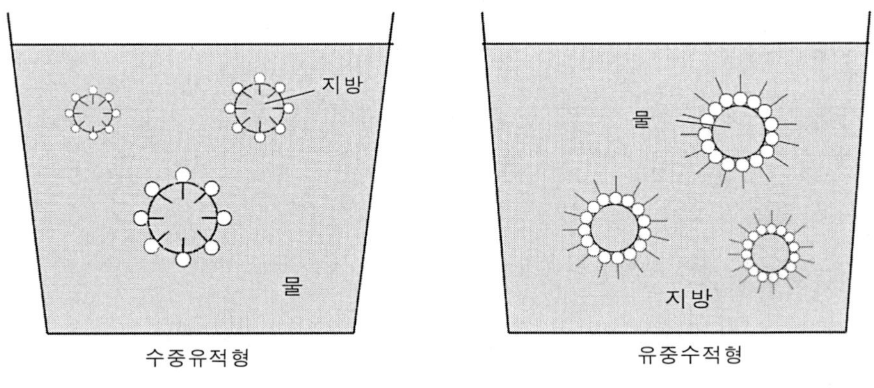

[그림 2-2] 수중유적형과 유중수적형

유화를 하고자 하는 물질은 친유성이 강한 것과 친수성이 강한 것으로 구분되므로, 유화제를 선택할 때도 피유화물의 친유성 정도에 따라 다르게 하여야 한다. 이를 수치로 표시한 것이 HLB(Hydrophilic Lipophlic Balance)이다. 친유성 유화제는 HLB값이 8～18, 친수성 유화제는 HLB값이 3.5～6으로 나타나므로 유화시킬 때 매우 중요한 수단으로 널리 이용되고 있다.

5) 팽윤(swelling)

물질이 용매를 흡수하여 부푸는 것을 팽윤이라 하며 고분자물질이 용해할 때 나타나는 현상이다. 고체상태의 고분자물질은 그것을 구성하고 있는 고분자사슬 사이의 상호작용이 강하지만, 이것을 용매에 담그면 고분자사슬 사이에 용매분자가 끼어 들어 겔(gel)모양으로 부풀게 된다. 이러한 작용은 콩이나 말린 미역 등을 물에 담갔을 때 몇 배로 불어나는 것에서 볼 수 있다.

젤라틴의 경우는 20℃의 물에서 완전한 팽윤이 일어나는데 젤라틴 무게의 약 60배의 물을 흡수한다.

6) 삼투압(osmotic pressure)

용질은 통과시키지 않고 용매는 통과시키는 반투막을 고정시키고 그 양쪽에 용액과 순용매를 따로 넣었을 때, 일정량의 용매가 용액 속으로 침투하여 평형을 이루는데, 이 때 반투막의 양쪽에서 생기는 압력차를 삼투압이라 한다.

배추나 오이에 소금을 뿌려 두면 물이 생기는 것을 볼 수 있는데, 이것은 삼투압에 의해 탈수가 생긴 것으로 농도가 같아지려는 성질 때문에 일어나는 현상이다.

7) 확산(diffusion)

확산이란 어떤 물질 속에 다른 물질이 섞여 들어가는 것으로 물이 들어있는 컵에 잉크를 한 방울 떨어뜨렸을 때 잉크가 점차 퍼져 전체가 균일하게 섞이는 것에서 볼 수 있는 현상이다. 이와 같은 현상은 기체와 기체 사이, 기체와 고체, 액체와 고체 사이, 그리고 밀도의 차이가 있는 같은 종류의 기체나 액체에서도 일어난다. 이와 같이 확산이 일어나는 것은 물질분자가 끊임없이 운동하고 있기 때문이며, 그 모양은 열이 고온부에서 저온부로 이동하여, 드디어는 전체 온도가 균일하게 되는 것과 비슷하다.

8) 콜로이드(colloid)

육안이나 보통의 현미경으로는 보이지 않는 미립자가 기체 또는 액체 중에 분산되어 있는 상태를 콜로이드상태라 하고, 이것을 일반적으로 콜로이드라 한다. 또한 콜로이드는 졸(sol)과 겔(gel)로 나눌 수 있는데, 콜로이드 입자가 액체 속에 분산되어 유동성을 보유하고 있을 때를 졸이라 하고 이것이 어떤 조건에 의해서 유동성을 잃고 약간의 탄성을 지닌 채 반고체 혹은 고체상태로 되었을 때를 겔이라 한다. 젤라틴용액과 사골국 등이 졸의 예로 들 수 있으며 한천, 젤라틴, 두부 등이 겔의 예이다.

겔의 종류에 따라서는 겔의 구조가 약화되어 가열하면 졸로 되돌아가는 가역반응을 일으키는 것이 있는데, 고기나 뼈를 오래 끓였을 때의 국물이나 젤라틴으로 만든 음식에서 이러한 현상을 볼 수 있다. 반면 겔이 가열에 의해서 졸로 되돌아 갈 수 없는 비가역적 반응으로는 묵, 달걀찜, 두부 등이 있다.

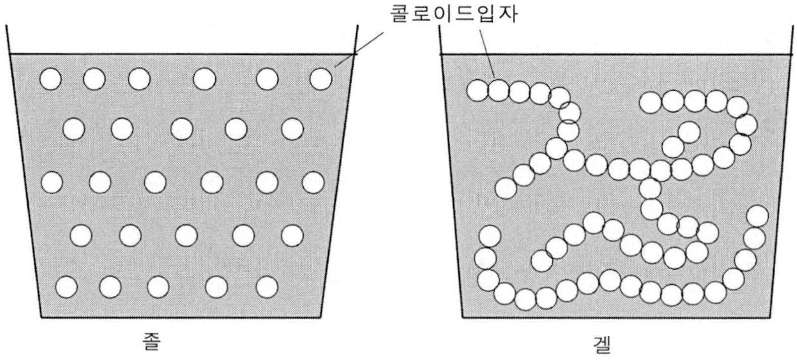

[그림 2-3] 졸과 겔

9) 용해도(solubility)

용해도는 포화용액 속에 녹아 있는 용질의 양을 말한다. 즉, 용질이 용매에 용해될 때, 일정 온도에서는 그 양에 한도가 있으며 이 한도를 용질의 용매에 대한 용해도라 하는데, 보통 용매 100g 속에 용해하는 용질의 g수로 나타낸다. 예를 들면, 물 100g에 대하여 염화나트륨은 20°C에서 35.8g까지 녹으므로 염화나트륨의 물에 대한 용해도는 20°C에서 35.8이라고 한다. 용질이 고체 또는 액체인 경우 용해도는 온도가 상승하면 증가하며, 용질이 기체인 경우에는 온도가 상승함에 따라 감소하고 또한 기체의 분압(分壓)에 비례하여 증가한다.

또한 용해속도는 온도, 용질의 상태, 결정의 크기, 교반 등에 의해서 영향을 받지만 용질의 종류에 따라 많은 차이가 있다. 설탕은 용매의 온도가 높으면 용해하는 속도가 빨라지지만 소금의 경우는 온도에 그다지 영향을 받지 않는다.

높은 온도에서 설탕을 포화상태로 하였다가 식히면 과포화상태가 되며, 이 때 교반을 통한 강한 자극을 주어 미세한 결정의 설탕으로 만들 수가 있는데 이렇게 만들어지는 것이 폰단(fondant)이다.

2. 조리와 열

1) 열과 열량

열은 조리에 있어서 특히 없어서는 안 되는 요소이다. 열에 의해 식품은 그 고유의 성질과 질감(texture)이 변하게 되는데, 단백질의 변성, 지질의 융해, 전분의 팽윤과 호화, 색과 향기의 변화 등을 그 예로 들 수 있다.

조리에 있어서 열의 역할은 다음과 같다.

① 높은 온도의 열은 살균기능을 하므로 위생적으로 안전하게 하고 저장기간을 연장시킨다.
② 조직을 연하게 하여 소화되기 쉬운 상태로 변화시킴으로써 영양효율을 증진시킨다.
③ 좋은 냄새, 색, 맛을 증진시켜 기호도를 높인다.

에너지를 이용할 때에는 열효율도 생각하여야 한다. 열손실을 완전히 막을 수는 없으므로 열효율을 최대한으로 하고 열손실은 최소한으로 하는 방법을 연구하여야 한다.

<표 2-1> 물 1*l*를 0°C에서 100°C까지 올리는 데 필요한 가스의 양(*l*)

가스의 종류	가스의 양	정압연소열(25°C, kcal/*l*)
메탄	10.5	9.50
프로판	4.2	23.69
수소	32.8	3.05
천연가스	9.1	11.00
도시가스	20~28	3.60~5.00

고체, 액체, 기체연료 중에서 우리가 생활에 이용하기 위해서는 편리성, 발열량, 위생과 저장 등을 고려해야 하는데, 그러한 조건에 가장 부합되는 것이 기체연료라 할 수 있다. 가스를 사용할 때에는 각 가스의 발열량에 맞는 규격 버너를 사용해야 하며, 가스가 새지 않는지에 대하여 정기적으로 검사를 하고 창문을 열어 자주 환기를 시켜 줌으로써 혹시 일어날 지 모르는 사고를 예방할 수 있다.

열의 강도는 온도계로 측정하며 섭씨(℃ : Centigrade)와 화씨(°F : Fahrenheit)로 표시한다. 섭씨는 우리나라에서 익숙한 표시법으로 물의 끓는점을 100℃, 어는점을 0℃로 하여 그 사이를 100등분하여 나타낸 것이고, 화씨는 끓는점을 212°F, 어는점을 32°F로 하여 그 사이를 180등분하여 표시한 것이다. 화씨를 섭씨로 나타내는 방법은 다음과 같다.

$$°C = (°F - 32) \div 1.8$$

순수한 물 1g을 1℃ 올리는데 필요한 열량을 물의 비열(1㎉/ g ℃)이라 하는데, 조리를 하는 동안 온도를 일정하게 유지하기 위해서는 열전도율이 작은 기구나 비열이 큰 매체를 사용해야 한다. 예를 들어 열전도율이 작은 냄비를 사용하는 것이 큰 냄비를 사용하는 것보다 온도의 변화를 줄일 수 있고, 열전도율이 동일한 경우에는 많은 양의 기름을 사용하는 경우가 온도변화를 줄일 수 있다. 또한, 물과 같이 비열이 큰 식품은 온도를 올리는데 많은 열에너지가 필요하고 일단 온도가 올라간 후에는 빨리 식지 않는 반면, 기름은 비열이 물보다 작으므로(0.47) 빨리 온도가 높아지지만 금방 식어버리므로 튀김을 한 식품은 뜨거운 온도를 유지하기가 어렵다.

<표 2-2> 식품 및 매체의 비열

식품	비열(㎉/ g ℃)	매체	비열(㎉/ g ℃)
물	1.00	공기	0.24
생선	0.82	나무	0.30
쇠고기	0.68	알루미늄	0.21
식용유	0.47	강철	0.11~0.13
설탕	0.30	도자기	0.17~0.21

2) 열의 전달

(1) 전도 (conduction)

고체나 액체의 한 부분에 열을 가하면 그 분자나 원자의 운동이 활발해지고 그 진동이 인접하고 있는 분자나 원자로 전달된다. 이렇게 열이 물체를 따라 이동하는 것을 전도라 하며, 전도는 높은 온도에서 낮은 온도로 이동하여 온도의 차이가 없어지도록 한다.

열이 전해지는 속도를 열전도율이라 한다. 전도에 의해 열이 전달되면 운동에너지가 이동하여 서서히 데워지는데 은, 구리, 알루미늄 등과 같이 열전도율이 큰 금속은 빨리 데워지지만 식는 속도가 빠르고, 유리, 도자기류 등은 열 전도율이 적어 천천히 데워 지지만 쉽게 식지 않는 특징을 갖는다.

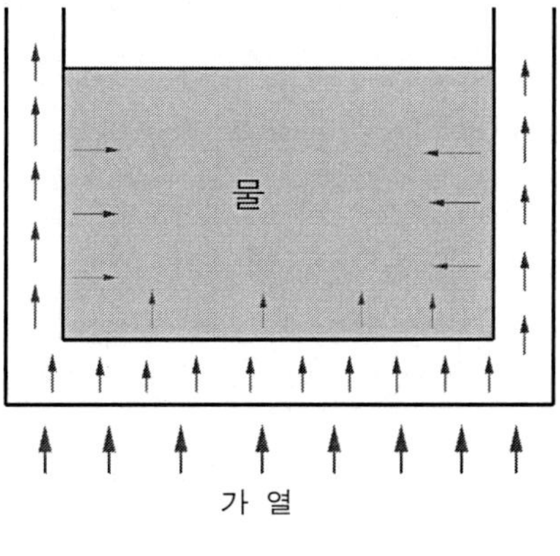

[그림 2-4] 전도

(2) 대류 (convection)

열의 세 가지 전달과정 중의 하나로 열에 의하여 유체(流體)가 상하로 뒤바뀌며 움직이는 현상을 말한다. 액체나 기체와 같은 유체를 밑에서 가열하면 부분적으로 가열된 부분의 부피가 커지고 밀도가 작아지기 때문에 부력이 생겨 위로 올라가고, 위에 있던 온도가 낮고 밀도가 큰 부분은 아래로 내려오게 된다. 이와 같이 물질이 상하로 이동되면서 열이 전해지는 것을 대류라 하며 그 결과 유체는 위쪽에서부터 따뜻해진다. 대류에 의한 열의 전달은 기체(공기)나 액체를 통해서만 일어난다. 대류와 전도를 적절하게 이용하면 조리의 질을 좋게 할 수 있을 뿐 아니라 대류가열방식에 의해 시간과 에너지를 절약할 수 있다.

냉장고의 신선실은 높은 데에 두고, 난방기구는 낮은 데에 두는 것은 이 대류효과를 이용한 것이며 가열되는 구역이 유체의 윗 부분에 있으면 대류는 일어나지 않는다.

대류가 잘 되면 열의 이동이 활발하게 일어나 빨리 끓고 빨리 식게 되지만 점도가 높은 경우는 대류가 잘 일어나지 않아 오랫동안 온도를 유지시킬 수가 있다. 중국요리에서 전분을 이용한 걸쭉한 소스가 많은 것도 이러한 보온성을 위한 것이다.

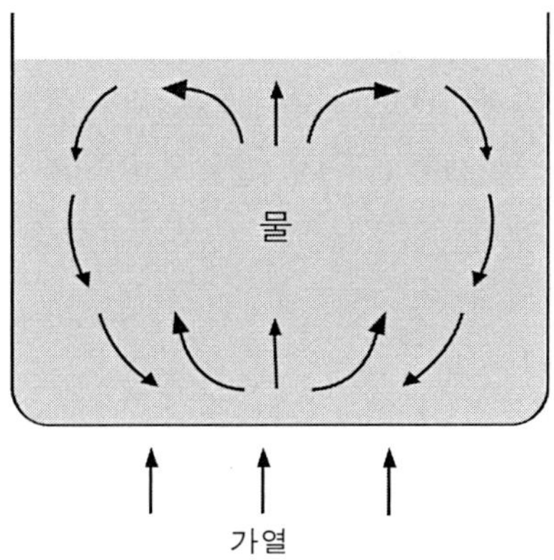

[그림 2-5] 대류

(3) 복사(radiation)

방사(放射)라고도 하며 물체가 방출하는 전자기파(電磁氣波) 및 입자선(粒子線)을 총칭한 것으로, 열복사는 열원이 되는 물체에서 다른 물체로 중간 매체 없이 직접 전달되는 현상을 말한다. 따라서 복사에 의한 에너지 전달 과정은 열의 급원에서 식품까지 직접 전달되므로 속도가 가장 빠르다.

복사에너지가 식품의 표면에 도착하면 에너지가 흡수되면서 식품에 있는 분자의 떨림이 증가함으로써 열을 내기 시작하고 이 열은 전도에 의해 식품의 한가운데로 이동한다. 복사열은 숯불, 전기, 가스 등과 같이 불꽃을 직접 이용하는 것과 토스트나 오븐 등과 같이 전열을 이용한 것이 있다.

복사를 이용하여 조리를 하기 위해서는 조리기구가 복사에너지를 흡수해야 하는데, 조리기구의 표면이 검고 거친 것이 희고 매끄러운 것보다 열을 잘 흡수하여 온도를 빨리 올려준다. 특히 오븐에 사용할 수 있는 파이렉스 용기는 아주 효과적으로 복사열을 흡수한다. 조리를 할 때에는 보통 전도, 대류와 복사의 열 전달방법이 모두 이용된다.

3) 열 전달매체

(1) 물

물은 식품을 조리할 때 가열기구로부터 식품에 에너지를 전달하는 매개체로 작용한다. 용기 안에 있는 물은 열을 흡수하여 온도가 균일해지도록 대류를 일으키며 열이 서서히 식품에 전달되도록 한다.

(2) 기 름

조리를 할 때 기름은 열을 전도하는 좋은 매개체로 작용하는데 그 대표적인 예가 튀김이다. 튀김은 기름의 대류에 의하여 열전도가 일어나며 고온의 기름 속에서 단시간 처리되므로 다른 조리법에 비해 맛이나 영양소의 손실이 가장 적다.

(3) 공 기

공기를 가열하면 대류에 의하여 열이 전달되는데, 오븐의 아래에서 열이 가해지면 공기가 뜨거워져서 찬 것보다 밀도가 낮아진다. 위쪽의 찬 공기는 밀도가 높고 무거워져서 아래로 이동하고 따뜻한 공기는 위쪽으로 올라가서 전체적으로 같은 온도를 만들게 된다. 많은 양의 과자나 빵을 구울 때 오븐 안에 있는 공기의 운동을 촉진시키면 굽는 시간을 반으로 줄일 수 있다.

3. 조리와 물

1) 물의 역할

물은 산소와 수소로 구성되어 있으며 상온에서 색, 냄새, 맛이 없는 액체를 말하는 것으로 바닷물, 지하수, 빗물, 수증기, 눈, 얼음 등의 형태로 존재한다. 물의 부피는 4℃에서 가장 작고 그보다 높거나 낮으면 커지게 되는데, 용기에 물을 가득 담아 얼렸을 때 용기가 깨지거나 넘쳐나는 것에서 그 예를 볼 수 있다. 조리에 있어서 물의 역할은 다음과 같다.

① 조리기구와 식품표면의 더러움과 미생물을 제거한다.
② 건조한 식품을 수화시키고 호화를 돕는다.
③ 식품에 들어 있는 수용성 성분과 색소를 용해시킨다.
④ 식품에 열을 전달하는 매체로 작용한다.
⑤ 글루텐의 형성을 돕는다.
⑥ 식품의 성질, 모양, 맛 등에 영향을 미친다.

2) 물의 분류

(1) 자유수와 결합수

식품 중의 물은 자유수와 결합수로 나눌 수 있는데 생체조직, 토양, 겔, 수용액 중에 존재하면서 이들과 결합하지 않고 자유롭게 이동할 수 있는 보통의 물을 자유수(free water)라 하고, 고분자 화합물 등의 표면에 결합하고 있어 잘라도 세포로부터 흘러나오지 않는 보통의 물과는 다른 성질을 지닌 것을 결합수(bound water)라 한다.

자유수는 소금, 설탕, 수용성 비타민, 무기질과 같은 분자량이 비교적 적은 물질들을 용해시키는데 이러한 용액을 진용액(true solution)이라 한다. 진용액은 분산용액의 유형중 입자의 크기가 가장 작고 가장 안정한 상태의 용액이며 이것은 이온성 용액과 분자성 용액으로 나눌 수 있는데, 소금은 물에 녹으면 나트륨(Na^+)과 염소(Cl^-)로 이온화되므로 이온성 용액에 속하고, 설탕은 물에 녹으면 물 안에서 분자들이 떠돌아다니는 각각의 분자로 분리되므로 분자성 용액에 속한다.

한편, 입자가 매우 크거나 복잡해서 물 속에 용해될 수도 콜로이드 형태로 분산될 수도 없는 것을 현탁액이라 하며, 이러한 물질들은 결국 분리되려는 경향을 갖는다. 찬물에 전분입자를 넣고 저어주면 부유상태로 현탁되며 가만히 두면 용기 밑으로 가라앉게 되고 저으면 다시 부유상태로 되는데 이러한 현탁액을 저으면서 천천히 가열하면 농후한 콜로이드상태로 된다.

<표 2-3> 자유수와 결합수의 특징 비교

자유수	· 자연계에 풍부하게 존재한다 · 용질에 대하여 용매역할을 한다 · 운동이 자유로우며 0°C이하에서 얼고 100°C이상에서 증발한다 · 미생물의 생육, 증식에 이용된다
결합수	· 용질에 대하여 용매의 역할을 하지 않는다 · 0°C 이하에서도 잘 얼지 않고 100°C 이상에서도 증발되지 않는다 · 미생물의 번식과 발아에 이용되지 못한다

(2) 연수와 경수

물은 경도(hardness)에 따라 연수(soft water)와 경수(hard water)로 구분할 수 있는데, 센물이라고도 하는 경수는 칼슘이온(Ca^{2+})이나 마그네슘이온(Mg^{2+})을 비교적 많이 함유하고 있으며, 이들 이온이 적게 함유되어 있는 것을 단물 또는 연수라 한다. 경수는 또한 일시적 경수와 영구적 경수로 나눌 수가 있는데, 탄산수소이온이 들어 있는 것은 끓이면 단물로 바뀌므로 일시적 경수라 하고, 황산이온이 들어 있는 것은 끓여도 연수로 바뀌지 않으므로 영구적 경수라 한다. 그렇지만 영구적 경수도 이온교환수지를 이용하면 연수로 만들 수 있다. 보통 물 100㎖ 속에 산화칼슘 1mg이 들어 있을 때를 경도 1로 보는데, 경도가 20 이상인 것을 경수, 10 이하인 것을 연수라 하며 증류수는 경도가 0인 연수이다. 지하수는 경수이고 빗물과 수돗물은 연수이다.

경수에 함유되어 있는 무기염은 조리를 할 때 영향을 미치는데, 말린 콩을 불릴 때 경수에 함유되어 있던 칼슘은 콩의 수화를 지연시키는 역할을 하며, 알칼리성인 경수는 채소를 조리할 때 채소의 색에도 영향을 미치게 된다.

(3) 수분활성도 (water activity : Aw)

어떤 온도에서 식품이 나타내는 수증기압(P)에 대한 그 온도에서 순수한 물의 최대 수증기압(P_0)의 비율을 수분활성도라 하고 다음과 같은 식으로 나타낼 수 있다.

$$Aw = P/P_0$$

식품주위의 대기가 건조하여 습도가 낮으면 식품에 있는 수분이 증발하게 되고, 대기 습도가 높으면 식품은 수분을 흡수하여 수분함량이 증가된다. 이와같이 식품의 수분함량은 대기 중의 상대습도에 영향을 받으므로 수분이 평형을 이룰 때까지 식품은 수분을 흡수하거나 방출하게 된다. 또한 수분활성도는 미생물의 번식과도 관계가 깊다.

식품의 수분활성도는 1보다 작으며 1에 가까울수록 움직일 수 있는 물의 양이 많아진다.

<표 2-4> 미생물의 번식을 위한 최적 수분활성도

미생물	수분 활성도(Aw)
세균	0.90~0.94
효모	0.88~0.90
곰팡이	0.70~0.95

<표 2-5> 식품의 종류에 따른 수분활성도

식품의 종류	수분 활성도(Aw)
곡류, 크래커, 설탕	0.1
꿀	0.76
말린 과일	0.72~0.80
잼, 젤리	0.82~0.94
빵, 치즈	0.96
육류, 달걀, 주스류, 야채, 과일류	0.97

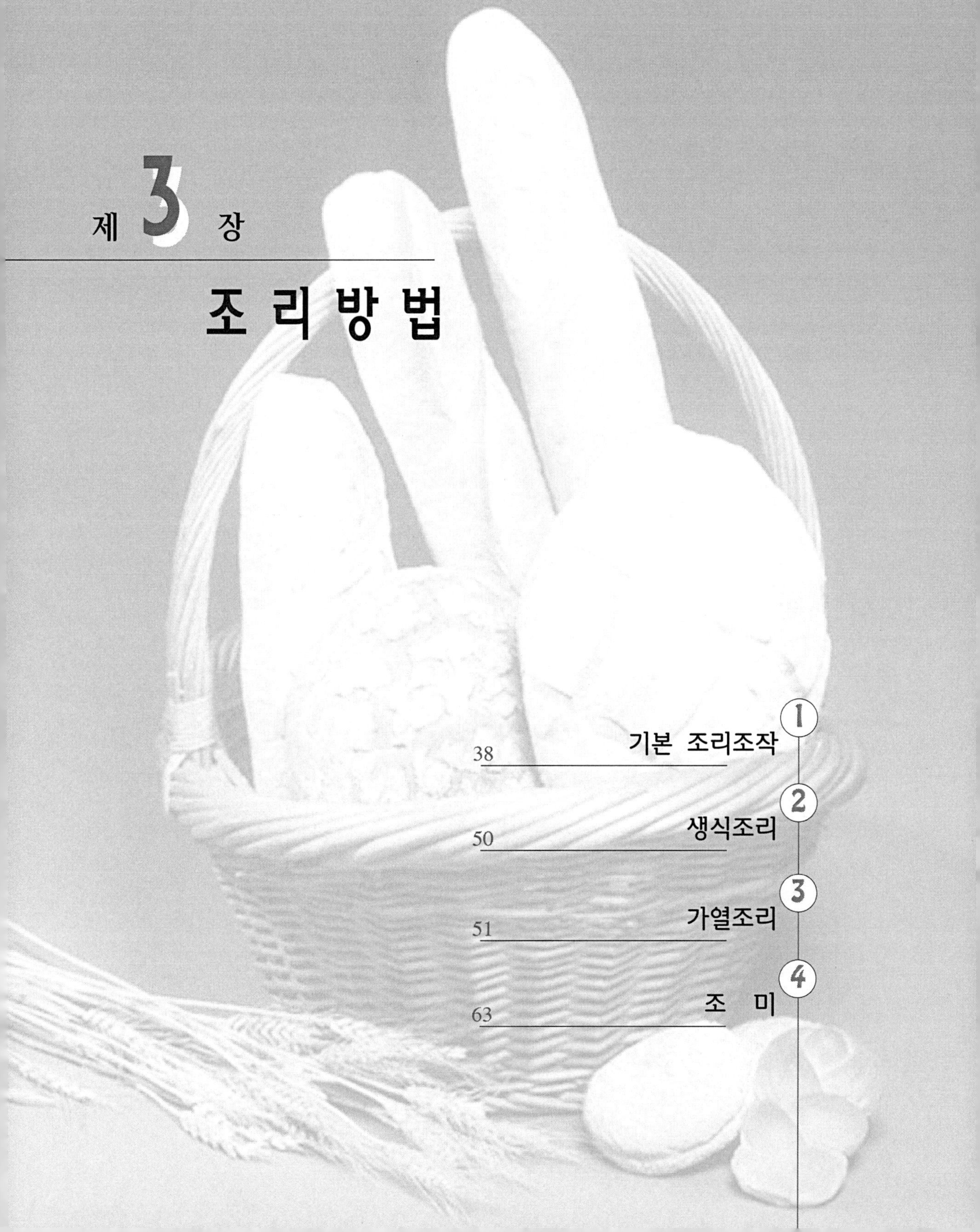

제 3 장

조리방법

1 기본 조리조작 38

2 생식조리 50

3 가열조리 51

4 조 미 63

제3장
조리방법

조리방법이란 식품재료를 식용가능한 음식의 상태로 만들기 위한 과정으로 계량, 씻기, 담그기, 썰기, 섞기, 냉각, 냉동, 해동 등의 기본조리조작과 생식조리, 가열조리(습열조리, 건열조리), 조미과정으로 나누어 생각할 수 있다. 식품은 기본조리조작 후 조미를 하여 가열하지 않거나 또는 가열과정을 거치면서 식품의 맛과 안전성, 소화성, 저장성 등이 향상된다.

1. 기본 조리조작

1) 계 량

음식을 만들 때에는 식품재료의 분량이나 배합비율, 또 조리시간이나 조리온도에 따라 그 음식의 맛이 결정되므로 과학적이고 재현성 있는 조리를 하기 위해서는 계량기구를 사용하여 정확히 계량을 해야 한다.

(1) 계량기구

식품재료를 계량할 때에는 무게를 재는 것이 쉽지만, 조미료는 주로 부피를 계량하는 경우가 많다.

조리할 때 부피를 재는 기구로는 계량컵을 사용하는데, 우리나라의 경우는 미터(meter)법에 의해 1C이 200mℓ이고 이외에 계량컵은 1/2, 1/3, 1/4컵이 함께 사용되고 있다. 또다른 부피 측정기구로는 계량스푼이 사용되는데 1Tsp(1테이블스푼, 1큰술 : 15mℓ), 1tsp(1티스푼, 1작은술 : 5mℓ), 1/2tsp, 1/4tsp이 한 조로 사용된다.

① 큰술
② 작은술
③ 작은술½
④ 작은술¼
⑤ 컵

[그림 3-1] 계량컵 및 계량스푼

외국은 쿼터(quart)법에 의해 1C이 약 240㎖이므로 서양조리를 할 때에는 유의해야 한다. 그 외에 서양에서 부피를 재는 단위는 여러 가지가 있는데 그 관계는 다음과 같다.

1 C = 236.6 ㎖ = 8 온스 = 1/2 파인트 = 1/4 쿼터 = 1/16 갤론

재현성 있는 조리를 위해서는 레시피가 제시되어야 하는데, 조리에서 많이 쓰이는 조미료의 경우는 액체가 아니더라도 계량스푼을 사용하여 그 사용량이 제시되는 경우가 많다. 그러므로 각 계량스푼에 해당되는 함량을 알아두는 것도 조리시 많은 도움이 되리라 생각된다.

<표 3-1> 여러 가지 조미료 및 가루식품에 대한 계량스푼의 표준량

(단위 : g)

계량도구 / 식품	1tsp	1Tsp	1C	계량도구 / 식품	1tsp	1Tsp	1C
물, 식초, 술	5	15	200	간장, 미림	6	18	230
고추장, 된장	6	18	230	설탕	3	9	110
소금	5	15	210	굵은 소금	4	12	160
화학조미료	4	12	160	후추가루	2	7	90
깨	3	9	120	마요네즈	5	14	190
프렌치소스	5	15	195	우스터소스	5	16	220
버터, 기름, 쇼트닝	4	13	180	겨자가루, 와사비, 탈지분유	2	6	80
카레가루	2	7	85	건포도	5	14	160
이스트	4	11	154	베이킹파우더, 중조	3	10	135
토마토케찹	6	18	240	토마토퓨레	5	16	210
빵가루	1	3	40	밀가루	3	8	100
녹말가루	3	9	110	찹쌀가루	3	9	120
커피	2	6	70	코코아	2	6	80

무게는 조리용저울을 사용하여 측정하는데, 사용 전에는 먼저 수평한 상태에서 0점을 정확히 맞추어야 한다. 또 저울에는 측정 가능한 최대 무게와 최소 눈금이 있으므로, 식품의 무게와 정확도에 따라 알맞은 것을 선택하여 사용하고 사용 후에는 부착물을 깨끗이 닦는다.

온도를 측정할 때에는 온도계를 사용하는데 알코올온도계와 수은온도계, 적외선온도계가 사용되고 있다. 용도에 따라 육류용 온도계, 오븐용 온도계, 캔디용 온도계 등으로 구분하여 사용된다.

조리시간을 조절하기 위해서는 타이머(timer)나 스톱워치(stop watch)를 사용하는데, 예정된 시간에 벨이 울리는 타이머를 이용하면 더 편리하다.

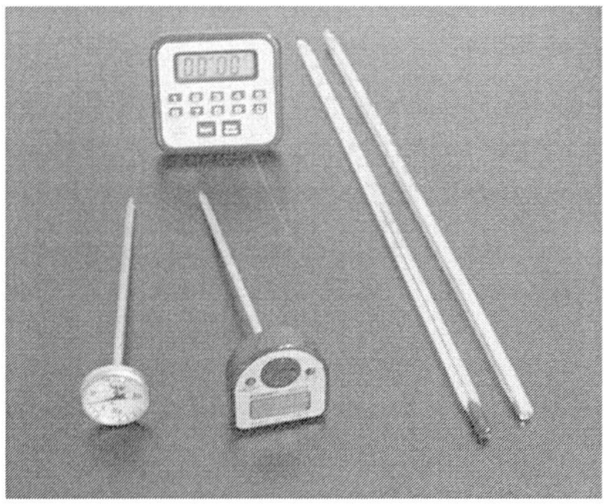

[그림 3-2] 온도계와 타이머

(2) 정확한 계량법

가. 액체식품

액체인 경우는 계량컵을 사용하여 쉽게 계량할 수 있다. 다만, 주의해야 할 것은 눈금 읽기를 부정확하게 해서 오차가 생길 수 있으므로 용기는 수평상태로 놓고 눈높이를 액체표면(meniscus)의 밑선과 일치하여 읽도록 한다.

액체식품은 표면장력이 있으므로 계량컵에 가득 담아 움직여도 흘러 넘치지 않을 정도로 하며, 기름이나 물엿과 같이 점성이 높은 끈끈한 식품은 눈금으로 나누어 표시된 계량컵보다는 $\frac{1}{4}$C, $\frac{1}{3}$C, $\frac{1}{2}$C 등 적당한 부피의 계량컵을 사용하는 것이 계량의 오차를 적게 할 수 있다.

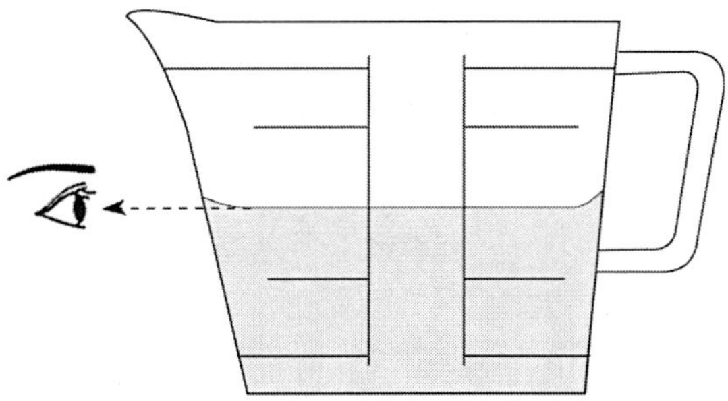

[그림 3-3] 액체시료가 담긴 계량컵 읽는 법

나. 밀가루

일반적으로 가루음식을 계량할 때에는 무게를 재는 것이 과학적이나 편의상 계량컵이나 계량스푼을 사용하게 되는데, 이때에는 외관상의 체적(식품+공기)을 측정하는 것이므로 덩어리 진 것을 두들기거나 눌러 담으면 오

A : 체에 친다

B : 계량컵에 수북히 담는다

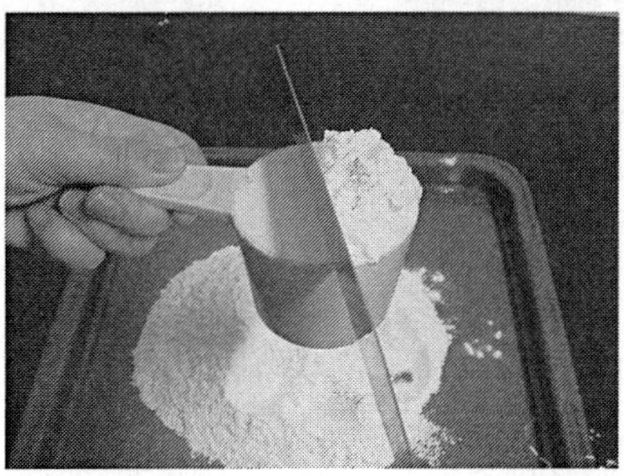

C: 스파튜라를 사용하여 수평으로 깎는다

[그림 3-4] 밀가루 계량법

차가 생기기 쉽다. 그러므로 가루 상태의 식품은 덩어리가 없는 상태에서 수북히 하여 평면으로 깎아 계량한다.

이런 특성 외에 밀가루는 입자의 모양과 크기가 다르므로 저장시 자연히 눌려져 무게나 부피에서 오차가 생기기 쉽다. 이때 오차를 줄이기 위해서는 사용 전에 체로 친 후 가만히 계량컵에 수북히 담고 스파튜라로 깎아 측정한다.

그러나 계량 전에 밀가루를 체로 치는 것이 반드시 필수적인 과정은 아니다. 밀껍질을 함유한 전밀가루(whole wheat flour)는 체로 치면 껍질 부분이 제거되므로 체로 치기 어렵다. 이런 경우는 잘 휘저어 가볍게 한 후 계량한다.

다. 지방

버터나 마가린, 쇼트닝 같은 고체지방을 계량할 때에는 부피보다 무게로 재는 것이 보다 정확하고 간편하다. 그러나 부피를 재야 할 경우라면 눈금이 매겨진 계량컵보다는 $\frac{1}{4}$C, $\frac{1}{3}$C, $\frac{1}{2}$C 중 적당한 크기의 계량컵을 선택하여 사용하는 것이 좋다. 지방을 계량할 때에는 냉장고에서 바로 꺼내서 하는 것보다 실온에 방치하여 충분히 부드러워진 후에 계량컵에 꾹꾹 눌러 담은 뒤 스파튜라로 깎아 측정하며, 조리용기에 옮길 때에는 부드러운 주걱으로 잘 긁어 옮겨야 오차를 줄일 수 있다.

A : 꾹꾹 눌러 담는다

B : 엎었을 때 컵의 모형을 그대로 유지한다

[그림 3-5] 지방 계량법

라. 설탕

설탕을 계량할 때에는 먼저 덩어리진 것을 모두 부수고 계량컵에 수북히 담은 뒤 스파튜라를 사용하여 수평으로 깎아 측정한다. 황설탕이나 흑설탕은 백설탕과 달리 표면에 시럽이 코팅되어 있어 입자끼리 서로 달라붙는 성질이 있으므로 그냥 담게 되면 내부의 공백 크기에 따라 계량치가 달라지므로 이 경우는 지방과 같이 꾹꾹 눌러 담은 뒤 스파튜라로 깎아 측정한다.

A : 꾹꾹 눌러 담는다

B : 엎었을 때 컵의 모형을 나타낸다

[그림 3-6] 흑설탕 계량법

2) 씻 기

조리를 위생적으로 하기 위하여 가장 먼저 행하는 과정이 씻기이다. 씻기는 식품에 붙어 있는 불순물과 유해물, 나쁜 맛을 내는 성분을 제거하는 것이 그 목적이며 지나치게 씻으면 영양성분의 손실을 가져올 수 있으므로 주의한다.

씻을 때에는 흐르는 물에서 씻는 것이 효과적이나 채소나 과일같이 표면에 굴곡이 있는 식품은 물의 표면장력으로 인하여 물만으로는 파인 곳까지 깨끗이 씻기가 어렵다. 이때 중성세제(0.2%정도)를 사용하기도 하는데, 중성세제를 사용하게 되면 물의 표면장력이 저하되어 식품의 요철부분까지 침투가 가능하게 되므로 깨끗이 씻을 수 있게 된다. 그러나 세제를 사용할 때에는 저 농도로 하여 단시간에 사용하고 깨끗이 헹궈 세제가 식품에 남아 있지 않도록 주의한다.

또 식품을 썰기 전에 씻는 것이 수용성 영양성분의 손실을 줄일 수 있으며 사용가능한 물의 양이 같을 때에는 많은 양의 물로 한번 씻는 것보다는 소량씩 나누어 여러 번 씻는 것이 효과적이다.

<표 3-2> 씻기에 의한 쌀의 비타민 B_1 손실률

쌀	잔존율(%)	
	3회	7회
현 미	94.9	92.1
칠분도미	48.1	35.3
백 미	24.1	14.3

3) 담그기

식품을 물이나 조미액에 담가 두는 과정으로 건조된 식품이나 수분이 적은 식품에 수분을 공급하고 조직을 연화하기 위하여, 나쁜 맛성분이나 불필요한 성분 등을 제거하기 위하여, 산화효소의 활성화에 따른 갈변을 방지하기 위하여, 또 맛이 배어들게 하기 위하여 행하는 조리과정이다.

(1) 수분 흡수

저장성을 높이기 위해 건조된 식품이나 식품자체의 수분함량이 적은 경우는 가열하기 전에 수분을 흡수시켜야 조직이 연화되고 팽윤되어 열이 고르고 빠르게 전달될 수 있다.

수분을 흡수할 목적으로 담그는 경우 흡수량은 흡수시간 및 흡수속도에 따라 다르며, 흡수속도는 수온에 따라 달라 온도가 높을수록 빨리 흡수한다.

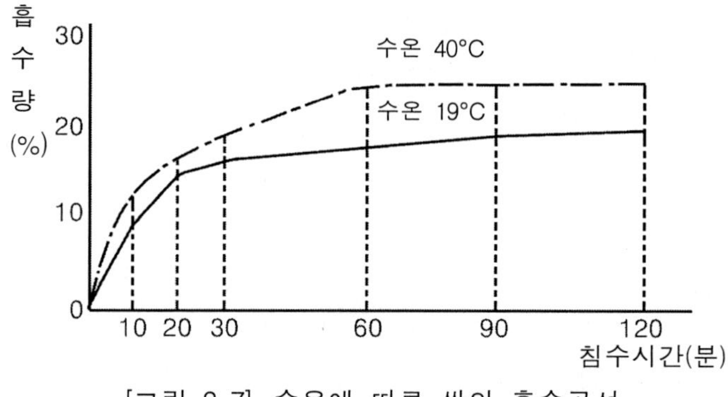

[그림 3-7] 수온에 따른 쌀의 흡수곡선

또 수분을 흡수하게 되면 식품의 무게가 증가하게 되는데, 이 증가된 무게를 기준으로 사용할 조미료의 양이 결정되므로 무게 증가량에 대한 자료를 알아두는 것이 도움이 될 것이다.

<표 3-3> 건조식품의 불린 후의 무게 증가 비율

건조식품	불린 후의 무게 증가 비율(배)	건조식품	불린 후의 무게 증가 비율(배)
미 역	6~10	고 사 리	5~7
다 시 마	3~5	무말랭이	5
당 면	6~7	쌀	0.2~0.3
표고버섯	5~8	콩	2~3
목이버섯	8	홍합 말린 것	3
마른 국수	3	라 면	2

식품을 담근 경우에는 용액에 수용성 영양성분과 맛성분이 용출되므로 적당 시간 이상은 담그지 않는 것이 좋으며, 담근 용액을 버리지 말고 이용하는 것이 좋다. 식품의 담그는 시간은 표고버섯은 20~30분, 콩은 수온에 따라 4~12시간, 해조류는 1시간 이내가 적당하다.

(2) 식품성분의 용출

식품에 함유되고 있는 불필요한 성분을 우려내기 위해 담그기 과정을 하게 되는데, 여기에는 우엉, 고사리와 같이 쓴맛이나 떫은맛을 제거하는 경우와 염장식품처럼 과도한 염분 성분을 제거하기 위해 1% 정도의 식염수에 담그는 경우 등이 해당된다. 그러나 이때에도 너무 오래 담그면 식품 본래의 풍미가 없어질 수 있으므로 주의를 요한다.

(3) 식품의 변색 방지

사과나 감자와 같이 껍질을 벗겨 공기 중에 방치하면 갈색으로 변색되는 경우가 있다. 이것은 식품에 함유되어 있는 산화효소에 의하여 페놀(phenol)계 기질이 산소와 반응하여 나타나는 갈변반응으로, 효소의 작용을 억제하거나 산소와 식품의 접촉을 막으면 방지할 수 있다. 따라서 갈변이 일어나는 식품을 물이나 조미액 중에 담가놓으면 변색이 방지된다.

(4) 기 타

그 외에 양념에 재기 등과 같이 필요한 맛 성분을 배어들게 하기 위해서, 피클·장아찌 등과 같이 보존성을 높이기 위해서, 또한 채소를 물에 담가 놓음으로써 아삭거리는 물리적 성질을 향상시키기 위해서도 행해진다.

4) 썰 기

썰기 과정은 조리조작 중 가장 많이 쓰이는데 그 목적은 다음과 같다.

즉, 먹지 못하는 유해물이나 소화되기 어려운 부분을 제거하고, 식품의 표면적을 증가시켜 열전도 및 조미성분의 침투가 용이하게 하며 식품을 먹기 좋은 크기나 모양으로 만든다.

그러나 썰기를 통해 식품의 표면적이 증가하게 되면 영양소의 손실 및 산화가 용이해지므로 목적에 따라 적당한 크기를 결정해야 한다. 또 썰 때에는 식품의 특성을 파악해야 하는데, 고기 같이 섬유의 방향이 있는 경우는 섬유의 방향과 직각으로 썰어야 연하게 느껴진다. 그러나 질기더라도 치아에 닿는 감촉을 느끼고자 할 때, 또 채썰기를 할 때에는 섬유의 방향과 평행으로 자르기도 한다.

5) 섞기, 반죽하기

두 가지 이상의 식품재료를 균일하게 분산시키는 과정으로 점탄성이 있는 재료의 경우는 반죽이라는 용어로 설명된다.

조리조작에서 섞는 과정은 음식의 균일화(식품재료, 온도, 조미료 등)와 물리성의 개선(유화, 기포형성, 점탄성 증가 등)을 위해 행해진다.

그러나 단순히 섞어주는 과정도 주의하지 않으면 얻고자 하는 목적과 다른 조리결과가 나타날 수 있으므로 아래와 같이 유의하여야 한다.

가. 재료를 혼합할 때의 순서

예를 들면 밀가루 반죽을 할 때 설탕을 물에 섞어 밀가루에 넣는 것이 밀가루에 물을 먼저 넣고 반죽한 뒤 설탕을 섞는 것보다 글루텐의 형성이 더 어려운데, 그 이유는 글루텐 형성에 필요한 수분의 양이 설탕의 용해로 인해 줄어들기 때문이다.

나. 재료를 혼합할 때의 온도

폰단(fondant)을 만들 때 저어주는 온도에 따라 결정의 크기가 달라진다.

다. 젓는 횟수 및 속도

경단 반죽의 경우 많이 반죽할수록 질감이 연해지며 폰단을 만들 때 저어주는 속도에 따라 결정의 크기가 달라진다.

6) 냉 각

냉각은 완성된 음식을 보관할 때에 행해지는 조작으로 음식을 차게 함으로써 음식의 맛을 향상시키고 물리적 성질을 변화시키며 이로써 식품의 질을 향상시킬 수 있다. 냉각의 목적은 다음과 같다.

가. 맛의 향상

음식마다 가장 맛있게 느끼는 온도가 있다. 과일은 차게 했을 때 더 맛이 있는데, 그 이유는 저온에서 단맛이 강한 β형 과당이 더 많기 때문이다.

나. 미생물의 번식 억제

음식의 온도를 낮게 유지함으로써 미생물의 번식을 억제하여 음식의 품질을 어느 기간 유지할 수 있다.

다. 효소와 성분과의 반응 억제

푸른 채소를 데친 후 바로 찬물에 담그게 되면 클로로필라이제에 의한 클로로필의 파괴를 막게 한다.

라. 물성 변화

묵, 젤리 등을 만들기 위해서는 교질용액의 졸(sol)상태를 냉각해야만 겔(gel)화하여 제품을 만들 수 있게 된다. 또 버터같은 경우는 냉각을 통해 제품의 모양을 유지하게 한다.

식품의 온도를 낮출 때에는 식품주위의 열전도율이 높고 식품과의 온도차가 클 때, 또 식품의 표면적이 클수록 그 효과가 커지므로 공기보다는 찬물이, 찬물보다는 얼음물에 담그는 것이, 또 식품의 크기가 작고 얇은 것이 냉각속도가 빠르다.

7) 냉 동

냉동은 식품을 0℃ 이하로 냉각시켜 수분을 동결시킨 것으로 식품보존법 중의 하나로 널리 쓰이고 있다.

냉동을 할 때에는 급속동결을 해야 식품 중의 물이 작은 크기의 얼음 결정을 형성하여 조직의 파괴가 적게 된다. 반면에 서서히 냉동하면 얼음 결정의 크기가 커져 조직이 파괴되어 해동시 유출량(drip)이 많아지며 냉동전의 상태로 복원되기 어렵다. 또한 얼음 결정의 성장은 빙점 이하에서는 온도가 높을수록 빠르므로 냉동된 식품은 저온에서 보관하는 것이 좋다.

어육을 동결하게 되면 해동을 해도 식품의 질감이 달라지는데, 이는 단백질의 변성에 의한 것으로 식품내의 물이 얼면서 남아 있는 용액 중의 산의 농도가 높아지기 때문이다.

냉동할 때에는 해동시 편리하도록 1회 사용량 만큼씩 따로 포장하여 냉동하는 것이 편리하며, 생선은 깨끗이 다듬은 후, 채소류는 데친 후 냉동한다.

8) 해 동

해동은 냉동시 형성된 얼음결정을 녹여 식품을 냉동전의 상태로 복원시키는 과정이다. 냉동은 식품을 동결함으로써 미생물의 번식을 억제하고 식품에 있는 여러 가지 효소의 작용을 억제하여 식품의 품질을 보존하게 하나 해동을 거치면서 여러 가지 식품의 변화를 일으키게 된다. 특히 단백질의 변성으로 인한 조직의 파괴로 액즙이 유출되어 정미성분과 그 밖의 여러 가지 성분이 손실될 수 있다.

해동방법에는 급속해동법과 완만해동법이 있는데 식품의 종류에 따라 그 방법을 선택한다. 급속해동법은 반조리 또는 조리된 상태에서 냉동된 식품을 그대로 가열조리하거나 전자레인지를 이용하여 해동하는 방법이고, 완만해동은 냉장고나 물, 또는 실온의 서늘한 곳에서 천천히 해동하는 방법으로 어육류에 주로 이용된다. 해동할 때에는 사용할 만큼만 해동하여 바로 조리에 이용해야 하며 다시 냉동하지 않도록 한다. 완만해동인 경우 해동매체의 온도는 가급적 낮게 하고 10°C를 넘지 않도록 해야 하며 해동작업이 끝나면 사용 전까지 냉장고에서 보관하는 것이 좋다.

9) 기 타

그 외에 조리에 이용되는 기본 조리조작에는 밀어 늘리기(밀가루 반죽), 모양 만들기(만두, 송편, 초밥 만들기), 누르기(편육, 두부), 거르기(팥고물), 담기 등이 있다.

2. 생식조리

식품자체가 지닌 색이나 향, 질감, 맛을 느끼기 위해 식품을 날것 그대로 이용하는 조리방법으로 주로 이용되는 음식은 식물성식품을 이용한 생채, 겉절이, 샐러드, 냉채와 동물성식품을 이용한 생선회, 육회 등이다.

생식조리를 했을 때의 장점으로는 영양성분, 특히 수용성 성분의 손실을 최소화할 수 있으며, 어류나 육류의 경우 가열 처리한 것보다 소화율이 높다. 또 식품고유의 맛을 이용할 수 있고 조리방법이 간단한 반면, 가열에 의한 살균처리를 거치지 않으므로 신선한 재료의 선택과 위생적 취급이 필수적이며, 지체 없이 빨리 섭취하는 것이 좋다.

3. 가열조리

대부분의 식품조리에 해당되는 이 방법은 물을 매체로 열을 전달하는 습열조리와 공기 및 기름을 매체로 하여 열을 전달하는 건열조리, 또 외부의 열원이 아니라 식품 내부에서 발생한 열로 조리하는 초단파조리(microwave)로 구분할 수 있다.

가열조리를 할 때 얻을 수 있는 효과는 다음과 같다.

① 소화흡수율 증가 : 전분의 호화, 트립신저해제(trypsin inhibitor)의 변성
② 안전성 증가 : 병원균, 기생충 등의 파괴
③ 풍미의 증가 : 캐러멜화 반응, 향기성분의 생성
④ 질감의 연화 : 섬유소 연화
⑤ 식품의 바람직하지 않은 변화 억제 : 효소의 불활성화
⑥ 식품의 저장수명 연장

그러나 가열로 인해 영양성분이 파괴되기도 하며 또한 지나친 가열은 향미 및 질감의 열화를 가져오므로, 각 식품의 특성에 맞는 가열방법으로 적절하게 조리시간이 조절되어야 한다.

1) 습식조리

습식조리는 식품이 보유하고 있는 수분 외에 별도의 물을 첨가하여 가열하는 조리법으로 끓이기, 삶기(데치기), 찌기, 졸이기 등이 포함되며 물을 열전달매체로 이용하므로 고르게 익을 수 있는 장점이 있다.

(1) 끓이기

곰국, 찌개, 전골과 같이 맛성분을 함유한 식품을 이용하여 그 맛을 우려내는 조리법을 말하며 서양조리의 boiling에 해당된다. 끓이기는 맛성분이 우러난 국물을 같이 먹는 조리법으로, 영양성분이 우러나온 국물까지 먹으므로 영양소의 손실은 비교적 적다.

가. 특징

끓이기는 조리 도중 온도조절이 가능하며 100℃ 정도의 온도가 유지되므로 비교적 서서히, 골고루 익는다. 또한 가열도중에 조미할 수 있어 편리하다.

나. 적절한 조리방법

끓일 때에는 물이 비등하면서 재료가 부서지기 쉬우므로 처음에는 센불로 끓이다가 끓기 시작하면 중간 불로 줄인다. 또한 재료 및 음식의 특성에 의해 국물에 맛을 우려내기 위한 경우이므로 찬물에 재료를 넣고 끓이는 것이 좋다. 그러나 생선찌개는 식품재료 자체의 맛을 보유할 필요가 있으며 생선살이 으스러질 수 있으므로 끓는 물에 재료를 넣는다.

(2) 삶기(데치기)

끓이기와 비슷한 조리법이나 조미를 강하게 하지 않는 것이 차이점이며 삶는 목적은 조직의 연화, 좋지 않는 맛성분의 제거, 단백질 응고 및 지방의 제거(편육) 등을 들 수 있다. 데치기도 비슷한 방법이나 주로 조리 준비단계에서 사용하는 조리방법이다.

가. 삶기에 의한 영양소의 변화

끓이기와 달리 삶은 후 국물을 조리에 이용하지 않으면 수용성 영양성분의 손실을 가져오므로 국물의 이용을 고려하는 것이 좋다([그림 3-8]). 또한 삶을 때의 물의 양, 가열온도 및 시간, 알칼리(중조) 등의 영향이 크므로 주의해야 한다. 감자는 껍질을 벗기고 삶으면 비타민 C의 손실을 초래할 수 있다.

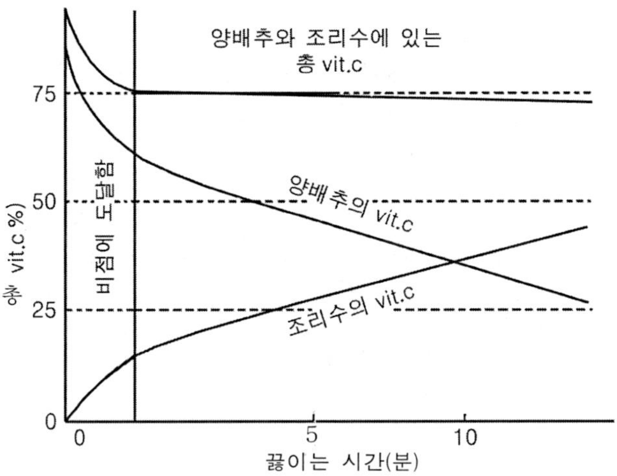

[그림 3-8] 양배추 가열시 비타민C의 손실

영양소의 손실을 초래하지 않으면서 삶으려면 물의 양은 적은 것이 좋으나, 물의 양이 너무 적으면 색소에 안 좋은 영향을 줄 수 있으므로 5배 정도가 적당하다.

그러나 채소를 데칠 때 전자레인지를 사용하게 되면 조리할 때 수분을 거의 사용하지 않고 또한 가열시간도 짧아 영양소 손실이 방지된다.

<표 3-4> 전자레인지를 사용하여 데친 시금치의 무기질 보유율(%) *

처리조건 / 무기질	고출력(700W)			저출력(400W)		
	1분	2분	3분	1분	2분	3분
나트륨	85.0	62.5	52.5	97.5	92.5	90.0
칼륨	79.8	70.3	66.4	93.8	93.7	88.9
철분	87.0	68.8	64.5	96.4	89.9	89.1
칼슘	87.2	72.6	56.4	98.5	98.5	91.8
마그네슘	88.6	67.2	60.1	96.7	93.7	85.3
인	95.2	73.5	69.0	97.5	96.6	92.6
구리	88.0	76.0	68.0	96.0	92.0	92.0

* 시금치 100g에 물 100㎖를 첨가하여 데친 것

나. 삶기에 의한 변색

삶을 때 식품의 변색을 초래할 수 있으므로 주의해야 한다. 특히 녹색채소의 경우 클로로필(chlorophyll)이 유기산에 의해 녹황색을 띠는 페오피틴(pheophytin)으로 변할 수 있으며, 또 가열시 물의 양이 적은 경우 차가운 채소를 넣어 끓는 물의 온도가 낮아지면서 식품에 존재하는 클로로필라아제(chlorophyllase)가 활성화되어 변색이 일어난다. 이런 변화는 식욕의 저하를 초래할 수 있으므로, 이를 방지하기 위해서는 물의 양을 너무 적지 않도록 하고, 삶을 때 뚜껑을 열어 식품에서 나오는 유기산을 휘발시키는 것이 좋다. 또 소금을 넣어 녹색을 유지하기도 한다.

다. 첨가물의 영향

삶을 때 첨가하는 물질에 따라 여러 가지 효과를 볼 수 있는데 그 예는 다음과 같다.

① 소금

1~2%의 소금을 넣어 삶으면 녹색채소의 경우 클로로필의 마그네슘이온(Mg^{2+})이 나트륨이온(Na^{+})과 치환되어 녹색을 유지한다.

② 식초

연근, 우엉 등에 3~5%를 첨가하여 삶으면 플라보노이드 색소는 흰색을 띠게 되며, 녹색채소인 경우는 페오피틴을 형성하여 녹황색으로 변색한다. 또 펙틴질의 질감은 단단하게 유지한다.

③ 중조

흰색의 플라보노이드색소를 황색으로 변색시키고, 녹색채소는 클로로필린을 형성하여 녹색을 유지하나 과량(0.3%이상) 사용시 질감은 물러지고 또 수용성 비타민의 파괴를 가져온다.

④ 쌀뜨물

무를 삶을 때 쌀뜨물에 삶으면 전분입자가 식품재료를 둘러싸면서 좋지 않은 맛성분을 흡착하는 효과를 가져온다. 또 산소와의 접촉을 차단하여 산화를 방지하므로 죽순과 우엉의 경우에는 갈변을 방지할 수 있다.

⑤ 명반

가지나 고구마를 삶을 때 명반을 넣고 삶으면 명반의 알루미늄이온(Al^{3+})

이 안토시아닌과 결합하여 색이 아름답게 고정화하는 효과를 가져오고 또 펙틴질과 결합하여 불용성 염을 형성함으로써 잘 부서지지 않는다.

라. 적절한 삶기 방법

① 달걀

가열시 달걀처럼 내부와 외부의 온도차가 적어야 할 경우에는 찬물에 재료를 넣고 서서히 가열한다.

② 면류

면류를 삶을 때에는 많은 물을 이용하는 것이 좋다. 물이 적으면 면을 넣었을 때 온도 저하가 크게 일어나고, 면의 표면에 있는 전분이 녹아 나와 물의 점도가 커지면서 균일하게 데쳐낼 수가 없기 때문이다. 또 면이 불지 않기 위해서 도중에 찬물을 넣어준다.

③ 녹색채소

녹색채소를 삶을 때에는 소금을 첨가하고, 뚜껑을 열고 가열하는 것이 색 변화를 줄일 수 있다. 삶은 후 바로 찬물에 헹궈야 하는데, 그 이유는 식품에 남아 있는 여열을 제거해 지나치게 익는 것을 방지하기 위함이다.

④ 육류

뼈나 육가공품의 불순물을 제거하기 위하여 데칠 때에는 찬물에 미리 담가 두었다가 핏기를 제거한 다음 끓여 데쳐 낸다.

(3) 찜

수증기가 물로 변할 때 발열되는 잠열을 이용하여 식품을 가열하는 방법으로 떡, 만두, 생선, 육류를 찔 때 이용된다. 서양조리의 스티밍(steaming)에 해당된다.

가. 특징

찜요리의 특징을 다음과 같이 설명될 수 있다.

① 식품의 모양이 유지

열의 전달매체가 증기이므로 물의 대류에 의한 모양의 파괴를 줄일 수 있다.

② 용기 사용 가능

액체의 경우라도 용기를 사용하여 찔 수 있다.

③ 수용성 영양성분의 보유

물을 많이 첨가하는 조리법이 아니므로 식품이 지닌 맛성분이나 수용성 영양성분의 손실이 적다.

④ 고압가열시 가열시간 단축

상압에서 조리할 때에는 100℃의 온도를 이용하게 되는데, 찜통의 물이 식품재료와 직접 닿지 않는 경우는 간접가열이므로 끓이기에 비해 시간이 많이 걸린다. 그러나 압력솥과 같이 고압에서 가열할 때에는 120℃ 정도의 온도까지 사용할 수 있어 가열시간이 단축된다.

나. 찜 조리시 주의사항

압력밥솥을 이용할 경우는 가열 후 압력을 내릴 때까지 조리가 진행되므로 조리시간이 짧게 걸리는 엽채류보다는 장시간 조리를 해야 하는 근채류, 고기 등이 적당하다.

찜틀을 이용하여 찜을 할 경우에 물이 너무 많으면 끓으면서 넘쳐 식품을 적실 수 있으므로 찜틀 밑 용량의 70~80% 정도 물을 넣는 것이 적당하며 증기가 올라올 때 식재료를 넣는 것이 좋다.

조리 도중에 조미하기가 어려우므로 가열 전에 조미료를 넣어주지 않으면 끓이기에 비해 양념이 속까지 배지 않을 수 있으므로 주의한다.

(4) 조 림

생선조림이나 장조림같이 양념을 넣은 다음 처음에는 강불로 가열하다가 끓기 시작하면 국물이 줄어들도록 오랫동안 은근하게 가열하는 조리방법이다.

가. 조미료의 사용법

① 생선

생선을 조릴 때에는 먼저 조미료를 넣고 끓인 다음 생선을 넣어야 맛이 좋다.

② 장조림

장조림을 만들 때에는 간장을 먼저 넣고 끓이면 삼투압으로 인해 고기의 수분이 빠져 고기가 질겨진다.

③ 콩조림

콩조림에 설탕을 넣을 때에는 15~20% 정도를 사용하게 되는데, 5% 이상의 설탕을 한꺼번에 넣으면 식품에서 수분이 빠져나와 단단해지므로 나누어 넣는 것이 좋다.

2) 건열조리

열의 전달매체로 물이 아닌 기름이나 뜨거운 조리도구를 사용하거나 복사열을 이용하여 직접 가열하는 방법으로 습식가열에 비해 높은 온도를 이용할 수 있다. 구이, 볶기, 튀김, 전(적) 등이 이에 해당된다.

(1) 구 이

기름이나 물을 사용하지 않고 석쇠 등을 사용하여 열원에서 복사열에 의해 식품을 직접 가열하는 방법이 있고 조리도구를 사용한 전도나 대류에 의한 간접가열방법(철판구이, 오븐구이, 알루미늄포장구이)도 있다. 식품을 구우면 표면의 단백질이 빨리 응고되면서 액즙의 유출을 막아 식품 본래의 맛을 유지할 수 있게 된다.

우리나라 음식 중에는 불고기, 너비아니 등이 대표적인 음식이며 서양조리방법인 그릴링(grilling), 브로일링(broiling), 로스팅(roasting), 베이킹(baking) 등이 이에 해당된다.

가. 구이의 특징

구이는 물이 전달매체인 습열조리에 비해 열효율이 낮으나 수용성 성분의 용출이 적으며 식품자체의 성분이 용출되지 않아 식품 고유의 맛을 살릴 수 있다.

직접가열의 경우 표면은 직접 열과 접촉하여 온도의 상승에 제한이 없기 때문에 타기 쉬운 반면, 내부는 전도에 의해 열이 전달되는데 식품의 열전도율이 낮기 때문에 가열속도가 낮다.

마이얄반응(mailard reaction), 캐러멜화반응(caramelization)과 지방의 용출로 향과 색이 좋아진다.

나. 구이시 주의할 점

구이를 할 때 식품의 표면은 높은 열에 접하고 있지만 내부는 열전도에 의한 온도 상승에 의해 가열되는 것이므로 식품 표면 온도가 높아도 내부는 낮을 수 있다. 가열시간에 따라 다르지만 충분히 익히도록 가열을 해도 내부는 80~90℃ 정도이고 재가열시에는 60℃ 정도에 불과하므로 위생을 고려할 때에는 주의하여야 한다.

구이는 너무 고온으로 가열하면 겉만 타고 속은 익지 않으며, 너무 낮으면 수분 증발로 식품표면이 마르고 내부는 익지 않아 액즙이 손실되면서 맛과 영양소가 감소될 수 있으므로 온도 조절에 주의하여야 하며, 직화구이시 재료와 불과의 거리는 7~10cm정도가 적당하다.

옷을 입혀서 구울 때에는 처음에는 중불에서 굽다가 불을 약하게 하여 속까지 고르게 익히며, 양념을 발라 구울 때에는 먼저 참기름과 간장으로 만든 양념을 발라 애벌로 구워낸 후, 다시 양념을 바르고 양념이 익을 정도로 살짝 익혀내야 양념이 타지 않으면서 적당히 익혀진다.

구이를 할 때 채 익기도 전에 뒤집거나 여러 번 자주 뒤집으면 모양을 유지하기가 어려우므로 주의를 요하며, 또 생선구이를 할 때에는 껍질 쪽을 먼저 굽는 것이 좋은데, 그 이유는 살 쪽에서 흘러나오는 성분이 밖으로 유출돼 지저분해지는 것을 막기 때문이다.

(2) 볶 음

냄비나 팬을 달군 후에 소량의 기름을 넣고 뜨거워지면 식품을 넣고 볶는 조리법으로 구이와 튀김의 특징을 모두 보유한 조리법이다.

가. 특징

볶음은 물을 사용하지 않아 수용성 성분의 용출이 적고, 대신 기름의 사용으로 지용성 영양성분의 흡수율이 좋아진다. 가열시 수분이 감소하나 대신 기름이 스며들면서 기름의 향미가 더해진다.

고온에서 단시간 가열되므로 비타민 파괴가 적고, 녹색채소인 경우는 아름다운 색을 유지할 수 있다.

나. 볶음시 주의할 점

볶을 때에는 냄비와 기름을 달군 후 재료를 넣으며 강한 화력을 유지하는 것이 좋다.

식품재료의 균일한 온도 유지를 위해서 교반을 자주 해줘야 하는데, 교반에 의한 열전달이 효과적으로 이루어지려면 식품재료는 적당한 크기로 썰어서 사용해야 하며 재료의 양은 사용 용기의 반을 넘지 않도록 한다. 가열기구는 온도변화가 적은 철제의 중화냄비가 적당하다.

볶는 도중에 조미할 수 있으나 식품표면에 기름이 둘러싸여 있으므로 대부분의 조미 성분이 식품 속으로 침투하기 어려워 표면에 붙어 있으므로 맛이 강하게 느껴진다. 그러므로 간을 약하게 하던지, 아니면 볶기 전에 밑간을 하는 것이 좋다.

(3) 튀 김

다량의 기름을 사용하여 고온에서 가열하는 조리법으로, 식품재료 중의 수분이 손실되고 대신 기름이 흡수되는 물과 기름의 교환반응이 일어난다.

가. 특징

튀김은 식품재료의 맛성분에 기름의 풍미가 첨가되어 맛과 질감이 좋아지며 가열도중 조미가 되지 않는 조리법이다. 기름을 이용하는 온도범위는 150~200℃정도로 물보다 높은 온도를 이용할 수 있으므로 조리시간을 단축할 수 있어 영양소의 파괴가 적고, 수용성 비타민의 손실을 최소화할 수 있다.

기름의 비열은 물의 절반 정도로(0.47㎉/g℃) 온도의 상승과 하락이 수월하여 조리도중 온도의 조절이 어렵다.

나. 튀김방법

튀길 때에는 식품 그대로 튀기거나 튀김옷을 입혀서 튀기는데, 이 방법의 차이는 <표 3-5>와 같다.

<표 3-5> 튀김방법에 따른 비교

	그대로 튀기기	튀김옷 입혀 튀기기
목적	· 탈수와 풍미의 향상 · 색의 유지 · 좋지 않은 냄새 제거	· 재료의 수분 보유 · 재료의 맛성분 보유
특징	· 수분 증발이 많고 식품에 흡수되는 기름의 양도 많다 · 호화가 불충분할 수 있다	튀김옷으로 밀가루, 녹말, 빵가루 등과 계란, 우유 등을 첨가하는데 이 재료에 의한 풍미가 부가된다
종류	포테이토 칩	커틀렛, 고로케, 야채튀김

튀김에 적당한 온도와 시간은 식품의 종류, 크기와 두께 등에 따라 다르다. 일반적으로 익은 재료를 사용하는 고로케는 고온에서 단시간 가열하나 속까지 익혀야 하는 경우는 비교적 저온에서 튀기는 것이 좋다. 또한 단백질식품은 익히기 쉬워 비교적 고온에서 단시간 튀기나 전분식품은 호화에 시간이 걸리므로 저온에서 시간을 두고 가열하는 것이 좋다.

<표 3-6> 여러 가지 음식의 적정 튀김 온도

음식명	적정 온도(°C)
고 로 케	190
탕 수 육	170~180
감자튀김	160~170
깻잎튀김	140~150
포테이토칩	180

적당한 튀김 온도를 유지하기 위해서는 식품을 적당한 양으로 나누어 튀기는 것이 좋으며, 수분이 많고 표면적이 큰 식품은 급격한 탈수에 의해 기름의 온도가 갑자기 내려가므로 튀기기 전에 어느 정도 수분을 제거하는 것이 좋다.

적당하게 튀기게 되면 튀김 도중 수분의 증발이 일어나면서 비중이 가벼워져 떠오르게 되는데 이런 현상과 색으로 튀겨진 정도를 판단하며 튀김 시 2번 튀기면 기름기가 걷혀 바삭거린다.

3) 초단파 조리

소득수준이 향상되면서 식문화 내지 조리문화도 크게 변화되고 있다. 즉, 새로운 식품재료나 도구, 패스트푸드의 도입에 의해 식문화나 조리문화는 고급화, 다양화해지고 있다. 또한 맞벌이 부부가 늘어나고 식생활의 간편화를 추구하는 경향도 고조되고 있다. 이에 따라 조리문화에도 크게 변화가 일어나면서 열전도가 빠른 전자레인지의 사용빈도가 급증하고 있다.

(1) 가열 원리

열이 발생되는 원리는 마그네트론에서 발생된 2,450MHz의 전자파가 식품에 투과되면서 식품 중에 있는 수분의 진동을 1초에 24억 5천만번 유발하여 마찰열이 생기는 것이다. 즉 초단파가열은 외부로부터 열이 전달되는 것이 아니라 식품자체에서 마찰에 의해 발열되면서 식품내・외부가 동시에 가열되는 방식이므로 열전도나 대류에 의존했던 과거의 가열조작, 즉 외부의 열원으로부터 식품 내부로 열을 전달시키는 방식과는 근본적으로 다르다.

(2) 특 징

극초단파가열은 식품에 있는 모든 물분자가 동시에 진동하여 발열되므로 식품 내부와 외부가 거의 동시에 가열되어 가열시간이 매우 짧고 이로 인해 영양소의 손실이 적다. 초단파조리의 여러 가지 특징을 일반조리방법과 비교하면 <표 3-7>과 같다.

그 외에도 초단파 조리는 먹을 그릇에 담은 그대로 조리가 가능하여 편리하다.

한편, 극초단파조리를 할 때에는 몇 가지 유의해야 할 사항이 있다. 가열시 수분의 증발이 일어나므로 뚜껑을 사용해야 하며, 여러 가지 재료를 배합한 음식인 경우 식품재료의 가열속도가 다르므로 주의해야 한다.

<표 3-7> 조리방법의 비교

구분	초단파조리	일반조리
가열시간	매우 짧다	초단파보다는 길다
영양소 파괴	매우 적다	다양하다
가열순서	식품부터 뜨거워진다	용기부터 뜨거워진다
갈색화	일어나지 않는다	일어난다
금속성 용기	금속성용기의 사용이 제한된다	금속성용기의 사용이 가능하다
1회 조리량	기구의 크기 제한으로 1회 조리량이 제한된다	제한이 적다
화력 조절	화력조절이 어려워 은근히 졸이는 음식은 어렵다	조절이 용이하다

4. 조 미

조미란 식품 자체의 맛성분으로 사람의 기호도를 충족시키기 어려울 때 조미료나 향신료 등을 첨가하여 음식의 기호성을 높이기 위한 조리조작으로 조미료가 확산작용에 의해 식품내부로 침투되는 원리이다.

조미료는 음식의 맛과 향을 증진시키기 위하여 음식에 첨가되는 것으로 그 효과를 높이기 위해서는 종류와 사용시기를 잘 선택하여야 한다.

1) 조미효과 및 시기

(1) 조미효과

조미를 하여 얻을 수 있는 효과는 다음과 같다.

① 조미료 자체의 맛이 음식에 가미된다.
② 식품이 지닌 좋은 맛이 증가하거나 좋지 않은 맛이 감소된다.
③ 조미료와 식품이 지닌 고유의 맛이 합하여 새로운 맛이 생성된다.

(2) 조미시기

조미시기는 3가지로 나눌 수 있다.

가. 가열 전 조미

미리 소금을 뿌리거나 조미액(양념액)에 재워두는 것으로 불고기 양념, 생선 절이기 등이 이에 해당된다.

나. 가열 중 조미

끓이거나 굽거나 졸이는 도중에 조미하는 것으로 찌개나 조림 등이 이에 해당된다.

다. 가열 후 조미

섭취하기 직전에 조미하는 것으로 튀김 간장, 샐러드 드레싱 등이 이에 해당된다.

2) 조미료의 종류

(1) 단맛을 내는 조미료

단맛을 내는 조미료는 당류, 특히 설탕이 많이 쓰이며 그 외에 올리고당, 아스파탐 같은 감미료의 사용도 많아지고 있다. 조림과 음료는 8~15%, 아이스크림은 12~18%, 잼은 65% 정도가 적당하다.

가. 설탕

설탕은 단맛을 내는 대표적인 조미료로 포도당과 과당이 연결된 이당류이다. 단맛 외에 식품에 점성, 보수성, 방부력, 갈색화 등의 효과도 부여한다. 음식에 조미료를 첨가하게 되면 확산에 의해 분자량이 작은 것부터 침투되므로 식품에의 효과적인 침투를 위해 분자량이 큰 설탕을 다른 조미료보다 먼저 첨가하는 것이 좋다. 일반적으로 조미료의 첨가 순서는 설탕, 소금, 식초, 간장의 순서가 좋다.

나. 물엿

물엿은 전분을 산 또는 효소로 가수분해하여 농축시킨 것으로 맥아당, 포도당, 덱스트린 등이 함유되어 있고 식품에 점도를 부여한다.

전분의 가수분해 정도(D.E. : dextrose equivalent)에 따라 물엿의 단맛 정도 및 점성이 달라지는데, 가수분해 정도가 클수록 단맛은 커지고 점성은 낮아진다.

다. 꿀

꿀은 꽃에서 채취한 액즙이 벌의 타액에 의해 가수분해되어 얻어지는 천연의 전화당으로 과당과 포도당이 주성분이다. 케이크를 만들 때 설탕대신 꿀을 사용하게 되면 흡습성이 강하기 때문에 오랫동안 수분을 유지하고 마르지 않게 할 수 있다. 또한 꿀은 단당류이므로 우리 몸 속에 빨리 흡수될 수 있어 피로회복에 사용되기도 한다. 꿀은 색이 진할수록 맛이 강하며 우리나라에서는 아카시아 꿀이 가장 일반적이고 그 외 밤꽃, 유채 꽃에서도 채취하여 이용하고 있다. 실온에서 건조한 장소에 보관하는 것이 좋다.

라. 올리고당(oligosaccharides)

올리고당은 설탕에 비해 단맛은 떨어지나 점도 등 물성은 기존의 당류와 비슷하다. 소장에서 분해·흡수되는 정도가 저조하여 저칼로리 조미료로 알려져 있고, 아울러 비만, 충치, 당뇨병 등 기존의 당류가 가진 문제점을 보완한 것으로 기능성 식품으로 그 이용도가 확산되고 있다.

마. 스테비오사이드(stevioside)

스테비오사이드는 국화과 스테비아 잎에서 추출한 물질로 설탕의 200배 정도의 단맛을 가지며 열이나 산, 알칼리에 안정하고 단맛도 설탕과 유사하다. 인체에서 분해, 흡수되지 않으므로 비칼로리성이다.

바. 아스파탐(aspartame)

아스파탐은 아스파트산(aspartic acid)과 페닐알라닌(phenylalanine)이 연결된 디펩타이드(dipeptide)로 단맛은 농도에 따라 다르나 설탕의 120~200배 정도이다. 아스파탐은 pH에 따라 안정도가 달라 pH 4~5에서 가장 안정하며 pH가 3 이하이거나 pH 6 이상일 때에는 분해되어 단맛이 떨어진다. 아스파탐은 칼로리가 적은 것이 특징이므로 당뇨병환자나 비만증환자에게 애용되고 있지만 열에 불안정하여 가열시 구성아미노산으로 분해된다.

사. 사카린(saccharin)

사카린은 설탕의 300배 정도의 단맛을 가지고 있는 인공감미료로 너무 높은 농도에서는 사카린 특유의 쓴맛을 내므로, 보통 0.02~0.03%의 농도를 사용하는 것이 좋다. 사카린은 다른 인공감미료에 비해 비교적 독성이 낮기 때문에 현재까지 감미료로 이용되고 있지만 제한적으로 사용된다. 즉, 섭취된 사카린은 분해되지 않고 배설되므로 1일 3g 정도까지는 무해하다고 하나, 다량 섭취하면 신장장애와 발암성에 대한 논란이 있으므로 주의하여야 한다.

(2) 짠맛을 내는 조미료

짠맛은 조미의 기본 맛으로 소금, 된장, 간장 등이 사용된다. 짠맛의 적절한 농도는 개인의 기호에 따라 다르지만 보통 1~2% 정도이다.

가. 소금

소금은 짠맛을 내는 대표적인 조미료로 주성분은 염화나트륨(NaCl)이다. 소금에는 염화나트륨 외에 염화칼륨이나 염화마그네슘, 염화칼슘, 황산마그네슘 등의 불순물이 섞여 있는데, 이들을 제거하는 정도에 따라 소금의 종류가 나누어지기도 한다. 짠맛을 부여하는 것 외에 추가되는 소금의 역할은 다음과 같다.

- 삼투압에 의한 탈수 및 방부효과 : 배추 절이기, 장아찌
- 단백질의 변성 촉진 : 염장류, 알찜
- 단백질 용해 : 어묵제조
- 효소의 불활성화 : 과일 갈변 방지
- 엽록소의 안정화
- 두부가열시 수축 방지
- 식품의 세정작용 : 생낙지나 토란 등의 점액 제거

소금의 종류는 천일염, 꽃소금이라 불리는 재제염, 순도를 높인 정제염으로 구분한다.

① 천일염

천일염이란 해수를 염전이란 시설을 이용하여 증발·농축시켜 소금을 얻는 것으로 해수에 포함된 다른 염들의 함유율이 비교적 높다.

② 재제염(再製鹽)

꽃소금이라고도 불리는 재제염은 천일염을 녹여서 여과한 깨끗한 소금물

<표 3-8> 해수의 성분

성 분	NaCl	$MgCl_2$	$MgSO_4$	$CaSO_4$	KCl	합계
함량(%)	77.4	10.0	6.5	3.2	2.8	99.9

을 재결정시킨 소금이다. 88~90%의 비교적 저염도인 재제염은 부피가 크고 용해속도가 매우 빠르다.

③ 정제염

3.5% 정도의 해수를 이온 교환막이 장착된 전기투석조를 거쳐 16~18%의 염수를 만들고 이를 증발·농축시켜 만든 소금으로 순도가 높고 위생적이다.

그 외에 요즘은 죽염의 소비가 늘고 있다. 죽염은 우리 민족이 오래 전부터 각종 염증 및 소화기 계통의 질병을 치료하기 위해 만들어 온 민속약으로 대나무 속에 천일염을 9번 구워 만든다.

나. 간장

간장은 대두 발효식품으로 짠맛 외에 발효에 의해 생성된 색과 향기, 맛을 함께 보유하고 있다. 간장의 종류는 다음과 같다.

① 재래식 간장 : 콩을 삶아 만든 메주를 자연상태에서 발효시켜서 만들기 때문에 잡균의 번식으로 좋지 않은 맛을 낼 수 있다.
② 양조간장 : 아스퍼질러스 오리재(*Aspergillus oryzae*)에 의해 대두단백질 및 대두 전분이 분해되면서 만들어진 제품
③ 산분해간장 : 미생물이 아니라 산에 의해 분해되면서 만들어진 제품
④ 혼합간장 : 양조간장과 산분해간장을 혼합한 제품

간장의 식염 농도는 약 20% 정도이며 조리시 간장 고유의 맛과 색을 보유하기 위해 음식의 가열을 마치기 직전에 첨가하는 것이 바람직하다.

다. 된장

된장도 간장과 같이 대두 발효식품으로 짠맛 외에 특유의 향기와 색, 맛을 보유하지만, 간장과 달리 단백질의 중요 급원식품이다. 그러므로 쌀을 주식으로 하는 우리에게는 된장이 조미료로서의 가치 외에 영양적인 면에서도 중요한 식품이다. 된장의 식염 농도는 15% 정도이다.

된장의 종류로는 재래식된장과 개량식된장이 있다. 재래식된장은 삶은 대두만을 자연발효시켜 메주를 만든 후 간장을 만들고 난 찌꺼기에 소금을 넣어 계속 발효시킨 것이다. 반면 개량식된장은 된장코지(쌀, 보리, 밀)에 삶은 콩을 섞고 물과 소금을 넣어 일정 시간 숙성시킨 것으로 숙성 중 국

균에 있는 프로테아제(protease)와 아밀라제(amylase)에 의해 단백질과 전분이 가수분해되어서 아미노산과 당을 함유하게 된다. 또 유산균과 이스트에 의해 발효가 일어나 유기산과 알코올이 생성되어 된장의 맛에 기여하게 된다.

(3) 신맛을 내는 조미료

일반적으로 수소이온이 신맛의 주요인으로 작용하고 있으나, 신맛과 산농도와의 관계는 단순히 비례하지는 않는다.

신맛을 내는 대표적인 조미료인 식초의 주성분은 초산(CH_3COOH)이고 4% 정도 함유되어 있다. 식초를 조리에 사용하게 되면 신맛을 주는 것 외에 식품재료를 희게 하고 산성에 의한 방부성, 단백질 변성, 섬유소 질감의 경화, 비린내 제거, 생선가시 연화 등을 부여한다. 식초는 휘발성이 강하므로 조리를 끝내기 직전에 첨가하는 것이 좋다.

식초는 양조식초와 합성식초가 있는데, 양조식초는 초산발효균이 가진 효소에 의해 초산이 생성되는 발효제품으로 곡물로 만든 현미식초, 과실로 만든 감식초 등이 있다. 반면 합성식초는 화학적으로 만들어진 빙초산을 희석하여 만든 제품이다.

식초 외에 사과에 있는 사과산(malic acid), 포도에 있는 주석산(tartaric acid), 감귤류에 있는 구연산(citric acid)도 신맛을 내기 위해 사용된다.

(4) 감칠맛을 내는 조미료

감칠맛은 다시마, 쇠고기, 버섯 등에서 느끼는 맛으로 아미노산, 펩타이드, 핵산물질 등이 있다. 시판되고 있는 조미료로는 MSG(monosodium glutamate)와 핵산물질(IMP, GMP)이 주성분인데, MSG와 핵산물질은 상승작용에 의해 서로의 감칠맛 효과를 증대시킨다.

가열을 하게 되면 감칠맛 성분이 분해되므로 섭취하기 직전에 사용하는 것이 좋다.

제 4 장

탄수화물과 조리

1 탄수화물의 분류 72

2 설탕의 조리 78

3 전분의 조리 85

4 곡류의 조리 94

5 서류의 조리 118

제4장
탄수화물과 조리

탄수화물(carbohydrate)은 탄소와 물이 결합한 형태의 분자식($C_m(H_2O)_n$)을 갖는 데서 그 이름이 유래된 것으로, 결합단위에 따라 단당류, 소당류, 다당류로 구분된다.

지방, 단백질과 함께 식품의 3대 성분 중의 하나인 탄수화물은 대부분 식물성 식품에서 공급되는데, 곡류에 70~80%, 채소에 3~7%, 과일에 10% 정도 함유되어 있다.

1. 탄수화물의 분류

1) 단당류(monosaccharides)

단당류는 가수분해에 의해 더 이상 간단한 당으로 분해되지 않는 당으로 모든 탄수화물의 기본 구조단위이다. 탄소수가 3개인 3탄당부터 6탄당까지 존재하는데, 식품에 들어있는 단당류는 대개 6탄당($C_6H_{12}O_6$)이다. 대표적인 3가지 단당류는 6탄당인 포도당, 과당, 갈락토오스이며 이들의 구조는 [그림 4-1]과 같다.

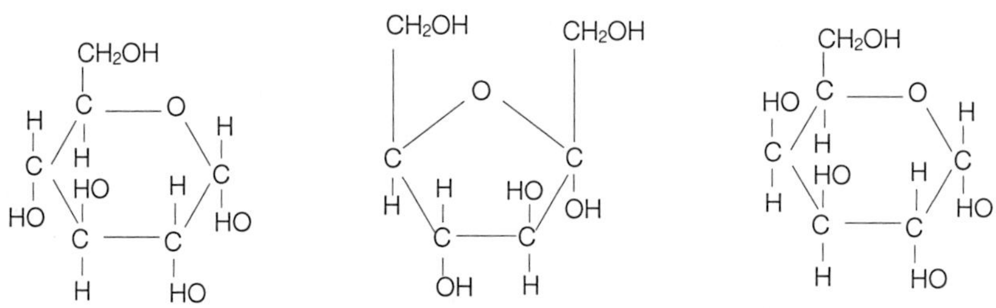

glucose fructose galaotose

[그림 4-1] 단당류의 구조

(1) 포도당(glucose)

포도당은 전분, 셀룰로오스, 글리코겐의 구성당이며 그 자체의 형태로도 채소나 과일 등에 존재하는데, 포도에 특히 많고, 포유동물의 혈액 속에 약 0.1% 들어 있다.

(2) 과당(fructose)

과당은 천연당류 중 단맛이 가장 강한 당으로 과일의 단맛에 중요하며 꿀에 다량 함유되어 있다. 감자의 다당류인 이눌린(inulin)의 구성당이기도 하다.

과당은 당류 중에서 용해도가 가장 크고 강한 흡습성을 지니며 과포화 되기 쉽다.

(3) 갈락토오스(galactose)

갈락토오스 단독으로는 자연계에 존재하지 않는다. 이당류인 젖당의 구성 성분이고 다당류로는 한천의 주성분인 갈락탄(galactan)의 구성당이며 당지질인 세레브로시드(cerebroside)의 구성성분이기도 하다.

2) 이당류(disaccharides)

이당류는 단당류 2분자가 결합한 형태로 결합할 때 물이 1분자 빠져나가므로 분자식은 $C_{12}H_{22}O_{11}$가 된다. 대표적인 이당류는 맥아당, 설탕, 젖당으로 그 구조는 [그림 4-2]와 같다.

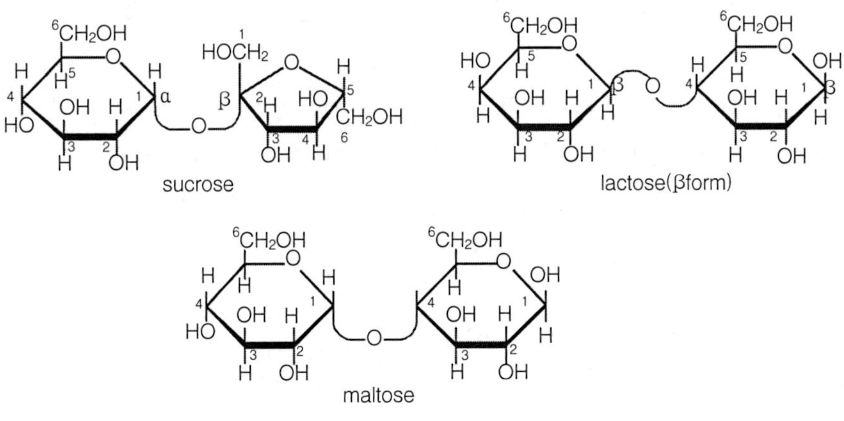

[그림 4-2] 이당류의 구조

(1) 맥아당(maltose)

맥아당은 2분자의 포도당이 결합한 형태로 유리상태로는 거의 존재하지 않고, 보리가 싹이 트는 과정에서 전분이 아밀라제(β-amylase)에 의해 가수분해되어 맥아당으로 분해되므로 엿기름과 물엿에 많이 함유되어 있다.

(2) 설탕(sucrose)

서당, 자당이라고도 불리는 설탕은 조미료로 많이 이용된다. 1분자의 포도당과 1분자의 과당이 결합한 형태로 많은 종류의 과일과 채소에 들어 있으며, 특히 사탕무와 사탕수수에 다량 함유되어 있다.

설탕이 산이나 효소(sucrase, invertase)에 의해 가수분해되면 포도당과 과당이 동량 존재하는 전화당이 생성된다. 뿐만 아니라 설탕은 가열조리 중에도 쉽게 가수분해되어 그 일부가 전화당으로 분해되면서 설탕보다 강한 단맛을 낸다. 전화당은 잼, 사탕류, 과자 등을 만드는데 이용되며 설탕에 의한 결정화를 억제하는 효과가 있다.

(3) 젖당(lactose)

유당이라고도 불리는 젖당은 1분자의 포도당과 1분자의 갈락토오스가 결합한 형태로 포유동물의 유즙에 존재하고 식물체에는 존재하지 않는다. 우유에는 4~6%, 모유에는 5~7% 함유되어 있으며 용해도와 감미도가 낮은 당이다.

적당한 양의 젖당 섭취는 젖산균의 발육을 촉진시킴으로써 유해세균의 발육을 억제하여 정장작용을 한다. 또한 왕성하게 번식한 젖산균은 산을 생성하여 장내의 pH를 산성화함으로써 칼슘의 흡수를 증진시킨다.

3) 기타 소당류(올리고당, oligosaccharides)

단당류가 2개에서 6개 정도로 이루어진 것을 올리고당이라고 하는데, 자연계에 존재하는 것으로는 앞서 설명한 3가지 이당류 외에 라피노스

(raffinose), 스타키오스(stachyose)를 들 수 있다. 라피노스는 콩과 식물의 종자 속에 특히 많이 존재하는 3당류이고, 스타키오스는 면실과 대두에 많이 들어 있는 4당류인데, 소화가 잘되지 않고 장내의 가스발생인자로 인식되어 그 동안 영양적인 가치를 인정받지 못하였다. 최근에 와서는 정장작용, 다이어트 식품으로의 기능을 인정받아 그 가치가 높아지고 있다. 그 외의 소당류로는 이당류인 루티노스(rutinose)를 들 수 있는데, 이것은 메밀의 배당체인 루틴의 구성성분이다.

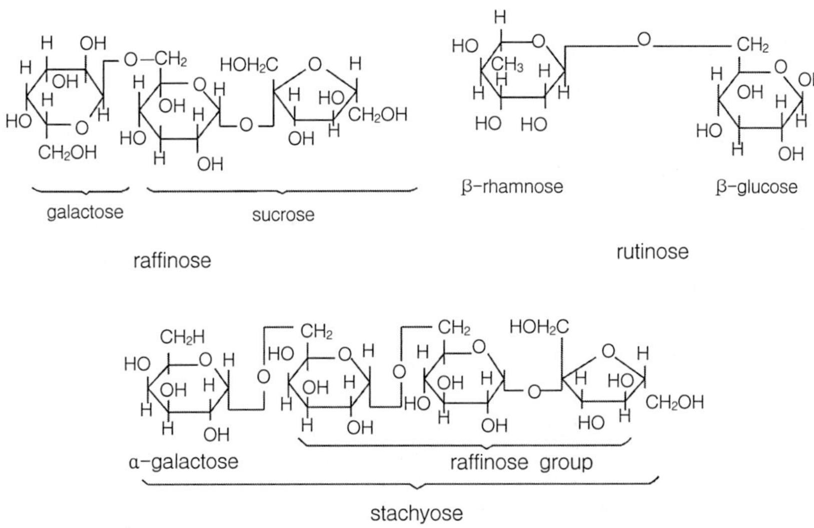

[그림 4-3] 천연 소당류의 구조

자연계에 존재하는 올리고당 이외에 최근에는 식품소재의 다양화와 생물공학기술의 급속한 발전으로 기존의 당류를 대체하는 새로운 당질의 개발이 활발해지고 있다. 새로 개발된 당질은 기존 당류와 비슷한 물성을 가지면서 기존 당류를 다량 섭취하였을 때 생기는 비만, 충치, 당뇨병 등의 문제점을 보완할 수 있는 올리고당이다. 합성된 올리고당의 종류로는 프럭토올리고당(fructo-oligosaccharide), 갈락토올리고당(galacto-oligosaccharide), 말토올리고당(malto-oligosaccharide), 대두로부터 추출된 대두올리고당 등이 현재 국내외에서 식품소재로 사용되고 있는 주요 올리고당이다. 대부분의 당질이 소화효소에 의해 단당류로 분해되어 흡수되는데 반해, 일부 올리고당은 소화효소에 의하여 분해되지 않고 대장에 도달되어 장내 유용세균인 비피더스균의 증식을 촉진시키는 기능과 충치의 원인인 글루칸 합성을 억제하는 효과가 있다고 알려져 있다.

4) 다당류(polysacchride)

다당류는 많은 수의 단당류로 구성된 거대분자로, 그 구성당이 한 가지일 때에는 단순다당류, 2가지 이상일 때에는 복합다당류라고 한다. 단순다당류로는 포도당의 중합체인 전분, 글리코겐, 셀룰로오스와 과당의 중합체인 이눌린을 들 수 있으며, 복합다당류로는 펙틴을 들 수 있다. 또 급원식품에 따라 식물성 다당류와 동물성 다당류로 구분하기도 한다.

(1) 전분 (starch)

대표적인 다당류로, 구성단위는 포도당이며 직선형인 아밀로오스와 가지의 모형을 하고 있는 아밀로펙틴으로 구분된다. 전분은 단맛이 없고 찬물에 녹지 않는 현탁액의 상태이나, 물을 붓고 가열하면 풀의 형태인 콜로이드 용액이 된다. 전분은 주로 주식으로 이용되며 그 조리성은 뒤에서 자세히 다루기로 한다.

(2) 글리코겐 (glycogen)

전분과 거의 구조가 같은 글리코겐은 동물의 간에 저장되며 동물성 전분이라고도 한다. 구조는 아밀로펙틴과 유사하여 포도당이 α-1,4결합 및 α-1,6결합으로 이루어진 중합체인데, 아밀로펙틴보다 사슬의 길이가 짧고 가지가 많다.

(3) 셀룰로오스 (cellulose)

식물체의 세포막 성분인 셀룰로오스는 구성단위는 포도당이지만 결합방식이 β-1,4결합을 하고 있어 인체내 소화효소의 작용을 받지 못하므로 열량원으로 쓰이지 못한다. 영양적 가치는 없으나 채소류나 과일류에 들어 있는 섬유질은 섭취시 포만감을 주며 장의 연동작용을 도와주어 변비를 막아주고 콜레스테롤의 배설을 돕는 등 기능성 소재로 관심을 받고 있다.

(4) 펙틴질 (pectin)

펙틴질은 식물체의 세포막에 존재하는 것으로 갈락튜론산(galacturonic acid)의 중합체이다. 덜 익은 과일에는 프로토펙틴(protopectin)으로 존재하다가 익으면서 펙틴으로 된다. 펙틴의 구성단위인 갈락튜론산에 메틸에스테르화된 정도가 7% 이상이면 고메톡실펙틴이라 하고 그 이하인 것을 저메톡실펙틴이라 한다.

펙틴질은 적당한 산과 당을 가하면 펙틴분자끼리 망상구조를 이루어 탄력성 있는 겔을 형성하므로 과일 젤리를 만드는 원료로 이용된다.

2. 설탕의 조리

여러 가지의 당류 중 전분을 제외하고 조리에 가장 많이 이용되는 것은 설탕으로 주로 단맛을 내는 조미료와 캔디 제조를 위해 사용된다.

1) 설탕의 제조

시판되고 있는 설탕으로는 흰설탕과 황설탕, 흑설탕이 있고 흰설탕은 다시 모래입자 모양(sanding sugar), 고운 가루 상태(powdered sugar), 각설탕(lump sugar)으로 구분된다.

설탕은 사탕수수나 사탕무에서 추출한 것인데, 추출과정을 거쳐 모은 갈색의 원당이 흑설탕이고, 원당을 정제하여 불순물을 0.05% 이하로 만들어 얻은 것이 흰설탕이다. 설탕의 원액에서 설탕을 추출하고 남은 것을 당밀이(molasses)라고 하는데, 당밀은 갈색의 시럽상태로 감미도가 높아 제과제빵용으로 이용된다. 황설탕은 흰설탕에 당밀을 가하여 만든 것이다.

2) 설탕의 조리성

(1) 용해성

용해도란 주어진 용매에 녹을 수 있는 용질의 최대농도로서, 온도의 영향을 받으므로 특정온도에서 용액 100g중에 녹을 수 있는 용질의 양으로 표시한다.

설탕은 용해도가 커 물에 쉽게 녹는다. 그 정도는 온도가 높아질수록 증가하여 0℃에서는 64%이었던 용해도가 100℃에서는 83%로 증가한다.

<표 4-1> 온도에 따른 설탕의 용해도

온도(°C)	농도(%)	물100g에 용해된 설탕 양(g)
0	64.2	179.2
10	65.6	190.5
20	67.1	203.9
30	68.7	219.5
40	70.4	238.1
50	72.3	260.4
60	74.2	287.3
70	76.2	320.5
80	78.4	362.1
90	80.6	415.7
100	83.0	487.2

용액내의 용질이 용해된 정도에 따라 용액의 상태를 3가지로 구분하는데, 특정한 온도에서 설탕이 최대로 녹아있는 상태를 포화용액이라 하고, 더 녹일 여지가 남아 있는 용액을 불포화용액, 녹일 수 있는 능력 이상으로 녹아 있는 상태를 과포화용액이라 한다. 과포화상태가 되면 매우 불안정하기 때문에 작은 충격에도 쉽게 결정화가 일어난다.

한편, 설탕은 기름에 녹지 않는데 이 성질을 이용하여 맛탕을 만든다.

(2) 단 맛

설탕은 대표적인 감미료로서 과자나 아이스크림 등 여러 가지 가공품에 쓰인다.

여러 가지 당류와 비교한 설탕의 단맛은 <표 4-2>와 같다.

<표 4-2> 여러 가지 당류의 단맛의 강도

당 류	단맛의 강도
과 당	173
전화당	130
설 탕	100
포도당	74
맥아당	32
갈락토오스	32
젖 당	16

음식에 단맛을 주기 위해 사용하는 설탕은 음식의 종류에 따라 사용하는 방법이 다소 다르다. 즉, 단팥죽처럼 음식 그 자체의 단맛이 강한 경우에는 설탕만 넣는 것이 아니라 0.5% 정도의 소금을 넣어 맛의 대비현상으로 단맛을 강화하는 것이 좋다. 또 신 과일이나 커피처럼 신맛·쓴맛이 너무 강한 음식에는 약간의 설탕을 첨가하여 그 맛을 억제할 수 있다.

(3) 비등점

일반적으로 용액은 용매에 녹아있는 용질의 양에 따라 비점이 상승하게 되는데, 1*l*의 물에 용질이 1mol 녹아 있으면 비점은 0.52℃ 상승하게 된다.

설탕용액도 가열하면 수분이 증발하면서 설탕용액의 농도가 증가되고 이에 따라 비등점이 상승하게 된다. 그러나 가열 중 설탕이 녹아서 그 성질이 변하기 때문에 설탕의 농도가 높아짐에 따라 위의 설명과 같은 정도의 비등점 상승이 나타나지는 않는다.

<표 4-3> 농도에 따른 설탕용액의 비등점

설탕농도(%)	비등점(°C)	설탕농도(%)	비등점(°C)
10	100.4	60	103.0
20	100.6	70	106.5
30	101.0	80	112.0
40	101.5	90.8	130.0
50	102.0	100	160

설탕시럽의 끓는 온도를 측정하면 시럽의 설탕농도를 간접적으로 알 수 있기 때문에 설탕시럽의 비등점은 설탕농도의 지표로 이용되기도 한다. 설탕용액은 농도에 따라 각기 다른 목적에 활용되는데 농도에 따른 용도는 <표 4-4>와 같다.

<표 4-4> 여러 가지 식품제조에 이용되는 설탕용액의 비등점

설탕용액명	비등점(°C)	용 도
소프트볼	115	폰 단
하드볼	121	디비니티(누가)
소프트크랙	138	태 피
하드크랙	154	브리틀
캐러멜	177	갈색의 점성 액체(캐러멜소스)

(4) 흡수성

설탕은 다른 당류와 마찬가지로 흡습성이 커서 공기 중에 방치하면 쉽게 덩어리진다. 당용액은 농축될수록 증기압이 낮아지며 증기압이 낮을수록 흡습성은 더 커진다. 흡습성은 다른 말로 식품 중의 수분을 보유하기 쉽다고 설명할 수 있다. 즉 설탕이 많이 들어간 음식은 수분이 증발되기 어려워 쉽게 건조되지 않는다. 이는 같은 봉지에 식빵과 케이크를 담아 보관할 때 케이크가 식빵보다 더디게 마르는 것에서 확인할 수 있다. 또한 양갱처럼 전분을 호화시킬 때 설탕을 첨가하면 전분 호화에 쓰인 수분과 결합하여 호화상태를 유지함으로써 노화가 억제된다.

(5) 결정성

포화용액을 냉각하게 되면 과포화용액이 되면서 설탕결정이 형성된다. 결정화가 이루어지려면 먼저 그 용액에 핵이 생겨야 하고 그 핵 위에 용해물질이 질서정연하게 쌓여가면서 결정이 커지는 것이다. 핵이란 용해되어 있는 물질 2~3개의 분자가 서로 붙어 미세한 덩어리를 형성한 것으로, 용액 중에 먼지 같은 것이 존재하면 이 먼지가 핵이 되어 결정체의 형성이 빨라진다. 또 이러한 원리를 이용하여 인위적으로 같은 물질의 작은 결정체를 넣고(씨뿌리기 : seeding) 저어주면서 일시에 다량의 작은 결정체를 형성하기도 한다.

결정형성에는 아래와 같은 여러 가지 요인들이 영향을 준다.

① 설탕용액의 농도

용액이 농축되면 핵의 형성이 빠르고 또한 용액의 점성으로 인해 결정의 성장이 느려지므로 작은 결정이 많이 생긴다. 반면 40℃ 정도로 식혀서 저어주면 핵은 더디게 생기나 많은 핵과 미세한 결정이 생성된다.

② 저어줄 때의 온도

높은 온도에서 저어주면 핵의 생성과 핵 위에 용질 부착이 쉬워 단시간에 큰 결정이 생성된다.

③ 젓는 속도

과포화용액을 빨리 저을수록 핵과 용질이 끊임없이 움직여 용질이 부착되는 것이 어려우므로 결정의 크기가 작아진다.

④ 식히는 속도

설탕시럽을 급속히 식히면 점성이 급격히 증가하여 설탕분자들이 이동하지 못하고 따라서 안정된 핵을 형성할 수 없기 때문에 유리같은 비결정상태로 된다.

⑤ 이물질의 존재

설탕 이외의 이물질이 소량이라도 존재하면 결정의 성장이 어려워진다. 이는 성장하고 있는 결정표면에 이물질이 흡착함으로써 설탕이 붙을 자리가 들어맞지 않아 결정의 격자를 형성할 수 없기 때문이다. 설탕의 결정성을 방해하는 물질로는 포도당, 과당, 전화당, 시럽, 버터, 초콜릿, 꿀, 난백, 난황, 우유, 산 등이 있다.

(6) 방부성

진한 설탕용액은 삼투압이 커져 미생물의 생육을 불가능하게 한다. 또한 고농도의 당용액에는 산소가 녹아 있기가 어려워 식품성분과 산소의 접촉이 어려워지므로 산화반응을 억제하기도 한다. 과일·채소의 설탕조림이나 잼을 그 예로 들 수 있다.

(7) 캐러멜화

설탕을 고온으로 가열하면 액체상태로 되며 가열을 계속하면 탈수, 분열, 중합반응에 의해 갈색의 캐러멜이 생성된다.

(8) 젤리 형성

과일의 펙틴을 이용하여 젤리를 만들 때 산과 설탕이 필요하다. 이때 설탕은 친수성을 이용하여 펙틴분자에 흡착되어 있는 수분과 결합함으로써 펙틴간의 결합을 촉진하는 역할을 한다.

(9) 단백질의 열응고 지연

설탕에 있는 많은 -OH기가 단백질과 수소결합을 함으로써 단백질의 구조를 유지하도록 도와주어 단백질의 열에 의한 변성을 지연시킨다.

육류의 연화를 위해 양념에 첨가하는 설탕의 작용이나 달걀찜을 만들 때 설탕을 첨가하면 응고온도가 높아지고 부드러운 겔이 형성되는 것, 난백의 기포성이 저해되는 것 등이 그 예이다.

(10) 기 타

그 외에도 설탕은 효모의 영양원으로 이용됨으로써 발효를 촉진시키고 각종 조림시에 윤기와 점성을 부여한다.

3) 캔 디

설탕을 주성분으로 하여 만든 대표적인 음식으로 캔디를 들 수 있다. 캔디에는 여러 가지 종류가 있는데, 크게 결정형 캔디와 비결정형캔디로 구분된다.

캔디를 만들기 위해서는 설탕용액을 끓여야 하는데, 설탕의 농도에 따라 만들어지는 캔디의 종류가 달라지므로 끓이는 정도를 잘 조절하여야 한다.

(1) 결정형 캔디 (crystalline candy)

결정형 캔디에는 폰단(fondant), 퍼지(fudge), 파노차(panocha), 난백을 사용한 디비니티(divinity) 등이 있다.

고농도의 설탕용액을 냉각하여 과포화상태로 만든 뒤 저어주면 미세한 설탕결정이 시럽에 섞여 있는 상태가 된다. 만들어진 결정의 상태는 앞에서 언급한 여러 가지 요인에 의해 결정된다.

결정형 캔디인 폰단을 방치하면 결정이 커져 거칠어지는데, 여기에 거품낸 난백을 첨가하거나 소량의 레몬즙을 첨가하여 설탕의 일부를 전화시키면 결정화를 억제할 수 있다.

(2) 비결정형 캔디 (noncrystalline candy)

비결정형 캔디는 무정형 캔디라고도 하는데, 캐러멜(caramel), 태피(taffy), 브리틀(brittle) 등이 대표적인 비결정형 캔디이다.

결정이 생기지 않게 하기 위하여 고온으로 처리하여 점성을 높이거나 전화당, 우유와 같은 결정억제물질을 다량 첨가한다.

3. 전분의 조리

전분은 식물체의 에너지 저장원으로 쌀, 보리, 밀가루 같은 곡류와 감자, 고구마 같은 서류의 주성분이며 탄수화물 중 조리와 가장 관계가 깊은 성분이다.

1) 전분의 구조

전분은 α－포도당이 결합한 다당류로 그 결합방식에 따라 아밀로오스와 아밀로펙틴으로 구성된다. 아밀로오스는 α-포도당이 α－1,4 결합에 의해 500～2,000개 정도 결합하여 직쇄상 구조를 이루고, 포도당의 구조에 의한 수소결합으로 6분자 정도마다 한번씩 회전을 하는 나선구조(α－helix)를 이루고 있다. 이 나선구조는 요오드와 결합하여 청색을 띠는 복합체를 형성함

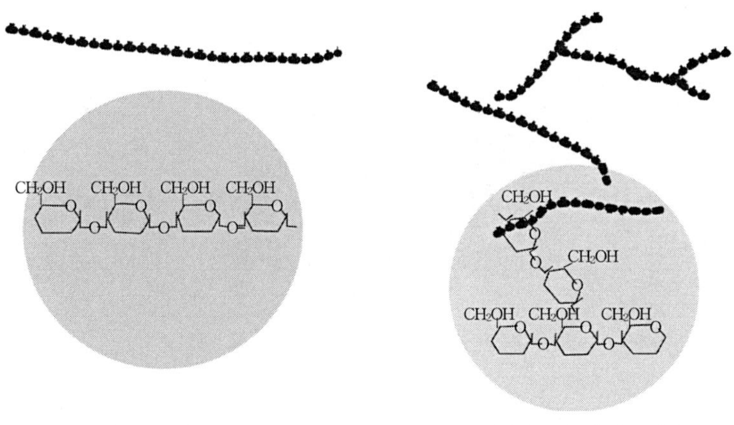

곧은사슬의 아밀로오스　　　가지가 난 아밀로펙틴

[그림 4-4] 아밀로오스와 아밀로펙틴

으로 어떤 물질내의 아밀로오스의 존재여부를 확인하기 위한 테스트로 활용된다. 아밀로펙틴은 α−1,4 결합에 의한 직쇄상 구조 외에 α−1,6 결합에 의해 가지 모양을 형성하는 거대 중합분자이다. 아밀로펙틴은 요오드와 반응하여 적자색을 나타낸다.

전분의 종류에 따라 아밀로오스와 아밀로펙틴의 구성비율은 다르나 천연의 전분은 보통 2 : 8의 비율로 아밀로오스와 아밀로펙틴이 존재한다. 아밀로오스는 가열시 엉키는 성질을 나타내고 아밀로펙틴은 끈기를 나타내어 아밀로펙틴으로만 구성된 찹쌀은 멥쌀에 비해 조리 후 점성이 크다.

<표 4-5> 곡류, 서류 식품의 전분내 아밀로오스 함량비

식품	아밀로오스 함량(%)	식품	아밀로오스 함량(%)
쌀	20	옥수수	21
찹쌀	0	찰옥수수	0~6
보리	27	메밀	28
찰보리	3	감자	23
밀	24	고구마	20

전분은 그 구성분자가 조밀하게 밀집된 결정부분과 엉성한 비결정부분으로 나눌 수 있는데, 규칙적으로 촘촘하게 배열되어 있는 곳을 미셀(micell)이라고 한다.

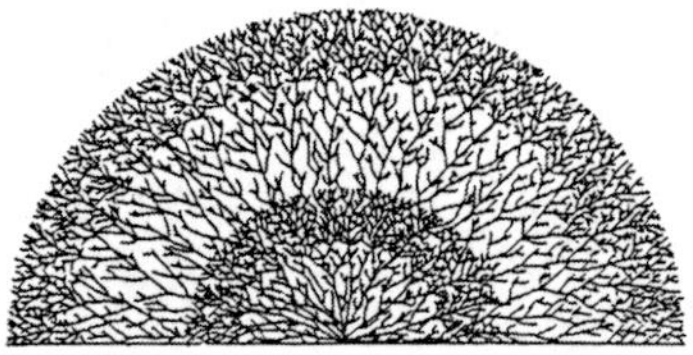

[그림 4-5] 전분입자의 구조

2) 전분의 성질

(1) 전분의 호화(gelatinization)

생전분은 아밀로오스 또는 아밀로펙틴간의 수많은 수소결합에 의하여 전체적으로 밀집된 구조를 이루고 있어 침수해도 한정된 양의 물분자만이 전분분자 내로 들어갈 수 있고 소화효소의 작용을 받기도 어렵다.

이런 생전분에 물을 가하고 가열하면 60~65℃ 부근에서 급격히 팽윤(swelling)하고 더 높은 온도로 가열하면 미셀구조가 파괴되면서 점성과 투명도가 큰 풀과 같이 되는데 이런 현상을 전분의 호화 또는 α화라고 한다.

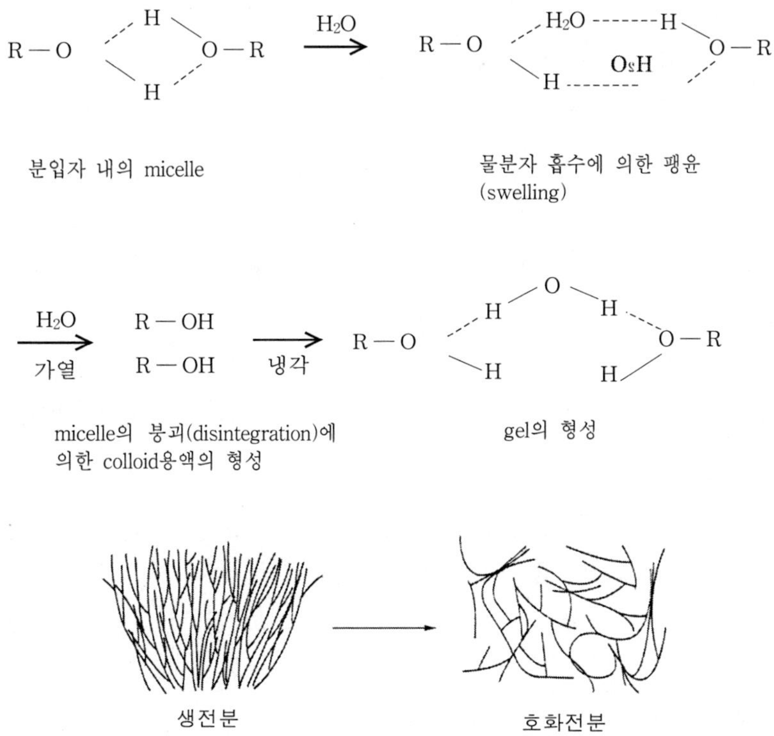

[그림 4-6] 전분입자의 호화과정

호화현상은 열에너지에 의해 물분자의 운동에너지가 커지면서 전분 분자간의 수소결합을 끊고 그 속으로 침투되어 팽윤이 일어나게 된다. 또 팽윤된 입자에서 아밀로오스의 분자 일부가 분해되어 유리되면서 점성이 증가하는 것인데 그 과정을 3단계로 설명할 수 있다.

- **1단계**

전분에 물을 첨가한 후 가열하기 전의 상태로 보통 20~30%의 물을 흡수한다. 외관상의 큰 변화는 없으며 이 흡수과정은 가역적이라 쉽게 건조된다.

- **2단계**

1단계의 상태에서 가열을 하면 물의 흡수량이 급증하면서 급속한 팽윤이 일어난다. 이때의 흡수과정은 비가역적으로, 건조시키기 어렵고 전분 중의 수용성 성분들이 전분입자로부터 분해되어 나온다. 이런 현상은 물의 온도가 높아짐에 따라 전분분자 내에서 수소결합에 의해 결합되어 있던 아밀로오스와 아밀로펙틴의 분자운동이 심해지면서 이들 사이의 수소결합이 끊어지고 그 대신 물분자와 전분분자간에 수소결합을 하게 되어 팽윤이 일어나는 것이다. 이때 물에 잘 녹는 작은 아밀로오스입자는 밖으로 빠져나오게 된다.

- **3단계**

온도가 계속 상승하여 각 전분의 호화온도에 도달하면 전분입자들은 붕괴되면서 아밀로오스와 아밀로펙틴 분자들이 빠져나오고 전분현탁액은 콜로이드용액으로 변하면서 호화가 완성된다.

호화된 전분은 전분의 구조가 헐거워지면서 소화효소의 작용을 받기가 수월해지는데 이런 전분의 호화에 영향을 주는 인자는 다음과 같다.

① 온도

호화에 필요한 최적 온도는 전분의 종류나 수분의 양에 따라 다르나 대체적으로 가열온도가 높을 수록 호화속도가 빨라진다. 예를 들면 쌀의 경우 90°C에서는 2시간 이상 걸리나 100°C에서는 20분 정도면 호화가 완결된다.

② 전분의 종류

전분의 종류에 따라 호화정도가 다른데 감자전분은 물과 반죽한 뒤 끓인 물을 가하여 젓기만 하여도 쉽게 호화가 되지만, 옥수수 같은 곡류는 물을 넣고 끓여야만 호화가 된다. 전분의 입자가 크면 빨리 호화되며 곡류전분에 비해 감자류가 투명도와 점도가 높다.

<표 4-6> 여러 가지 전분의 호화개시온도

전분의 종류	호화 온도 범위(°C)	전분의크기(μ)
감자	62.0～68.0	15～100
고구마	60.0～65.0	15～ 55
옥수수	62.0～72.0	4～ 26
쌀	65.0～73.0	2～ 10
보리	58.0～63.0	25～ 50
밀	53.0～64.0	5～ 40
타피오카	58.5～70.0	5～ 36
메밀	69.0～79.0	8

③ 전분의 농도

전분의 농도가 낮을수록 전분입자의 호화도는 커진다. 전분의 농도가 높으면 초기에 팽윤할 수 있는 입자가 더 많기 때문에 낮은 온도에서 더 높은 점성을 보이나, 농도가 너무 높으면 호화에 필요한 수분의 양이 상대적으로 부족하여 충분한 호화가 이루어지지 않는다. 그러므로 수분량이 적은 빵(20～35%)이나 비스킷(2～25%) 등은 200°C 이상의 높은 온도에서 호화시킨다.

④ 산도(pH)

알칼리성에서는 팽윤과 호화가 촉진되나 전분에 산을 가하면 가수분해가 일어나 묽어지는 원인이 되어 점도가 낮아지고 호화가 잘 안된다. 전분 조리시 산의 첨가가 필요할 때에는 전분의 호화가 완료된 후에 넣어주는 것이 좋다.

⑤ 설탕

설탕은 어느 정도의 농도까지는 첨가했을 때 점성을 부여하나 너무 많이 첨가하게 되면 친수성으로 인해 전분호화에 필요한 수분을 설탕이 경쟁적으로 결합하여 호화를 지연시키고 호화온도도 높아진다.

⑥ 기타

소금, MSG(monosodium glutamate)는 점도나 팽윤도를 저하시키고 지방은 전분분자를 둘러싸면서 물과의 접촉을 억제하므로 팽윤과 호화를 방해한다.

(2) 전분의 노화(retrogradation)

호화된 전분을 실온에 방치하면 투명도가 저하되면서 호화 이전의 상태 즉 생전분과 비슷한 구조로 되는데 이것을 전분의 노화라고 한다.

노화과정은 호화된 전분이 식으면서 인접한 전분분자끼리 다시 수소결합을 이루어 부분적으로 재결정구조를 형성하는 것이다. 노화가 일어나면 호화시 많은 양의 물이 분자 내로 들어가 벌어졌던 구조가 다시 촘촘해진다. 이 때문에 소화효소의 작용을 받기가 어려워지고 전분분자간의 수소결합으로 인해 전분분자 사이의 물이 외부로 빠져나오는 이장현상(synersis)이 발생한다.

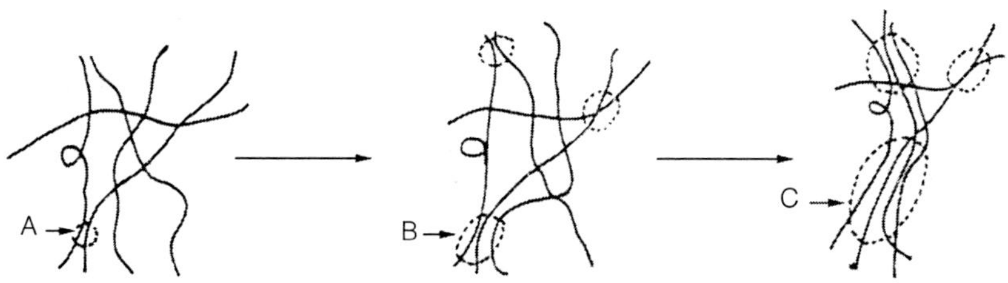

[그림 4-7] 전분의 노화

전분의 노화에 영향을 주는 인자는 다음과 같다.

① 온도

0~4°C일 때 노화가 가장 쉽게 일어나므로 전분식품을 냉장고에 보관하게 되면 노화가 가장 빨리 일어나게 된다. 60°C 이상에서는 전분분자간의 수소결합이 일어나기 힘들어 노화가 잘 진행되지 않는다.

② 수분함량

30~60%일 때 노화가 가장 쉽게 일어나며 15% 이하에서는 잘 일어나지 않는다.

③ pH

산성에서 수소결합이 촉진되므로 노화가 잘 일어난다.

④ 전분의 종류

아밀로오스에 비해 아밀로펙틴은 가지상 구조로 인해 입체적 장애가 일어나 쉽게 전분분자간의 수소결합이 일어나지 못하므로 노화가 잘 일어나지 않는다.

멥쌀로 만든 떡보다 찹쌀로 만든 떡이 늦게 굳는 것이 그 예이다.

노화는 바람직하지 않은 현상이므로 이를 억제·예방할 수 있는 방법을 정리해보면 다음과 같다.

① 수분함량의 조절

노화가 잘 일어나지 않는 범위로 수분함량을 조절한다. 즉 고온에서 급속히 건조시키거나 0°C 이하에서 급속히 냉동건조하여 수분함량을 15% 이하로 감소시키는 방법을 들 수 있는데, 그 예가 라면, 과자류, 미숫가루, 비스킷 등이다.

② 온도의 조절

노화가 잘 일어나는 온도를 피하는 것으로, 식품을 온장고 등에 보온하는 경우와 또 하나는 냉동하는 방법을 들 수 있다.

냉동법은 호화전분을 그대로 빙결시키는 것으로 수분의 이장현상이 억제되어 노화가 방지되는 일시적 방법이다. 가정에서 밥이나 떡, 빵류를 보관할 때에는 냉동하는 것이 효과적이다.

③ 설탕 첨가

설탕은 강한 친수성으로 인해 탈수제의 역할을 한다. 설탕을 호화된 전분에 첨가하게 되면 전분의 호화에 사용된 수분과 결합하여 이장현상이 잘 일어나지 않도록 함으로써 노화가 억제되는데 그 예로 팥양갱을 들 수 있다.

(3) 전분의 겔화(gelation)

호화된 전분을 젓지 않고 급히 식히면서 굳히는 현상을 겔화라고 한다. 이 현상은 호화된 전분분자가 식으면서 인접한 분자간에 수소결합이 생기는 것이다. 수소결합에 의해 분자간의 재결합이 일어나는 것은 노화의 과정과 유사하나 급히 냉각시킴으로써 수분이 빠져나오지 못한 상태에서 입체적 망상구조를 형성하는 것이 차이점이다.

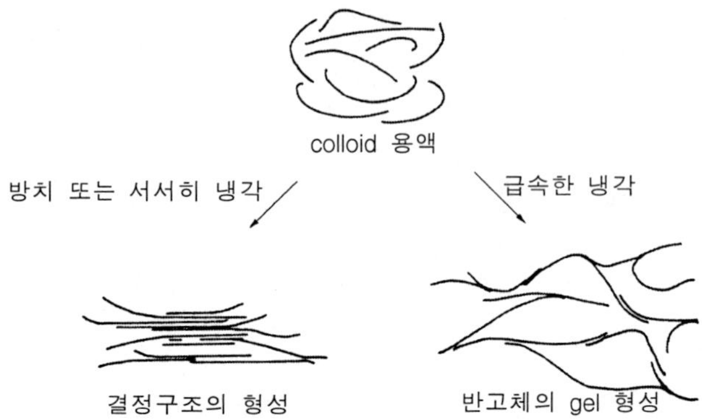

[그림 4-8] 전분의 노화와 겔화

겔화 및 겔의 강도에 영향을 주는 인자는 다음과 같다.

① 전분의 종류

아밀로펙틴은 입체적 장애에 의해 수소결합이 잘 일어나지 않으므로 겔이 잘 생기지 않으며 반면에 아밀로오스는 함량이 많을수록 겔의 강도가 강해진다.

또 곡류의 종류에 따라 전분의 구조가 차이가 나면서 겔의 특성이 다르게 나타난다.

② 설탕

과량의 설탕은 친수성에 의해 호화를 지연시키고 아밀로오스가 빠져나오는 것을 막아 겔화가 억제된다. 그렇지만 설탕의 친수성은 전분의 농도를 상대적으로 높이기 때문에 겔의 강도는 높아진다.

③ 유기산

산은 전분분자를 가수분해하여 전분의 길이를 짧게 하므로 입체적 망상구조를 형성하는 것이 방해되어 겔화가 억제되고 겔의 강도도 약해진다.

(4) 전분의 호정화(dextrinization)

전분에 물을 첨가하지 않은 상태에서 160~170℃로 가열하면 전분분자가 덱스트린으로 분해되는데 이것을 호정화라고 한다. 호정화가 일어나면 분자의 크기가 작아지면서 수용성은 더 커지고 비효소적 갈변과 풍미의 변화도 동반한다. 빵을 구웠을 때, 미숫가루를 만들기 위해 곡류를 볶을 때, 또 브라운루(brown roux)를 만들기 위해 밀가루를 볶을 때 나타나는 현상이다.

(5) 전분의 가수분해(hydrolysis)

전분을 산이나 효소를 이용하여 가수분해하면 작은 분자로 되면서 당화가 일어난다.

효소에 의한 가수분해는 2가지 종류의 아밀라제(amylase)에 의해 일어난다. 하나는 α-아밀라제로 전분을 구성하는 포도당의 결합형태 중 α-1,4결합을 무작위로 끊는 기능을 하며 가수분해 결과 주로 소당류나 저분자의 덱스트린을 만들어 점도가 낮은 액체상태가 되기 때문에 액화효소라고도 한다. 다른 하나인 β-아밀라제는 α-1,4결합을 말단에서부터 2개 단위로 끊어 맥아당을 생성하는 효소로 단맛이 많이 생기므로 당화효소라고도 하는데 엿기름, 고구마 등에 존재한다.

전분이 가수분해하여 만들어진 당은 그 가수분해의 정도에 따라 여러 가지 종류가 생기게 되는데, 가수분해정도의 지표로는 D.E(dextrose equivalent)를 사용한다. 또 D.E.는 감미도, 점도, 흡습성 등 물리화학적 성질을 나타내는 지표로도 이용된다.

$$D.E. = \frac{\text{포도당으로 환산한 전분 가수분해물 등의 적정 환원당}}{\text{총 고형분}} \times 100$$

<표 4-7> 가수분해정도에 따른 당류의 물리화학적 성질 비교

분류	D.E.	성 질						
		감미도	점 도	흡습성	동결점	삼투압	결정 억제력	평균 분자량
정제포도당	97~98	대	소	대	저	고	소	소
고형포도당	80~85							
액상 포도당	55~80	↕	↕	↕	↕	↕	↕	↕
중간분해형 물엿	50~57							
정상분해형 물엿	38~49							
저분해형 물엿	20~37	소	대	소	고	저	대	대

4. 곡류의 조리

곡류(cereal)는 화본과에 속하는 열매를 식용 또는 사료로 이용하는 것으로 대표적인 탄수화물식품이다. 주성분은 전분이며 열량식품의 중요한 급원으로 이용되고 있다. 흔히 섭취되는 곡류는 쌀과 보리·밀· 호밀 등의 맥류, 옥수수· 기장· 메밀· 조 등의 잡곡으로 분류한다.

모든 곡류는 외피(外皮), 배유(胚乳), 배아(胚芽)로 구성되어 있다.

겨라고도 불리는 외피는 곡류 입자의 가장 바깥 부분을 구성하는 것으로 곡류를 보호하는 역할을 한다. 외피는 과피, 종피, 호분층 등 6층으로 구성되며 섬유질이 많고 조직이 견고하여 소화가 잘 안된다. 배유는 곡류의 대부분을 차지하는 부분으로 다량의 전분을 가지고 있는 가식부분인데, 무기질, 비타민은 미량 존재할 뿐이며 섬유소는 거의 없다. 배아는 낟알의 2~3%를 차지하는 부분으로 탄수화물을 제외한 나머지 영양소의 함량이 높으나 도정시 제거된다.

곡류의 주성분인 전분은 입자가 감자류의 것과 달리 작고 치밀하여 팽윤이나 호화가 늦게 일어난다. 곡류에 포함되어 있는 단백질의 함량은 6.5~14%정도이며 리신(lysine), 트레오닌(threonine), 트립토판(tryptophan) 같은 필수아미노산이 부족하여 단백가가 낮으므로 동물성식품이나 콩과 같이 섭취하는 것이 좋다. 지방은 겨와 배아에 주로 포함되어 있는데, 이것들은 도정에 의해 제거되므로 곡류에 의한 지방의 섭취비율이 낮으며 무기질은 인이 풍부한 반면 칼슘이나 철분은 부족하다.

1) 쌀의 조리

(1) 쌀의 종류

쌀의 품종은 다양하지만 크게 인도형(Indica type)과 일본형(Japonica type)으로 구분된다. 보통 인도형은 쌀알이 길고 가늘며 밥을 지을 경우 끈기가 적고 밥알이 흩어지는 반면, 일본형은 쌀알이 짧고 통통하며 밥을 지었을 때 끈기가 많다. 끈기에 차이가 있는 이유는 인도형의 세포막이 두꺼운데 반해, 일본형은 세포막이 얇아 가열할 때 그 막이 쉽게 파괴되어 전분이 밖으로 유출되면서 호화 되기 때문이다.

또 쌀은 전분의 구성비율에 따라 멥쌀과 찹쌀로 구분되는데, 멥쌀은 아밀로오스와 아밀로펙틴의 비율이 2 : 8 정도이나 찹쌀은 아밀로펙틴만으로 구성된 것으로 호화시 팽윤하기 쉽고 점성이 강하며 쉽게 노화되지 않는다.

쌀은 다른 곡류와 마찬가지로 외피, 배유, 배아로 구성되어 있다. 외피는 단백질, 지방, 비타민 등의 함량은 많으나 섬유질이 많고 단단하여 수분 흡수가 어려우므로 쌀알을 그대로 사용하게 되면 전분의 호화가 잘 일어나지 않고 이로 인해 질감이 좋지 않아 기호도가 떨어진다. 이런 이유로 탈곡에 의해 쌀의 겉껍질(왕겨)을 벗겨낸 상태인 현미를 다시 도정하여 8% 정도의 과피, 종피, 호분층을 모두 제거한 백미의 형태로 섭취하게 된다. 그러나 영양성분은 도정 중에 많이 제거되므로 현미보다 백미의 영양가는 떨어진다. 도정한 쌀의 이름이 5분도미인 것은 현미에 있는 과피, 종피, 호분층의 50%가 제거된 것으로 4% 정도가 남아 있어 밥을 지었을 때 거친 질감을 나타내나 섬유소와 미량영양소가 존재하여 영양적으로는 백미보다 우수하다.

(2) 쌀의 성분

쌀의 일반성분은 <표 4-8>과 같다.

<표 4-8> 쌀의 일반성분

종류	열량 (kcal)	수분 (%)	단백질 (g)	지질 (g)	당질 (g)	조섬유 (g)	칼슘 (mg)	인 (mg)	철 (mg)	나트륨 (mg)	칼륨 (mg)	아연 (mg)	비타민					
													A (R.E.)	B_1 (mg)	B_2 (mg)	niacin (mg)	C (mg)	엽산 (mg)
백미	356.0	15.5	9.2	1.3	73.1	0.30	6.0	140.0	0.50	2.0	110.0	1.50	0	0.12	0.03	1.4	0	3.6
현미	349.0	15.5	10.0	3.0	69.2	1.00	10.0	300.0	1.10	2.0	250.0	2.06	0	0.54	0.06	4.5	0	20.0
찹쌀 백미	374.0	9.60	7.4	0.4	81.2	0.70	4.0	151.0	2.20	3.0	191.0	1.16	0	0.14	0.08	1.6	0	6.8

쌀의 주성분은 탄수화물이며 탄수화물 중 75% 정도가 전분이고 나머지는 덱스트린, 당류, 섬유소 등이다.

쌀의 단백질은 오리제닌(oryzenin)으로 필수아미노산인 리신이 부족하여 단백가는 77% 정도이나 다른 곡류에 비해서는 단백질이 우수한 편이다. 쌀의 단백질의 함유비율은 낮지만 우리나라 사람들의 경우 쌀의 섭취량이 많아 중요한 단백질 급원식품으로 사용된다.

<표 4-9> 여러 가지 곡류의 단백가

곡류	백미	현미	밀	밀가루	옥수수
단백가	77	73	57	47	43

지방은 도정에 의해 배아와 외피에 있던 것이 제거되므로 백미의 경우 1% 미만이며 비타민이나 무기질도 도정에 의하여 대부분 제거되어 백미에는 그 함량이 매우 낮을 뿐만 아니라 가열조리시 대부분 손실된다.

(3) 쌀의 조리

쌀의 조리는 쌀전분의 호화가 주된 작용으로 주로 밥으로 이용되며, 그 외에 떡, 죽, 식혜 등으로 이용되고 있다.

가. 밥

밥을 짓기 위해서는 씻기－불리기－물조절－가열－뜸들이기의 단계로 이루어지는데, 맛있는 밥이란 적당한 물의 조절과 가열로 쌀전분이 중심부까지 완전히 호화되어 수화가 적당하면서 쌀알의 형태를 유지하고 적당한 끈기를 가진 것을 말한다.

① 쌀씻기

쌀에 붙어있는 겨와 먼지 등의 불순물을 제거하기 위한 목적으로 행해지며 이 과정을 통해 쌀전분의 비결정부분에 10% 정도의 수분이 흡수된다. 그러나 이때 쌀에 존재하는 수용성 단백질, 비타민, 무기질 등이 일부 손실되는데 그 정도는 쌀을 씻는 횟수에 따라 달라진다.

<표 4-10> 씻기에 의한 백미의 비타민 B군 손실량

씻는 횟수	비타민B_1 (mg)	비타민B_2 (mg)	nicotinic acid (mg)	pantothenic acid (mg)
0	45	42	1.42	0.70
1	32	23	－	0.32
3	4	23	－	0.28
7	2	22	0.61	0.25

초기에 씻은 물에는 불순물이 많이 존재하여 오래 담궈두면 오히려 밥맛의 저하를 가져올 수 있으므로 씻은 후 빨리 버리도록 한다.

② 담그기

씻은 쌀을 적당한 시간동안 물에 담가두는 것이 밥맛을 좋게 하는데, 그 이유는 미리 물을 흡수함으로써 가열시간 내에 중심부까지의 물의 침투가 용이해져 쌀의 중심부까지 호화가 균일하게 이루어지기 때문이다. 담그기 과정을 통해 일어나는 물의 흡수는 전분의 비결정부분에서 먼저 일어나는 것으로 일정시간이 지나면 최대치에 도달하여 흡수는 중지된다. 백미인 경우 침지시 그 최대 흡수량은 20~30% 정도이며 온도에 따라 흡수되는 속도와 양이 달라진다([그림 3-6]). 또 백미와 현미는 수분흡수의 포화량은 같으나 껍질이 단단한 현미의 흡수속도가 더 느리다.

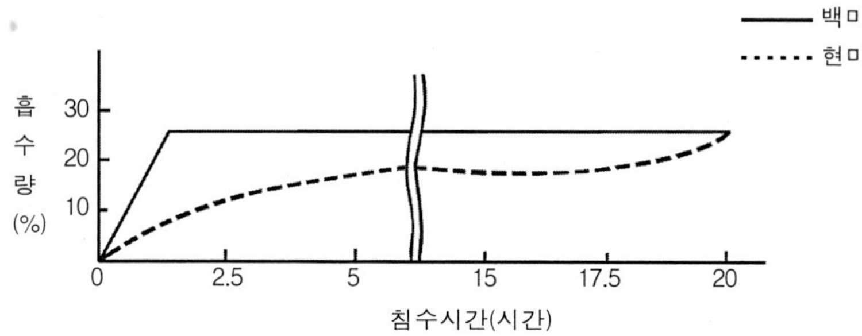

[그림 4-9] 현미와 백미의 침수시간별 흡수량

또한 물이 흡수되는 속도는 물의 온도에 비례하여 물의 온도가 높으면 빨리 일어나 여름의 경우는 30분이면 최대흡수량에 도달하나 겨울에는 90분 정도가 걸린다. 빨리 흡수시키려면 더운물에 담가 그 시간을 단축시킬 수 있으나, 오래 담가두면 미생물의 번식이 가능하여 밥의 맛과 향을 저하시킬 수 있으므로 주의하여야 한다.

③ 물의 양 조절

밥을 지을 때에는 충분한 호화와 적당한 질감을 위해 물의 양을 적절하게 조절하는 것이 중요한데, 물의 양은 쌀의 품종, 저장기간 등에 따라 달라진다.

보통 맛있게 지어진 밥이란 무게가 2.2~2.4배로 증가한 것, 즉 쌀 무게의 1.2~1.4배 정도의 물이 흡수한 것이라 할 수 있다. 밥을 지을 때 증발되는 물의 양을 고려하면 쌀 무게의 1.5배 정도로 맞추어 주는 것이 적당하다. 햅쌀은 쌀의 수분함량이 다소 높으므로 무게의 1.4배 정도의 수분함량이 적당하다.

고구마밥이나 콩나물밥같이 쌀 이외의 부재료를 첨가하여 밥을 지을 경우가 있는데, 이때에는 부재료에 들어 있는 수분의 양과 사용용도 등을 고려해야 한다. 즉, 고구마의 경우는 자체의 수분이 있지만 고구마 전분의 호화에 쓰이므로 고려하지 않아도 되는 반면, 콩나물과 같은 채소류의 경우는 수분 보유량이 많고 따로 쓰이는 용도가 없으므로 첨가하는 물의 양을 줄여야 한다.

④ 가열

가열과정은 밥짓는 과정 중 전분변화가 가장 크게 일어나는 시기로 쌀 전분의 호화를 위해 중요한 단계이다. 이때 화력의 조절이 밥의 맛에 크게 영향을 주는데, 바람직한 화력조절은 보통 3단계로 일어난다.

• 1단계 : 온도 상승기

물이 끓어 최고 온도에 도달하는 과정으로 주로 센 불로 가열하여 물이 끓음으로써 냄비 안에 있는 모든 쌀의 온도가 같아 흡수가 균일하게 일어나도록 한다.

보통 10분 정도가 소요되는데 끓을 때까지의 시간이 너무 짧으면 쌀알 내부까지의 호화가 잘 일어나지 못하여 단단한 심 같은 것이 씹히게 된다. 소량 취반인 경우는 물의 양이 적어 최고 온도에 도달하는 시간이 짧으므로 10분 정도를 유지하기 위하여 화력을 조금 약하게 할 필요가 있다.

• 2단계 : 비등 유지기

일단 물이 끓기 시작하면 끓는 것이 유지될 만큼 불을 중간으로 줄여 5분 정도를 유지하게 되는데 이는 물의 과도한 증발을 막기 위한 것이다.

이 기간 동안에는 물의 흡수가 일어나면서 전분의 호화가 진행되어 표면에 끓는 물이 줄어들고 쌀알에 점성이 생기면서 유동성이 없어진다.

• 3단계 : 고온 유지기

이 시기는 쌀알의 중심부까지 호화가 진행되는 단계로, 유리 수분 없이 주로 찌는 과정을 통해 호화가 마무리되는데, 바닥이 타지 않을 정도로 불을 약하게 줄여 15분 정도 유지한다. 온도의 유지를 위해 뚜껑을 열지 않는 것이 좋다.

쌀의 호화는 온도에 따라 그 시간이 달라진다.

<표 4-11> 온도에 따른 호화시간

온도(°C)	65	75	90	98
시간	10시간	5~6시간	2~3시간	20~30분

⑤ 뜸들이기

열을 가하지 않고 남아 있는 열에 의해 온도가 유지되는 과정으로 이때 쌀알 중심부까지의 완전 호화가 이루어진다.

뜸들이기는 보온의 정도에 따라 그 효과가 다른데, 보통 쌀의 양이 많을수록, 열전도율이 적은 냄비일수록 보온 유지가 용이하다.

나. 떡

떡은 밥과 더불어 우리나라에서 쌀을 상용하는 대표적인 가공형태로, 우리나라에 농경이 정착되던 때부터 개발된 고유한 전통음식의 하나이며 제례(祭禮), 빈례(賓禮)를 위시하여 각종 행사, 여러 절식 등에서 빼놓을 수 없는 한국 고유의 음식이다.

떡은 전분질 식품인 곡류로부터 호화과정을 거쳐 제조하기 때문에 일정기간 먹을 수 있는 식품이지만, 상당한 수분을 함유하고 있기 때문에 저장하면서 건조, 전분의 노화가 일어나고 미생물이 발육하게 되어 먹을 수 없게 된다.

조선시대 문헌에 의하면 떡의 종류는 190여종에 이르며 그 종류는 크게 찐떡, 친떡, 지진 떡과 삶은 떡으로 알려져 있다.

찐떡에는 설기떡, 편 등이 있고 이와 함께 독특한 발효과정을 거쳐 만들어지는 증편이 있다. 증편은 조선 초기부터 많은 문헌에서 제조법이 전해지고 있는 떡의 일종으로 지방에 따라서 기지떡, 기주떡, 벙거지덕, 기증병, 술떡, 증병 등으로 불려진다. 증편은 탁주를 탄 더운물에 쌀가루를 반죽하여 발효시킨 다음 성형하고 고명을 뿌려서 쪄내는 우리나라 고유의 발효떡이다. 발효과정 중 생성된 유기산에 의한 신맛과 해면상의 다공성조직을 갖고 있으며, 다른 떡보다 미생물에 의한 변패가 빨리 일어나지 않기 때문에 여름철에 주로 상용하는 특징이 있다.

친떡의 대표적인 종류인 절편은 멥쌀가루에 물을 뿌려 찜통이나 시루에 찐 것을 안반이나 절구에 쳐서 굵직하게 가래로 비빈 다음 떡살로 문양을 찍어내어 썰거나 둥글게 빚어 떡살로 찍어서 기름을 바른 떡으로 가정에서 손쉽게 만들어 먹을 수 있다.

지진떡으로는 찹쌀가루를 묽게 익반죽하여 기름에 지진 화전과 수수가루를 이용한 부꾸미 등을 대표적으로 들 수 있다.

삶은 떡에는 경단을 들 수 있는데, 경단은 반드시 익반죽을 하여 반죽 시

일부 호화를 시켜놓아야 삶을 때 물 속에 있는 시간을 단축시켜 퍼지는 것을 방지한다.

이처럼 예로부터 다양하게 전해 내려오던 떡은 현재 우리나라의 식생활에서 그 가치가 점점 그 위축되어 가고 있는 실정이다. 이는 현대사회의 산업화로 인한 식생활의 서구화 및 식품공업발달에 의한 여러 가지 후식류, 과자류의 발달로 인한 것이라 생각할 수 있으며, 이와 같은 상황에서 만들기 번거롭고 쉽게 구매할 수도 없으며 값 또한 다른 가공식품에 비해 비싼 떡의 소비는 감소할 수밖에 없을 것이다. 그러나 떡은 우리나라 고유의 전통식품일 뿐 아니라 건강식품이라는 점에서 현대인의 기호를 충족시킬 수 있는 다양한 제품의 개발이 필요하다.

다. 식혜

우리나라의 대표적인 음료로 엿기름가루에서 추출한 아밀라아제에 의해 밥의 전분이 가수분해되어 맥아당과 포도당이 생성되므로 단맛이 생기고 밥알은 가벼워져 위로 떠오르게 된다.

식혜를 만들 때에는 밥을 지은 후 엿기름물을 붓고 효소반응이 잘 일어나도록 온도를 60℃ 정도로 맞추어 4~5시간 반응을 유지한다. 요즈음은 가정에서 보온밥통을 이용하여 쉽게 식혜를 만들기도 한다.

일단 효소반응이 일어나면서 밥알의 비중이 가벼워져 뜨기 시작하는데 이때 밥알을 건져내어 냉수에 헹궈 건져놓고 남은 식혜물은 끓여 식힌다. 이는 효소의 지나친 반응을 억제하기 위한 것으로 효소의 반응이 지나치면 밥알의 형태가 유지되지 않아 미관상 좋지 않다.

2) 밀가루의 조리

(1) 밀

비교적 온화하고 건조한 지역에서 잘 자라는 밀은 파종시기에 따라 겨울밀과 봄밀로 구분되며 단백질의 함량에 따라서는 경질맥(硬質麥)과 연질맥(軟質麥)으로 구분된다. 경질맥은 단백질 함량이 12% 이상인 것으로 주로 제빵에 많이 쓰이고, 연질맥은 단백질 함량이 9% 이하인 것으로 케이크나 과자류에 많이 쓰인다. 그밖에 듀럼(durum)밀이 있는데 이것은 단백질 함량이 매우 높고 성질도 일반 밀과 달라 마카로니나 파스타를 만드는데 이용된다.

밀은 겨가 약 15%, 배아가 2.5% 정도, 나머지가 배유인데 과피가 질기며 다른 곡류와 달리 밀알의 가운데 홈이 깊어서 겨층을 벗겨내는 것이 어렵다. 그러나 배유가 분상질이기 때문에 밀알을 깨뜨렸을 때 과피와 배유가 쉽게 분리되므로 밀은 입자 형태로 사용하지 않고 가루를 낸 뒤 빵이나 국수 등의 음식제조에 사용한다.

밀의 주성분은 탄수화물이며 다른 곡류에 비해 단백질의 함량은 높으나 리신, 트립토판, 트레오닌 같은 필수아미노산의 함량이 낮아 질은 우수하지 못하다. 밀의 단백질은 글리아딘(gliadin)과 글루테닌(glutenin)으로 이루어진 글루텐이 약 75%를 차지하며 글루텐의 성질로 밀가루제품의 특성인 점탄성이 나타나게 된다.

밀입자의 중심부에는 전분의 함량이 높고 바깥쪽으로 갈수록 단백질의 함량이 많아지게 되는데, 제분을 하게 되면 먼저 밀의 중심부가 부스러지면서 배유부분이 나오게 되므로 제분초기제품은 단백질의 함량이 낮다.

<표 4-12> 밀 및 밀가루의 일반성분

(100g)

종류	열량 (kcal)	수분 (%)	단백질 (g)	지질 (g)	당질 (g)	조섬유 (g)	칼슘 (mg)	인 (mg)	철 (mg)	나트륨 (mg)	칼륨 (mg)	아연 (mg)	비타민					
													A (R.E.)	B_1 (mg)	B_2 (mg)	niacin (mg)	C (mg)	엽산 (mg)
통밀	338.0	11.8	12.0	2.9	69.0	2.5	71.0	390.0	3.20	3.0	380.0	2.93	0	0.34	0.11	5.0	0	49.0
밀	360.0	12.3	9.1	1.3	75.4	0.9	47.0	189.0	3.60	3.0	112.0	2.66	0	0.21	0.08	4.0	0	52.7
밀가루 (강)	329.0	13.6	12.3	1.6	71.9	0.2	15.0	99.0	1.10	2.0	58.0	0.85	0	0.10	0.03	1.0	0	29.0
밀가루 (중)	330.0	13.3	10.0	1.4	74.7	0.2	19.0	84.0	0.80	3.0	112.0	0.69	0	0.23	0.04	1.1	0	25.7
밀가루 (박)	330.0	13.5	7.9	1.4	76.6	0.2	24.0	78.0	0.70	5.0	98.0	0.62	0	0.12	0.03	0.7	0	19.0

(2) 밀가루의 종류

밀가루를 분류하는 방법은 제분과정 중 밀알의 중심부부터 몇%까지 섞은 것인지에 따른 것과 단백질의 함량에 의한 것 2가지가 있다.

가. 제분율에 의한 분류

제분과정 중 총 밀의 무게에 대한 밀가루의 무게비를 제분율이라 하며, 제분율에 따라 전밀가루, 98% 밀가루, 85% 밀가루, 72%밀가루로 구분된다.

① 전밀가루(whole wheat flour)

제분과정 중에 생기는 모든 가루를 섞어서 만든 것으로 껍질과 배유가 모두 포함되므로 식이섬유나 미량영양소 등 밀이 가진 영양소를 모두 함유한다.

② 98% 밀가루

밀알의 중심부부터 시작하여 98%를 함유한 밀가루로 껍질만 제거된 것이므로 영양소는 밀과 거의 유사하다.

③ 85% 밀가루

밀알의 중심부부터 85%를 함유한 것으로 배유의 무게가 83% 정도이므로 배유 전체와 약간의 껍질이 포함되어 있으나 무기질이나 비타민의 함량은 거의 없다.

④ 72% 밀가루

제분과정 중 생기는 처음 밀가루로부터 72%까지의 가루를 섞은 것으로 정제된 밀가루이다.

제분을 하게 되면 처음에는 중심부의 배유부분이 부스러져 전분이 많은 고운 가루를 얻을 수 있다. 반면에 나중에 얻어지는 것은 밀의 바깥층이 많이 포함되므로 질감은 거칠지만 단백질이나 미량영양소의 함량은 높다.

나. 단백질 함량에 의한 분류

단백질의 함량에 따라서는 강력분, 중력분, 박력분으로 구분된다.

<표 4-13> 단백질 함량에 의한 밀가루의 종류와 용도

종류	단백질 함량(%)	습부량(%)	용 도
강력분	12% 이상	35 이상	식빵, 마카로니, 스파게티
중력분	9~12%	25~35	국수류
박력분	9% 이하	25 이하	튀김옷, 과자, 케이크

① 강력분

주로 경질밀에서 만드는데 단백질의 함량이 12% 이상으로 가장 높다. 또한 단백질의 성질도 달라 탄성과 점성이 강하고 수분흡수율도 높아 반죽을 구웠을 때 많이 부풀게 된다. 쫄깃쫄깃한 질감을 주는 식빵, 스파게티 등을 만드는데 사용된다.

② 중력분

단백질의 함량이나 성질이 강력분과 박력분의 중간 정도로, 모든 용도에 사용 가능하여 다목적밀가루라고도 한다.

③ 박력분

주로 연질밀로 만들며 단백질의 함량이 9% 이하이다. 단백질의 성질은 점탄성이 적고 수분흡수력도 약하므로 바삭바삭한 느낌을 주는 과자나 튀김옷, 케이크를 만드는데 적당하다.

(3) 글루텐의 형성

밀가루에 50~60% 정도의 물을 붓고 반죽을 하면 점탄성이 있는 덩어리(dough)가 된다. 이것은 밀가루 상태일 때에는 서로 결합하지 않던 글리아딘과 글루테닌이 물과 결합하면서 3차원의 망상구조인 글루텐을 형성하는 것이다. [그림 4-10]에서 보는 것과 같이 긴 실모양을 하는 글루테닌이 여기저기 연결되면서 헐거운 타래모양을 형성하고 거기에 둥근 모양의 글리아딘이 끼게 된다. 글루테닌은 탄성이 강하고 글리아딘은 점성을 가지고 있어, 글루테닌과 글리아딘이 결합한 글루텐은 점탄성이 생기게 된다.

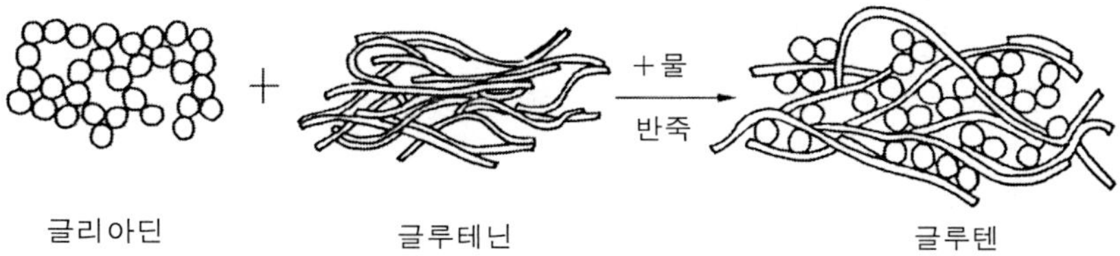

[그림 4-10] 밀가루 단백질과 글루텐의 형성

밀가루 반죽을 면포에 싼 뒤 물로 계속 씻어주면 전분이 씻겨 나가고 누런색의 검(gum)물질만 남게 되는데 이것이 젖은 글루텐(습부)이며, 이것을 오븐에서 항량에 도달할 때까지 말리면 마른 상태의 글루텐을 얻을 수 있다. 강력분의 경우 35% 정도의 습부를 얻게 되는데, 밀가루종류에 따른 습부의 차이는 [그림 4-11]과 같다.

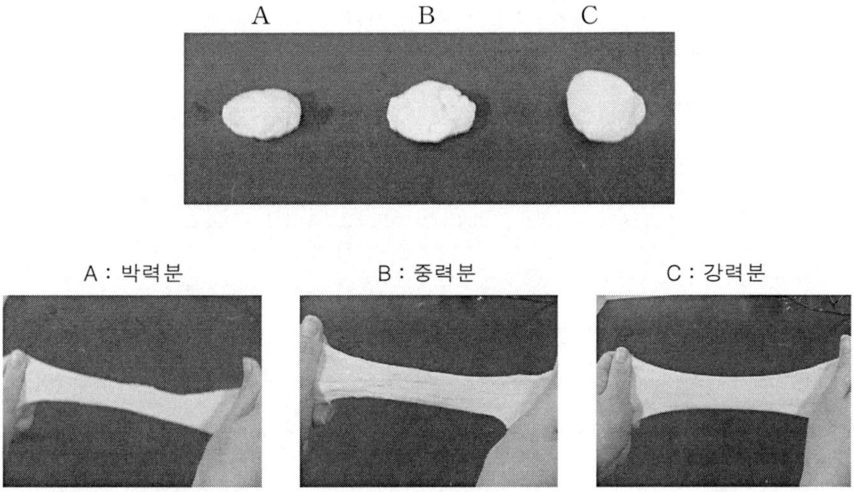

[그림 4-11] 밀가루의 종류에 따른 젖은 글루텐 비교

밀가루 중의 단백질 함량이 많으면 글루텐의 막이 두껍게 형성이 되는데, 이때에는 물도 많이 필요하고 시간도 많이 소요된다. 또 같은 밀가루라고 하더라도 일정량의 물을 부을 때 한꺼번에 붓는 것보다 소량씩 나누어 넣으면서 반죽하는 것이, 또 반죽의 횟수가 많은 것이 글루텐의 생성을 많게 한다.

(4) 부재료의 첨가효과

밀가루반죽을 할 때에는 물을 비롯하여 많은 물질들이 첨가되는데, 이들은 맛 뿐만 아니라 질감에도 영향을 준다.

가. 물(액체)

밀가루반죽에 사용되는 액체는 주로 물이지만, 그 외에 우유, 과즙 등이 사용되는데 그 기능은 다음과 같다.

① 반죽의 경도에 영향을 준다.

밀가루 무게의 30~40%의 물을 첨가한 단단한 정도의 반죽을 dough라 하며 비스킷, 쿠키, 국수반죽이 이에 해당된다. 또 100~150%의 물을 부어 흐를 정도로 반죽한 것을 batter라고 하며 팝오버(popover), 와플(waffle), 튀김옷반죽이 이에 해당된다.

반죽의 경도에 따라 완성품의 질감이 달라지므로 원하는 조리에 따라 첨가할 물의 양을 결정한다.

<표 4-14> 반죽의 경도와 적합한 조리

밀가루 : 물	조리 예
4 : 1	쿠키, 페이스트리, 국수
3 : 1	비스킷
2 : 1	머핀
1.5 : 1	와플, 그리들케이크, 튀김옷
1 : 1	퍼프오버, 크림퍼프

② 용해를 도와준다.

소금 설탕, 효모세포, 베이킹 파우더 등을 용해하여 골고루 반죽에 섞이게 한다.

③ 글루텐의 형성을 돕는다.

밀가루의 2가지 단백질인 글루테닌과 글리아딘을 결합시켜 글루텐을 형성한다.

④ 전분의 호화를 돕는다.

밀가루 전분의 호화에 필요한 수분을 제공한다.

⑤ 증기를 형성하여 팽창제로서 작용한다.

가열시 증기를 형성하여 반죽을 부풀게 한다.

⑥ 반죽의 온도를 조절한다.

물 이외에도 반죽에 첨가하였을 때 물과 같은 역할을 하는 성분으로 설탕, 달걀, 우유, 버터 등을 들 수 있는데, 이들의 환수치를 적용하여 계산한 후 첨가할 물의 양을 결정하여야 한다. 환수치란 물에 녹았을 때 물의 양을 증감시키는 값을 의미한다.

<표 4-15> 부재료의 환수치

재료	수분함량(%)	환수치(30°C)	환수치(20°C)
물	100	1.00	1.00
우유	88.6	0.90	0.90
달걀	74.4	0.80	0.85~0.83
버터*	12.6	0.70	0.80
설탕	0.8	0.30~0.40	0.33~0.40

* 버터는 융점에 따라 환수치가 달라질 수 있다.

나. 달걀

달걀은 기능성 또는 색깔을 위해 전란을 쓰기도 하고 난백이나 난황만을 사용하기도 하는데 그 기능은 다음과 같다.

① 가열에 의해 달걀의 단백질이 응고되면서 글루텐을 도와 제품의 모양이 유지되게 한다. 너무 많은 양이 첨가되면 제품이 질겨질 수 있으므로 주의하여야 한다.

② 난백의 기포성으로 인해 반죽에 공기를 주입하는 역할을 한다.

③ 난황에 있는 레시틴의 유화성으로 인해 지방이 반죽 내에 골고루 섞일 수 있도록 한다.

④ 제품의 색과 맛을 좋게 한다.

다. 지방

지방은 반죽에 첨가되었을 때 연화작용과 팽화작용을 한다.

① 연화작용(shortening effect)

지방은 소수성으로 인해 반죽에 첨가되었을 때 반죽과 물과의 접촉을 막음으로써 글루텐의 생성을 억제하여 글루텐의 길이가 짧아져 제품이 부드러워 진다.

또 지방을 덩어리째 넣게 되면 반죽을 하면서 지방이 넓게 퍼져 막을 형성함으로써 글루텐의 연결이 차단되어 파이처럼 얇은 층이 생기게 되는 것이다.

② 팽화작용(leavening effect)

고체지방을 크리밍하는 과정 중에 공기가 유입되므로 결과적으로 제품의 부피가 증가된다.

라. 설탕

반죽에 첨가된 설탕은 단맛 부여 외에도 여러 가지 기능을 나타내는데 그 기능은 다음과 같다.

① 제품에 단맛을 부여한다.
② 이스트 발효시 영양분으로 쓰임으로써 발효를 촉진한다.
③ 높은 친수성이므로 글루텐 형성에 필요한 물을 빼앗는 효과가 있어 글루텐의 형성을 억제한다.
④ 캐러멜화 반응 또는 마이얄 반응을 통해 제품에 갈색과 향을 부여한다.
⑤ 낮은 농도에서는 호화전분의 점도를 상승시키나 20~30%이상의 농도일 때에는 전분의 호화온도를 높인다.
⑥ 첨가된 달걀 단백질의 열 응고를 억제함으로써 단백질의 연화작용을 한다.
⑦ 설탕에 의한 수분보유력으로 인해 수분증발을 억제하여 건조속도가 느려진다.

위에서 설명한 설탕과 지방의 글루텐 형성 저해효과는 첨가시기에 따라 그 효과가 달라진다. 즉 밀가루와 설탕의 혼합물 또는 밀가루와 지방의 혼합물에 물을 넣어주면 글루텐을 형성하기 위해 필요한 물에 대해 설탕이 경쟁적으로 결합하거나 지방이 글루텐과 물과의 접촉을 방해하여 글루텐의 형성이 억제된다. 그러나 밀가루와 물을 먼저 섞어 반죽을 만든 뒤에 설탕이나 지방을 넣어주게 되면 이미 글루텐이 형성된 이후이므로 그 효과가 적다.

마. 소금

① 글루텐의 망상구조를 조밀하게 함으로써 반죽의 점탄성을 높여준다.
② 맛을 부여하여 제품의 맛을 향상시킨다.

그러나 식염의 첨가량이 1.5% 미만인 경우에는 맛이 느껴지지 않으며, 2% 이상을 사용하게 되면 발효속도를 저해하는 경향이 있다. 즉, 이스트를 사용하여 발효를 일으키게 하는 제품의 경우 소금을 많이 사용하게 되면 삼투압으로 인하여 설탕을 이용한 발효가 잘 일어나지 않으므로 주의하여야 한다.

(5) 반죽의 팽화

밀가루반죽을 가열하면 공기, 증기, 탄산가스 등이 팽창하면서 글루텐이 늘어나 반죽이 부풀게 된다.

가. 공기에 의한 방법

밀가루를 체에 치거나(sieving) 반죽 중에 고체지방과 설탕을 섞는 크리밍(creaming)과정, 난백에 거품을 내기 위해 젓는 교반(beating)과정, 크리밍한 혼합물에 밀가루를 잘 섞어 주는 혼합(mixing)과정에 의해서 공기가 유입된다. 이때 들어간 공기는 가열 중 팽창하면서 음식을 부풀리게 하는데 스펀지케이크가 대표적인 음식이다.

나. 증기에 의한 방법

밀가루반죽에 첨가된 물, 우유, 과즙 등의 수분이 가열에 의해 증기가 되면서 1,600배 이상으로 부피가 증가하여 음식이 부풀게 된다. 이때 결합수는 잘 증발되지 않기 때문에 단백질이나 전분이 수화되고도 남을 정도의 충분한 수분이 있어야 한다. 또 증기의 팽창효과만으로 반죽을 부풀리기는 힘들므로 반드시 공기나 탄산가스와 같이 사용하는 것이 좋다.

다. 탄산가스에 의한 방법—생물학적 방법

반죽이 이스트의 작용을 받게 되면 이스트 세포 내에 존재하는 지마제(zymase)에 의해 당이 분해되면서 알코올과 탄산가스가 생성되는데, 이때 생성된 가스에 의해 팽화되는 방법이다.

$$C_6H_{12}O_6 \xrightarrow[\text{in yeast}]{\text{zymase}} 2CO_2 + 2C_2H_5OH$$

또 슈크라제(sucrase)도 가지고 있어 세포내에 들어온 설탕을 포도당과 과당으로 분해하여 발효할 수 있도록 한다.

$$C_{12}H_{22}O_{11} + H_2O \xrightarrow[\text{in yeast}]{\text{sucrase}} C_6H_{12}O_6(\text{포도당}) + C_6H_{12}O_6(\text{과당})$$

보통 1차 발효로는 기포가 균일하게 되지 못하여 제품의 질이 떨어지게 되므로 가스를 빼고 2차 발효를 함으로써 기포를 균일하게 하는 것이 좋다.

이스트의 종류에는 여러 가지가 있으나, 빵을 만들 때에는 이산화탄소의 생성률이 높은 사카로마이시스 세레비세(*saccharomyces cerevisiae*)가 주로 사용된다. 이스트는 생물체이므로 발효가 효율적으로 일어나기 위해서는 영양분 등 여러 가지 조건을 아래와 같이 적절히 맞추어 주어야 한다.

① 영양분

이스트가 필요로 하는 영양분은 주로 당인데 반죽 자체에 있는 전분의 가수분해 산물이나, 밀가루에 함유되어 있는 당, 첨가한 설탕 등이 주로 이용된다.

설탕의 양이 너무 많아지게 되면 세포의 삼투압이 증가하여 탈수현상이 일어날 수 있으며, 설탕이 첨가되지 않으면 밀가루에 함유되어 있던 전분을 아밀라아제에 의해 가수분해하여 사용해야 하기 때문에 시간이 많이 걸린다.

② 온도

최적온도는 26~29℃이다. 이보다 약간 온도가 높아지면 발효속도는 촉진되나 잡균이 번식되므로 주의한다.

③ pH

최적 pH는 4.8~5.5이다. 그러나 pH를 맞추기 위해 다른 물질을 첨가할 필요는 없고 발효를 거치면서 생성된 탄산가스가 물에 녹으면서 반죽의 pH를 맞춰준다.

라. 탄산가스에 의한 방법－화학적 방법

밀가루반죽에 이산화탄소를 생성할 수 있는 물질을 첨가하여 화학반응을 통해 탄산가스를 생성하는 방법으로 중탄산나트륨, 베이킹파우더 등을 사용한다.

① 중탄산나트륨($NaHCO_3$, baking soda, 중조), 중탄산암모늄(NH_4HCO_3)

중탄산나트륨이나 중탄산암모늄을 밀가루반죽에 넣고 가열하게 되면 아래와 같은 반응에 의해 탄산가스가 생성된다.

$$2NaHCO_3 + \text{가열} \longrightarrow Na_2CO_3 + H_2O + CO_2$$

$$NH_4HCO_3 + \text{가열} \longrightarrow NH_3 + H_2O + CO_2$$

위의 반응에 의해 생성된 탄산가스에 의해 부풀기는 하지만 중탄산암모늄인 경우는 암모니아에 의한 나쁜 냄새, 또 중탄산나트륨인 경우는 탄산소다에 의한 씁쓸한 맛과 알칼리성으로 인한 밀가루의 황변, 수용성 비타민의 파괴 등 나쁜 영향을 주게 된다. 그러나 이때 유기산을 함유한 물질을 같이 첨가해 주면 중성염을 형성하게 되어 제품의 질을 좋게 한다. 유기산을 함유한 물질로 사용 가능한 것들은 sour milk나 butter milk(젖산 함유), 당밀(aconitic acid 함유), 귤즙(구연산 함유), 꿀(개미산 함유) 등이 있다.

② 베이킹파우더(baking powder : b.p.)

베이킹파우더는 중탄산나트륨을 사용할 때 생성되는 알칼리성 물질, 즉 탄산소다에 의한 결점을 보완한 것으로 중탄산나트륨과 함께 산이나 산을 생성할 수 있는 물질과 전분을 혼합하여 제조한 것이다. 전분은 습기에 의해 산과 알칼리가 쉽게 반응하는 것을 방지하기 위하여, 과량의 탄산가스를 생성하지 않도록 조절하기 위하여 첨가되었다.

베이킹파우더는 함유된 산의 종류에 따라 몇 가지로 구분된다.

•주석산형(tartarate-type) 베이킹파우더

주석산 또는 주석산염이 산의 종류로 포함된 베이킹파우더로 물에 닿으면 산이 용해되면서 바로 탄산가스가 생성되는 속효성 베이킹파우더이다. 그러므로 오래 반죽을 하면 가스의 손실이 많아진다.

주석산이 포함된 베이킹파우더의 탄산가스 생성반응은 다음과 같다.

$$H_2C_4H_4O_6 + 2NaHCO_3 \longrightarrow Na_2C_4H_4O_6 + 2H_2O + 2CO_2$$

•인산형(phopshate-type) 베이킹파우더

산성물질로 모노칼슘포스페이트(monocalcium phosphate)를 함유하고 있는 베이킹파우더로서, 이것도 물과 닿으면 바로 반응을 일으키는 속효성 베이킹파우더이다.

탄산가스 생성반응은 다음과 같다.

$$3CaH_4(PO_4)_2 + 8NaHCO_3 \longrightarrow Ca_3(PO_4)_2 + 4Na_2HPO_4 + 8H_2O + 8CO_2$$

•SAS-phosphate 베이킹파우더

이것은 산 반응물질이 2가지, 즉 모노칼슘포스페이트와 SAS(sodium aluminium sulfate)가 2 : 1의 비율로 함유된 베이킹파우더로 2가지의 산에 의해 2번 탄산가스가 생성되므로 이중반응(double acting) 베이킹파우더라고 한다.

이 베이킹파우더는 먼저 물과 닿으면서 모노칼슘포스페이트에 의해 바로 탄산가스를 생성하고 반죽을 가열할 때 SAS에 의해 다량의 탄산가스가 생성되는데, 후자에 의한 탄산가스의 발생반응은 다음과 같다.

$$Na_2SO_4Al_2(SO_4)_3 + 6H_2O + \text{가열} \longrightarrow Na_2SO_4 + 2Al(OH)_3 + 3H_2SO_4$$

$$3H_2SO_4 + 6NaHCO_3 \longrightarrow 3Na_2SO_4 + 6H_2O + 6CO_2$$

SAS는 가스발생속도가 느려 지효성 베이킹파우더이며 이것은 반죽시 가스의 손실이 적다.

(6) 밀가루의 조리

밀가루는 기타 곡류와 달리 조리 전 물로 씻는 과정이 없으므로 물에 의한 수용성 비타민과 무기질의 손실은 없으나, 발효·가열에 의해 영양성분의 손실이 따른다.

빵은 고온에서 가열하기 때문에 열에 의한 영양소 파괴가 크며 팽창제로 중조를 사용했을 경우에는 알칼리에 약한 티아민의 파괴가 커진다. 또 면류는 반죽 및 성형이 이루어진 뒤 물에 넣고 익히게 되므로 수용성 비타민이 물에 녹게 된다.

밀가루를 이용한 조리는 여러 가지가 있는데 대표적인 몇가지는 다음과 같다.

가. 빵

빵은 밀가루를 반죽하여 효모 등을 첨가하여 부풀린 후 구운 것으로 효모에 의해 발효된 yeast bread와 발효시키지 않은 quick bread로 구분된다.

yeast bread는 효모에 의해 생성된 탄산가스에 의해 부풀려진 것으로 식빵이 가장 대표적이다. 대부분 효모를 그대로 압착한 생효모(fresh yeast, compressed yeast)를 사용하지만, 저장성이 없기 때문에 건조시킨 효모(active dry yeast), 인스턴트 효모(instant raising active yeast) 등을 사용하기도 한다.

발효가 잘 일어나게 하기 위해서는 26~29°C가 최적이며, 효모를 사용하게 되면 탄산가스를 발생하여 빵을 부풀게 하는 효과 외에 알코올과 각종 유기산을 생산하여 독특한 빵의 풍미를 준다.

설탕은 단맛 외에 효모의 영양분으로 이용되면서 발효를 촉진하는 기능을 하며 갈색화를 도와주는데, 이것도 많이 첨가되면 삼투압이 높아져 효모의 작용이 억제된다. 적당한 탄산가스 생성을 위한 설탕의 적정사용량은 5%이다.

소금은 짠맛을 부여하는 효과 외에 글루텐의 점탄성을 높여주어 반죽을 단단하게 하고 빵의 반죽시간을 증가시키는 효과가 있으므로, 반죽 초기에 소금을 넣지 말고 글루텐이 형성된 후에 소금을 첨가하면 반죽시간을 줄일 수 있다. 이것을 후염법이라고 한다. 소금도 설탕과 마찬가지로 과량 사용하게 되면 발효속도가 저해되므로 주의하여야 한다.

빵을 만들 때에는 재료의 분량과 함께 반죽하는 방법도 중요한데, 반죽방법에는 전체 재료를 한꺼번에 넣고 반죽하는 직날법(straight method)과 밀가루, 효모, 설탕 등의 일부를 넣고 반죽한 다음 발효시킨 후 남은 재료를 모두 넣고 다시 한번 반죽하는 중종법(sponge method)이 있다.

quick bread는 발효시키지 않고 베이킹파우더나 증기를 이용하여 바로 부풀리는 것으로 머핀, 와플, 팝오버 등이 대표적이다.

나. 케익류

① foam type cake

공기를 많이 함유한 묽은 상태의 반죽을 구워낸 것으로 angel cake, sponge cake, chiffon cake 등이 있다.

② shortened type cake

고체지방을 설탕과 크리밍하면서 공기를 포함시킨 묽은 반죽을 구운 것으로 pound cake이 대표적이다.

다. 국수류

국수나 만두피는 40% 정도의 소금물로 반죽하여 성형한 것으로 물의 양에 따라 반죽의 경도가 결정된다. 반죽에 쓰이는 물의 온도가 높으면 전분이 일부 호화되어 반죽이 단단해지고 더 많은 물이 필요하게 되므로, 반죽을 얇게 만들어야 하는 국수나 만두피는 찬물로 반죽하는 것이 좋다.

중국국수는 간수나 중조 같은 알칼리를 첨가하여 탄성을 나타내는 글루테닌을 약화시키므로, 상대적으로 글리아딘의 신장성이 크게 나타나며 밀가루의 플라본색소를 황변시킨다.

라. 튀김옷

튀김은 다량의 기름으로 단시간 내에 음식을 익히는 조리방법으로 그대로 튀기거나 또는 가루·튀김옷을 입혀서 튀긴다. 주된 튀김옷의 재료는 밀가루로 잘된 튀김은 튀김옷이 얇고 질기지 않아야 하므로 글루텐의 함량이 낮은 박력분을 사용하는 것이 좋다. 물론 글루텐은 튀김옷의 기본구조이므로 어느 정도 필요하기는 하지만 너무 많으면 튀김옷이 질겨지고 튀김시 재료에서 수분의 탈수가 일어나지 않아 바삭거리지 않는다.

밀가루를 반죽하기 위해 첨가하는 물의 온도도 튀김의 질감에 영향을 준다. 물의 온도가 30℃ 정도로 높으면 단백질의 수화력이 증가하여 글루텐의 형성이 많고, 2℃ 정도로 너무 낮으면 글루텐의 형성은 적으나 튀김 기름의 온도를 낮춰 탈수가 더디게 일어나므로 좋은 질감을 주기 어렵다. 15℃일 때 가장 좋은 질감의 튀김을 얻을 수 있으므로 실온이 높을 때에는 냉각된 물을 사용하는 것이 좋다.

튀김옷의 재료로 달걀을 사용하게 되면 물만으로 반죽하는 경우보다 달걀에 존재하는 단백질과 지질로 인해 글루텐의 형성이 잘 안되고 부드러운 질감을 얻을 수 있다. 중조(식소다)를 사용할 때에는 밀가루 무게의 0.2% 정도가 적당한데 중조를 넣으면 가열 중에 이산화탄소를 발생하면서 가볍게 튀겨지나 달걀을 넣었을 때보다는 튀김옷이 약간 단단해지기도 한다.

마. 루우(roux)

밀가루와 지방(주로 버터 사용)을 볶는 것으로 소스나 수프 등 밀가루를 이용하여 걸쭉한 국물을 만들 때 사용된다.

루우는 3가지로 구분된다.

① 화이트 루우(white roux)

버터와 밀가루를 1 : 1의 비율로 넣고 색깔이 나지 않도록 볶는 것이다. 만들 때에는 두꺼운 팬에 버터를 넣고 중간 불에서 서서히 녹인 후 거품이 생기면 밀가루를 넣고 빠르게 저으며 1분 정도 조리한다. 주로 화이트소스나 베샤멜소스, 수프를 만들 때 사용한다.

② 블론드 루우(blond roux)

버터와 밀가루를 1 : 1의 비율로 넣고 화이트루우 보다 약간 더 볶아 희미한 갈색을 낸다. 조리시간은 2~3분 걸리며 벨로테나 토마토소스, 수프 등에 사용한다.

③ 브라운 루우(brown roux)

버터와 밀가루를 1 : 1의 비율로 넣고 불에서 진한 갈색이 나도록 5분 정도 볶는다. 스톡을 부어 소스를 만들며 브라운소스, 농후한 스튜, 수프 등에 사용한다.

3) 보리의 조리

쌀, 밀, 옥수수 다음으로 많이 재배되는 보리는 겉보리와 쌀보리로 구분된다. 쌀보리는 껍질이 종실에서 잘 분리되므로 도정 후 밥에 섞어 먹을 수 있으나, 겉보리는 껍질이 분리되기 힘들고 배유가 적어 밥에 섞어 먹기보다는 볶아서 보리차로 이용하던지 발아시켜서 엿기름으로 사용한다.

보리에 함유된 영양성분은 다른 곡류와 비슷하다. 당질은 주로 전분이며 단백질은 10% 정도로 보리의 주요 단백질은 프로라민(prolamin)계의 홀데인(hordein)이라 부르는데, 리신, 트레오닌, 트립토판 같은 필수아미노산이 부족하여 질은 우수하지 못하다. 비타민은 B군을 많이 함유하고 있는데, 다른 곡류의 비타민은 겨 부근에 존재하여 도정시 손실되지만 보리의 경우는 배유 내부까지 고르게 분포되어 있어 도정을 해도 그 함유율이 높다.

보리의 용도는 먼저 밥에 섞어 먹을 수 있는데, 이때 호화를 빠르게 하기 위해 미리 찐 다음 기계로 눌러서 만든 납작보리(압맥)나 할맥 등으로 만들어 이용한다. 이 외에는 싹을 틔워 맥아를 만든 뒤 식혜, 엿, 맥주 등의 제조에 사용된다.

<표 4-16> 보리의 일반성분

(100g)

종류	열량 (kcal)	수분 (%)	단백질 (g)	지질 (g)	당질 (g)	조섬유 (g)	칼슘 (mg)	인 (mg)	철 (mg)	나트륨 (mg)	칼륨 (mg)	아연 (mg)	비타민 A (R.E.)	비타민 B_1 (mg)	비타민 B_2 (mg)	비타민 niacin (mg)	비타민 C (mg)	비타민 엽산 (mg)
겉보리	357.0	11.8	11.2	2.0	74.8	1.2	37.0	193.0	3.0	7.0	190.0	2.13	0	0.4	0.08	5.8	0	23.0
쌀보리	345.0	11.0	9.9	0.6	77.2	0.50	19.0	72.0	1.4	5.0	270.0	0.73	0	0.41	0.04	0.9	0	50.0

4) 기타 곡류의 조리

기타 곡류로는 호밀, 귀리, 옥수수, 조, 수수, 메밀 등이 있다.

귀리는 도정 후 밥에 섞어 먹거나 증기 처리하여 후레이크로 만든 뒤 죽을 쑤어 먹기도 하며 가루로 만들어 밀가루와 섞어 제과제빵에 사용하기도 하고 사료로도 이용된다.

옥수수의 주요 단백질은 제인(zein)으로, 트립토판이나 리신 같은 필수아미노산이 거의 없어 영양가가 아주 낮으며 니아신(niacin)도 없어 옥수수를 주식으로 하는 경우는 펠라그라병에 걸리기 쉽다. 옥수수는 90% 정도가 사료로 이용되고 나머지 10% 정도만 식용으로 이용되는데, 그 자체를 쪄서 주식으로 이용하거나 통조림, 팝콘용으로 가공 처리하던지, 아니면 사료 및 전분추출용으로 사용하기도 하며 씨눈에서 기름을 추출하여 사용하기도 한다.

메밀은 다른 곡류에 비해 리신이나 트립토판 같은 필수아미노산의 함량이 많다. 또한 루틴이라는 물질이 함유되어 있는데, 이는 비타민 P의 기능을 하는 물질로 모세혈관의 침투성을 조절하여 그 기능을 정상적으로 유지하게 한다. 메밀은 쌀과 섞어 먹거나 가루를 내어 냉면, 국수, 묵 등의 재료로 사용된다.

<표 4-17> 여러 가지 곡류의 일반성분

(100g)

종류	열량 (kcal)	수분 (%)	단백질 (g)	지질 (g)	당질 (g)	조섬유 (g)	칼슘 (mg)	인 (mg)	철 (mg)	나트륨 (mg)	칼륨 (mg)	아연 (mg)	비타민					
													A (R.E.)	B_1 (mg)	B_2 (mg)	niacin (mg)	C (mg)	엽산 (mg)
호밀	356.0	13.6	10.5	1.5	72.3	1.2	26.0	160.0	2.0	2.0	500.0	3.66	0	0.15	0.10	1.3	0	60.0
귀리	317.0	12.5	13.0	6.2	54.7	10.6	55.0	320.0	4.6	4.0	520.0	3.77	0	0.3	0.1	1.5	0	33.0
옥수수	337.0	13.1	9.6	3.8	69.1	2.9	25.0	345.0	2.1	1.0	284.0	2.14	35.0	0.33	0.11	1.4	0	26.5
조	377.0	8.7	9.7	4.2	73.9	2.1	11.0	184.0	2.3	3.0	368.0	3.12	0	0.21	0.09	1.5	0	28.5
수수	365.0	12.5	9.5	2.6	73.9	0.4	6.0	210.0	1.5	2.0	380.0	0.68	0	0.1	0.03	3.0	0	28.5
메밀	287.0	6.9	12.1	2.3	66.6	9.5	17.0	121.0	2.4	2.0	384.0	2.28	0	0.2	0.1	2.9	0	28.5

5. 서류의 조리

서류란 다년생 뿌리식물로 감자, 고구마, 토란 등이 이에 속하는데, 주성분은 탄수화물이지만 수분의 함량이 80% 정도 되어 열량은 낮다.

1) 감 자

감자는 1년생 식물로 줄기 끝에 형성된 괴경(塊莖)이 식용된다. 주로 이용되는 품종은 남작(분질), 수미(중점질), 대지마(점질)이다.

(1) 성 분

감자는 찌거나 굽거나 으깨서 먹는 자체이용, 전분가루제조, 된장 같은 가공제품의 원료 등 많은 용도로 이용되며, 또 저장도 용이하여 연중 사용되고 있다.

감자는 수분이 80% 정도로 충분하여 가열조리시 전분의 호화에 필요한 수분을 따로 첨가해 주지 않아도 된다. 수분을 제외한 나머지 부분중에는 탄수화물이 주성분이며, 탄수화물중 대부분은 전분의 형태로 존재한다. 다른 곡류와 마찬가지로 아밀로오스와 아밀로펙틴의 비율은 2 : 8 정도를 유지하나, 곡류에 비해 전분입자가 커서 빨리 호화된다. 당의 함량은 탄수화물 중 10~15% 정도로 고구마보다 적어 단맛은 약하다.

<표 4-18> 감자의 일반성분

(100g)

열량 (kcal)	수분 (%)	단백질 (g)	지질 (g)	당질 (g)	조섬유 (g)	칼슘 (mg)	인 (mg)	철 (mg)	나트륨 (mg)	칼륨 (mg)	아연 (mg)	비타민					
												A (R.E.)	B_1 (mg)	B_2 (mg)	niacin (mg)	C (mg)	엽산 (mg)
55	84.4	2.5	0.1	11.6	0.6	6.0	51.0	0.8	3.0	396.0	0.41	0	0.08	0.03	1.3	21.0	13.3

단백질은 수분을 제외한 나머지의 10% 정도로, 주된 형태는 글로부린(globulin)에 속하는 투베린(tubelin)이다. 필수아미노산의 조성은 식물성 식품이지만, 곡류와 달리 리신을 포함한 대부분의 필수아미노산이 풍부하고 단지 메티오닌만 부족하여 양호한 편이다.

<표 4-19> 감자 단백질의 필수아미노산 조성

아미노산	표준함량	감자 함량
트레오닌	2.8	3.8
발 린	4.2	5.5
루이신	4.8	4.7
이소루이신	4.2	4.2
리 신	4.2	5.2
페닌알라닌	2.8	4.6
프립토판	1.4	1.2
메티오닌	2.2	1.4

비타민 함량은 높으며 특히 아스코르브산(ascorbic acid)이 많은데, 감자에 있는 비타민C는 비교적 가열에 안정한 특징이 있다. 무기질로는 칼륨과 인이 많이 존재하고 칼슘은 거의 없다.

감자의 싹에는 솔라닌이란 배당체가 존재하는데, 이것은 섭취시 두통, 현기증 등을 나타나게 하는 유독 물질이므로, 솔라닌이 많이 존재하는 감자의 싹이나 녹색 껍질부분은 완전히 제거한 후 조리에 이용하도록 한다. 그러나 일부 남아 있다 하더라도 끓이면 솔라닌이 용출되므로 익힌 감자의 섭취는 안전하다.

또 감자가 썩으면 sepsin이란 물질이 생기면서 독성을 나타내는데, 이것은 심한 중독을 가져오므로 주의를 요한다.

(2) 점질감자와 분질감자

감자의 점성(粘性) 또는 분성(粉性)을 구분하기 위해서는 식용가(P.F. : palatability factor)를 지표로 이용하거나 비중을 가지고 구분한다.

식용가는 아래의 식에 의해 계산되는 지표로 그 값의 크고 작음으로써 감자의 상태를 구분한다.

식용가(palatability factor : P.F.) = (감자의 단백질량/감자의 전분량) × 100

즉, 단백질 양이 적고 전분 양이 많을수록 식용가는 작아지는데, 식용가가 작은 감자는 분성을 나타낸다. 이를 설명하는 가설은 첫째 단백질은 감자의 가열시 열에 의해 응고되면서 전분입자를 둘러싸 입자의 팽창을 막아 세포가 떨어지는 것을 막음으로써 분질이 어렵다는 설이며, 둘째 전분함량이 많으면 전분입자가 팽창하면서 세포막이 받는 압력이 커지고 이에 따라 세포의 분리가 용이해져 분질이 된다는 것이다.

분질의 감자는 조리시 잘 부서지므로 mashed potato에 적합하다. 반면 단백질의 함량이 많고 전분의 함량이 적은 점질감자는 강한 점성을 지녀 찌거나 끓여도 부서지지 않으며 기름에 볶는 요리에 적합하다.

감자의 질감은 비중과도 관계가 있는데 점질감자는 비중이 낮고(1.070~1.080), 분질감자는 비중이 높다(1.110~1.115). 가정에서 감자의 질감을 확인하기 쉬운 방법은 식용가보다 비중에 의한 방법으로, 물 11컵에 소금 1컵을 녹인 소금물에 감자를 담가보아 가라앉으면 분질이고 뜨면 점질이다.

(3) 감자의 갈변

껍질을 벗긴 감자를 공기 중에 방치하면 표면에서 갈변이 일어난다. 이것은 효소에 의한 산화적 갈변으로 감자중의 티로신 또는 폴리페놀 성분이 티로시나아제(tyrosinase) 또는 폴리페놀 산화효소(polyphenol oxidase)에 의해 산화되면서 멜라닌 색소를 생성하기 때문이다.

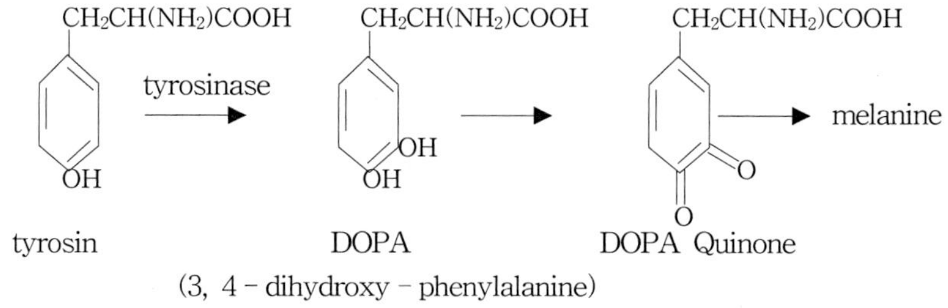

[그림 4-12] 감자의 갈변반응

이런 갈변은 기질, 효소, 산소에 의한 반응으로, 감자의 가공과정 중에 중요한 문제를 제기하여 감자의 기호도를 낮출 수 있으므로 그 반응을 억제하는 것이 바람직하다. 갈변억제 방법은 다음과 같이 정리될 수 있다.

① 기질제거 및 효소활성 억제방법

· 감자를 물에 담가놓아 수용성인 티로신을 제거한다.
· 가열을 하여 효소를 불활성화한다.
· 산을 첨가하여 효소의 활성을 억제한다.

② 산화억제방법

· 물에 담가둠으로써 산소와의 접촉을 막는다.
· ascorbic acid나 0.25%의 아황산 등 환원성 물질을 첨가한다.

(4) 감자의 조리

감자를 이용하는 형태는 그대로 조리거나 쪄 먹는 형태이며, 이외에는 으깨서 사용하는 mashed potato와 potato chips를 들 수 있다.

mashed potato는 숙성한 분질감자를 이용한다. 그 이유는 분질현상은 가열 후 세포가 잘 떨어지는 것인데, 햇감자의 경우 전분의 숙성이 불충분하고 프로토펙틴이 많아 세포의 분리가 어렵기 때문이다.

potato chips는 감자의 껍질을 벗겨 얇게 썬 것을 고온으로 단시간 기름에 튀긴 것이다. 감자는 연중 사용하게 되므로 저온에서 저장하게 되는데, 이때 감자에 있는 아밀라아제와 말타아제가 작용하여 전분이 당으로 변하게 된다. 이런 현상은 단맛을 증가시키지만 포테이토칩을 만들 때에는 당과 단백질에 의한 마이얄 반응이 일어나면서 지나친 갈변을 초래하게 되므로, 사용 전에 20°C 이하의 실온에서 저장하여 호흡을 통하여 당을 소비하게 하거나 물에 담가 당을 용출시킨 뒤 사용하는 것이 좋다.

감자는 무기질과 비타민이 주로 껍질 바로 밑에 많이 함유되어 있으므로 껍질을 벗겨 조리하면 영양분의 손실이 크다. 또한 삶을 때 수용성 비타민의 손실의 일어나는데, 파괴 정도를 줄이기 위해서는 사용하는 물의 양과 조리시간을 최소화하는 것이 좋다.

<표 4-20> 감자를 삶을 때의 비타민C 잔존율

조리시간(분)	0	5	10	20	30
잔존율(%)	100	82.8	68.4	53.2	42.5

2) 고구마

고구마는 열대 및 아열대 지방에서 재배되는 작물로 넓은 지역에서 많은 양이 생산되고 있다. 고구마는 쌀이나 옥수수의 대용식으로 소비되고 있는데, 특히 고구마는 많은 양의 당을 함유하고 만복감을 부여하는 이점이 있어 개발도상국에서는 그 소비량이 소득과 반비례하여 널리 사용된다.

(1) 성 분

고구마는 감자에 비해 수분의 함량이 다소 적어 열량이 더 높다. 건물(乾物) 중에는 탄수화물의 함량이 가장 높은데, 탄수화물은 대부분이 전분의 형태이고 이밖에 맥아당, 설탕, 포도당, 과당 등이 전 당질의 20% 정도를 차지하여 감미가 강하다. 또 식이섬유의 함량도 감자에 비해 많은 편이며 이로 인해 고구마는 정장효과를 지닌다.

단백질은 감자의 절반 정도로 질은 우수하나 양이 적으며, 무기질은 칼륨의 함유량이 높다. 비타민으로는 수용성 비타민인 B군과 C가 존재하는데, 비타민C는 비교적 안정하여 조리 후 상당량의 섭취가 가능하다.

<표 4-21> 고구마의 일반성분

(100g)

열량 (kcal)	수분 (%)	단백질 (g)	지질 (g)	당질 (g)	조섬유 (g)	칼슘 (mg)	인 (mg)	철 (mg)	나트륨 (mg)	칼륨 (mg)	아연 (mg)	비타민					
												A (R.E.)	B_1 (mg)	B_2 (mg)	niacin (mg)	C (mg)	엽산 (mg)
128.0	66.3	1.4	0.2	30.3	0.9	24.0	54.0	0.5	15.0	429.0	0.27	19.0	0.06	0.05	0.7	25.0	52.0

고구마의 색깔은 안토시아닌과 카로티노이드에 의해 나타난다. 간혹 고구마를 조리한 후 고구마의 육질에서 녹색을 띠는 것을 볼 수 있는데, 이것은 고구마에 있는 안토시아닌 색소가 알칼리에 의해 청색을 띠게 되고 이것이 카로틴의 황색과 합쳐져 나타나는 것이다.

고구마의 특수성분으로는 잘라핀(jalapin)을 들 수 있는데, 이것은 고구마를 잘랐을 때 절단면에서 나오는 유액성분으로 점성이 강하고 공기와 접촉하게 되면 산화되어 흑색으로 변하게 된다.

고구마에 있는 클로로제닉에시드(chlorogenic acid)와 다른 폴리페놀류도 감자와 같이 산화적 갈변을 일으킨다.

(2) 조리적 특성

고구마의 주성분은 전분이므로 조리시 전분의 호화가 주된 반응이며, 이때 필요한 수분은 자체 함유한 수분이 이용된다. 고구마는 가열 후의 조직 특성에 따라 분질고구마와 점질고구마로 구분된다.

고구마에 있는 β-아밀라아제는 저장 중에 전분을 가수분해하여 맥아당을 만들어 단맛을 내게 되는데, 이와 같은 작용은 온도가 높으면 더 크게 일어난다. 보통 50℃ 정도에서 가장 활발하게 작용을 하지만 효소단백질이 열변성하여 활성을 잃을 때까지, 즉 60~70℃까지 그 작용이 계속된다. 햇볕에 말린 고구마나 삶은 고구마가 생고구마보다 더 단 이유가 바로 이것이다. 가열조리과정에서 생성된 당은 고구마의 조직감 및 기호도에 커다란 영향을 미치며, 특히 맥아당의 양은 기호도 외에 산업적으로 이용되는 퓨레나 flake의 질에도 커다란 영향을 미친다. 이런 맥아당이 생성되는 정도는 고구마를 조리하는 방법에 따라 다른데, 전자레인지보다는 오븐을 이용하거나 쪘을 때 생성량이 더 많다.

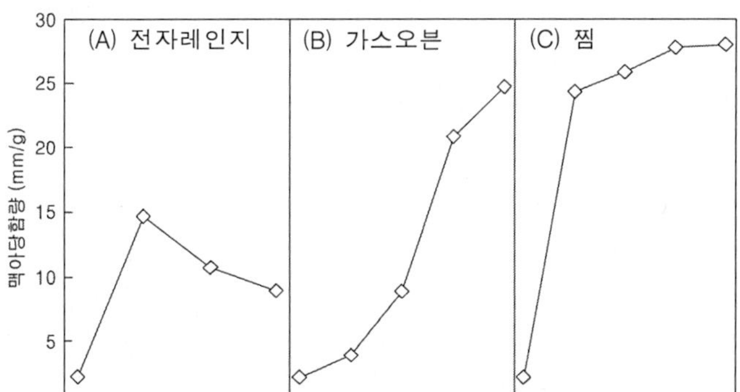

[그림 4-13] 조리방법에 따른 고구마 맥아당의 함량 변화

한편, 맥아당을 생성하게 하는 β-아밀라아제의 활성도는 조리과정이 진행할수록 감소하며, 전자레인지나 오븐에서 조리했을 때보다는 쪘을 때 효소의 활성이 급격히 감소한다. 또한 전자레인지로 조리할 때 효소의 활성도

가 비교적 높게 남아 있는데도 맥아당의 함량이 낮게 나타난 것은 효소활성도 못지 않게 조리시간 즉 효소의 작용시간도 맥아당 생성에 큰 영향을 주는 것이라고 볼 수 있다.

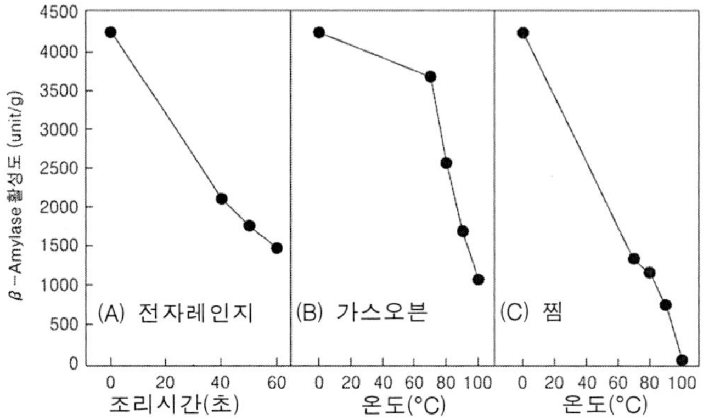

[그림 4-14] 조리방법에 따른 고구마 β-아밀라제의 활성 비교

관수현상이 일어난 고구마는 굽거나 삶아도 조직의 연화가 일어나지 않는다. 이것은 홍수 등으로 고구마가 수중에 오래 방치되었을 때 세포가 죽어서 일어나는 현상으로, 세포가 살아 있을 때 삼투작용을 하던 칼슘이나 마그네슘 등의 이온이 펙틴과 결합하여 calcium pectate를 형성하기 때문이다. 이러한 관수현상은 고구마를 너무 낮은 온도에서 천천히 가열하던지, 아니면 삶는 도중 불이 꺼진 상태에서 오래 방치해도 일어난다.

3) 토 란

토란도 수분의 함량이 높아 열량이 낮으며 건물(乾物)중 주성분은 전분이고 덱스트린과 설탕이 함유되어 토란 특유의 단맛이 난다. 단백질이나 비타민은 소량 함유되어 있으며 무기질은 칼륨이 많이 함유되어 있다.

<표 4-22> 토란의 일반성분

(100g)

열량 (kcal)	수분 (%)	단백질 (g)	지질 (g)	당질 (g)	조섬유 (g)	칼슘 (mg)	인 (mg)	철 (mg)	나트륨 (mg)	칼륨 (mg)	아연 (mg)	비타민					
												A (R.E.)	B_1 (mg)	B_2 (mg)	niacin (mg)	C (mg)	엽산 (mg)
40.0	88.1	2.3	0.2	7.8	0.7	18.0	46.0	0.6	50.0	369.0	5.2	0	0.07	0.01	0.8	9.0	13.3

감자·고구마와 달리 토란은 미끈거리는 성질이 있다. 이는 갈락탄(galactan)이나 당단백질에 의한 점질물질이 함유되어 있기 때문인데, 이것도 토란의 맛에 기여하기는 하지만 가열조리시 거품의 원인이 되기도 한다. 또한 이 점질물질이 토란을 둘러쌈으로써 조미료의 침투가 어려워지는데, 토란을 쌀뜨물이나 1% 정도의 소금물에 끓이면 당단백질이 응고·침전되어 제거되면서 미끈거리는 것도 없어지고 토란의 색도 하얗게 된다.

토란이 가지고 있는 아린맛은 호모겐티시닉에시드(homogentisinic acid)와 수산에 의한 것이다. 또한 토란을 만지면 가려워지는 성질이 있는데, 이것은 미량의 수산염이나 알칼로이드에 의한 것으로 가열하거나 식초 물에 담그면 쉽게 제거된다.

껍질 벗긴 토란을 구입할 때 너무 흰 것은 표백제를 사용했을 가능성이 크므로 깨끗한 물에 담가 표백제를 우려낸 후 조리하는 것이 좋다. 표백제를 우려낼 때 소금물에 담그는 것은 좋지 않은데, 그 이유는 소금물에 의해 삼투압이 높아지면 오히려 토란으로 표백제가 들어갈 수도 있기 때문이다.

제 5 장

단백질 식품과 조리

1 단백질의 특징 130

2 두 류 141

3 육 류 150

4 조육류 167

5 어패류 172

6 난 류 188

7 우유 및 유제품 201

제5장 단백질 식품과 조리

단백질은 동·식물체의 주요 구성성분으로 그리스어 중 '가장 중요한' 이라는 뜻을 지닌 'proteios' 에서 유래되었다. 단백질은 체내에서 소화, 흡수되어 신체 내에서 몇 가지 중요한 역할을 한다.

그 역할은 다음과 같다.

① 인체 각 기관의 구성성분
② 호르몬 및 효소의 구성성분
③ 에너지의 발생
④ 체성분의 유지
⑤ 삼투압의 유지
⑥ 항체의 생성

1. 단백질의 특징

단백질은 탄소가 약 50~55%, 산소가 약 25~30%, 질소가 약 16%, 수소가 6~7%, 황이 약 2.5% 함유되어 있다. 그밖에도 미량 함유된 원소로는 칼슘, 마그네슘, 인, 구리, 철, 망간, 아연 등이 있다.

1) 단백질의 구조

단백질의 종류는 출처에 따라 식물성 단백질과 동물성 단백질로 크게 나눌 수 있다. 식물성 단백질은 곡류나 두류로부터 얻을 수 있으며 동물성 단백질은 육류, 조육류, 어류, 달걀, 우유로부터 얻을 수 있다. 또한 조성에 따라 구분하면 단순단백질, 복합단백질과 유도단백질로 분류할 수 있다. 단순단백질은 아미노산만으로 구성되어 있으며, 복합단백질은 아미노산 이외에 인산, 핵산, 색소, 다당류 등의 물질이 결합되어 있는 형태이고, 유도단백질은 가열이나 산, 알칼리의 작용에 의해 구조가 변화된 형태이다.

단백질을 산, 알칼리 또는 효소로 가수분해하면 최종분해 산물로 아미노산을 얻을 수 있다. 자연계에 존재하는 아미노산은 약 20여종이며 한 분자 내에 염기성인 아미노기(amino group NH_2)와 산성인 카르복실기(carboxyl group COOH)를 지닌다. 아미노산의 아미노기는 다른 아미노산의 카르복실기와 물 1분자가 탈수되며 결합하는데, 이를 펩타이드(peptide)결합이라 한다.

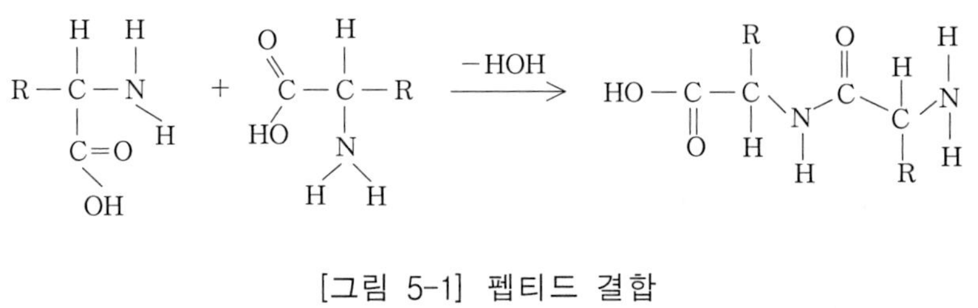

[그림 5-1] 펩티드 결합

<표 5-1> 단백질의 종류

	단백질종류	급원식품
단순 단백질	알부민(albumin)	난백, 유즙, 육류, 식물체
	글로블린(globulin)	육류,식물체
	글루테린(glutelin)	밀, 식물체
	프로라민(prolamin)	밀, 옥수수, 식물체
	알부미노이드(albuminoid)	동물털, 결체조직
	히스톤(histone)	흉선, 적혈구, 세포핵
복합 단백질	혈액단백질(hemoglobin)	혈액
	핵단백질(nucleoprotein)	동・식물, 세포핵 및 원형질
	인단백질(phosphoprotein)	우유, 난황
	지단백질(lipopeotein)	세포핵, 뇌, 신경조직
	당단백질(glycoprotein)	난백
유도 단백질	젤라틴(gelatin)	동물의 결체조직, 가죽
	펩톤(pepton)	단백질 가수분해
	폴리펩타이드(polypeptide)	단백질 가수분해

단백질은 아미노산이 약 100개 이상 모여 펩타이드(peptide) 결합으로 연결되어 있으며, 그 구조는 다음과 같다.

① 1차구조

아미노산이 펩타이드결합하는 것으로 모든 단백질을 이루는 기본구조이며, 이때에는 공유결합을 한다.

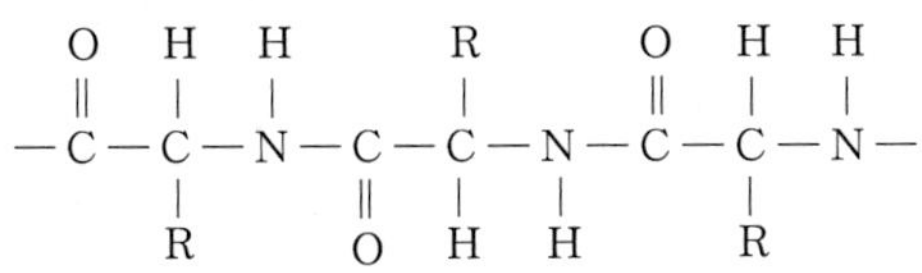

② 2차 구조

펩타이드(peptide) 결합으로 연결된 아미노산 분자들 사이에 2차 결합인 수소결합(hydrogen bond)이 이루어져 스프링 같은 나선구조를 형성하는 것이다.

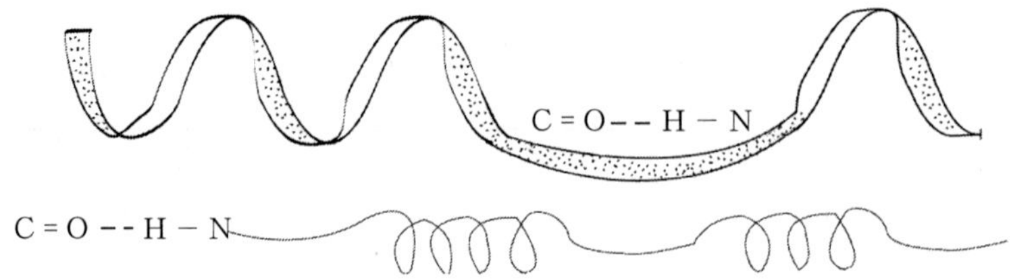

③ 3차 구조

대부분의 단백질에서 볼 수 있는 구조를 말하며, 나선형의 구조가 불규칙하게 겹쳐져 원형과 유사한 구상 단백질을 만든 것으로, 구성 아미노산의 잔기중에서 소수성 잔기들이 근접해 있을 때 소수성 결합(hydrophobic bond)에 의해 결합한다. 소수성 결합은 주로 반데르 발스 힘(van der Waal's force)에 의한 것으로 결합력이 매우 약하나 수가 많다.

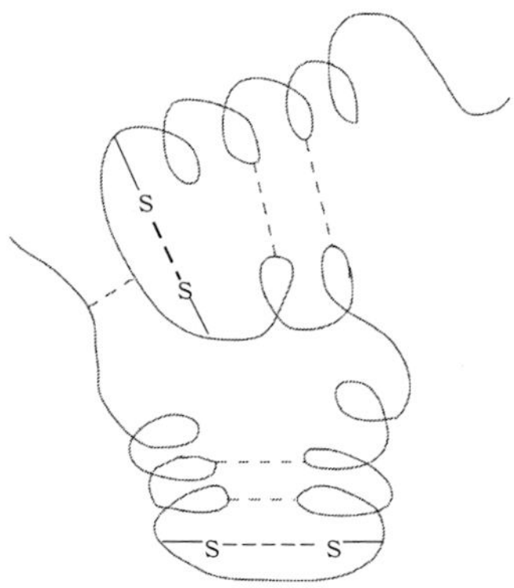

④ 4차 구조

구상단백질이 2개 이상 서로 결합하여 보다 복잡한 형태의 구조를 만든 것으로 헤모글로빈 같은 일부 단백질에서 볼 수 있다

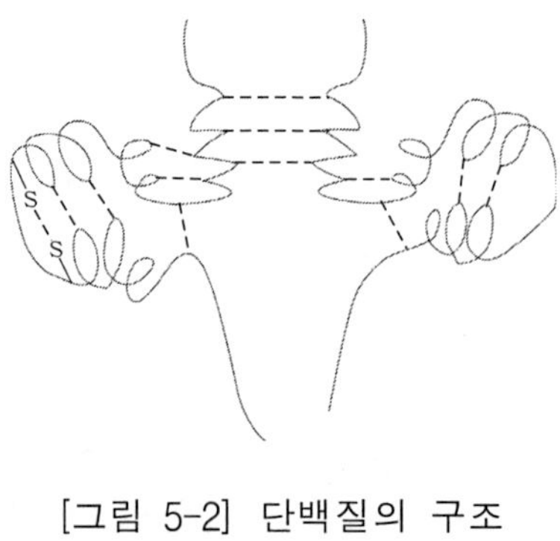

[그림 5-2] 단백질의 구조

단백질의 영양가는 함유된 아미노산의 질에 의해서 좌우된다. 특히 체내에서 합성할 수 없으나, 우리 몸에 반드시 필요한 아미노산을 필수아미노산(essential amino acid)이라고 한다. 성인의 경우에는 8가지의 필수아미노산이 필요하며, 이들은 이소루이신(isoleucine), 루이신(leucine), 리신(lysine), 메티오닌(methionine), 페닐알라닌(phenylalanine), 트레오닌(threonine), 트립토판(tryptophan), 발린(valine)이다.

<표 5-2> 식품에 함유된 필수아미노산 함량

필수아미노산량(g)/단백질량(100g)

구 분	FAO기준	면 실	낙화생	대 두	달 걀
이소루이신	4.2	3.7	4.6	6	6.2
루이신	4.8	6.6	6.7	8	9
리신	4.2	4.1	3	6.8	6.3
메티오닌	2.2	1.6	1	1.7	3.2
페닐알라닌	2.8	4.7	5.1	5.3	5.7
트레오닌	2.8	4.7	2.6	3.9	4.9
트립토판	1.4	1.2	1	1.4	1.5
발린	4.2	5.3	4.4	5.3	7

2) 단백질 품질평가

단백질에 함유된 필수아미노산의 함량 및 균형에 의해 단백질의 품질이 달라지며 몇 가지로 구분할 수 있다.

① 완전단백질

동물의 성장과 생명유지에 필요한 아미노산을 모두 고르게 함유한 것으로 우유, 달걀 등이 여기에 속한다.

② 부분 완전단백질

필수아미노산이 모두 함유되어 있으나 그 중 일부아미노산의 양이 부족한 경우로 밀, 쌀, 대두 등이 여기에 속한다.

③ 불완전단백질

필수아미노산 중 1가지 이상이 함유되지 않는 경우로 옥수수, 결체조직 등이 여기에 속한다.

단백질의 영양판정을 위해 주로 사용되는 단백가란 실제 식품에 함유되어 있는 제한필수 아미노산 함량(limiting essential amino acid)과 FAO/WHO가 제정한 이상적인 표준단백질에 해당되는 필수아미노산의 함량을 비율로 나타낸 것으로 단백가를 나타내는 식은 다음과 같다.

이 때 제한아미노산이란 각각의 필수아미노산 필요량에 비하여 가장 적게 함유된 아미노산을 의미한다.

$$단백가 = \frac{제한아미노산양}{표준단백질의\ 아미노산양} \times 100$$

<표 5-3> 단백질의 품질구분 및 함유식품

	단백질명	구 분	함유식품
동물성	카제인(casein)	완전단백질	우유, 치즈
	락토알부민(lactoalbumin)	완전단백질	우유, 치즈
	오보비텔린(ovovitellin)	완전단백질	난황
	오보알부민(ovoalbumin)	완전단백질	난백
	미오신(myosin)	완전단백질	근육
	젤라틴(gelatin)	불완전단백질	결체조직
식물성	글루테린(glutelin)	부분완전단백질	쌀
	글라이시닌(glycinin)	부분완전단백질	대두
	글리아딘(gliadin)	부분완전단백질	밀
	글루테닌(glutenin)	부분완전단백질	밀
	호르데인(hordein)	부분완전단백질	보리
	프로라민(prolanin)	부분완전단백질	귀리
	제인(zein)	불완전단백질	옥수수

예를 들면 달걀의 단백가는 100이고, 쇠고기의 단백가는 81이며, 곡류의 경우는 필수아미노산의 함량이 낮아 단백가가 더 낮게 나타난다.

그러나 단백가가 낮은 단백질이라 하더라도 부족되거나 함유되지 않은 아미노산을 보충하거나 첨가해주면 단백가가 높아져서 완전단백질과 동일한 효과를 나타낸다. 식물성 단백질 식품인 콘푸레이크에 동물성 단백질인 우유를 타서 먹는 것은 단백가를 향상시키는 우수한 식품섭취 방법이다. 또한 리신이 부족한 쌀에 리신이 풍부한 완두, 강남콩 등을 혼식하는 것도 우수한 식품섭취 방법이 된다.

3) 조리와 관련된 단백질의 성질

(1) 용해성 (solubility)

단백질은 특정 용매에 대한 용해도를 근거로 분류할 수도 있다.

가. 알부민류(albumins)

물과 염용액에 모두 녹는 단백질이다.

나. 글로블린류(globulins)

물에는 녹지 않으나 염용액에는 녹는 단백질이다.

다. 프롤라민류(prolamines)

70~80% 에탄올에는 녹으나 물이나 무수 에탄올에는 녹지 않는 단백질이다.

라. 글루테린류(glutelins)

산이나 알칼리에 녹는 단백질이다.

알부민류처럼 수용성인 단백질도 있으나, 물에 불용성인 단백질도 있는데 이들 경우는 친수성기인 카르복실기와 아미노기가 서로 펩타이드(peptide)결합을 함으로써 친수성을 상실하고, 분자 내에 메틸기(methyl group, CH_3)같은 소수성기가 노출되어 물에 녹기 어렵기 때문이다. 불용성 단백질도 가수분해되어 분자량이 작은 아미노산의 상태로 되면 물에 녹기 쉬우며, 그 이유는 분해된 아미노산이 지니는 카르복실기와 아미노기의 친수성 때문이다.

(2) 점성 (viscosity)

액체나 유동성을 지닌 반고형 식품을 유체라 하며, 이들 유체는 일정한 높이에서 떨어뜨릴 때 속도와 점성이 각각 다르게 나타난다. 이는 각각의 유체마다 각기 다른 성질을 지니기 때문이다.

고분자 화합물이면서 친수성기를 지니는 수용성단백질은 물에 녹아 순수한 진용액의 형태가 되는 것이 아니라 물분자와의 상호작용에 의하여 진용액과 다른 상태인 콜로이드 용액(colloidal solution)의 형태를 나타낸다. 단백질 콜로이드용액은 단백질 분자량이 클수록, 친수성기를 많이 지닐수록 저항을 많이 받기 때문에 점성이 크게 나타난다.

따라서 산, 알칼리, 효소 등을 처리하여 단백질을 가수분해하거나 pH의 변화, 염의 첨가, 열처리 등을 통하여 단백질을 변성시키면 물분자와 결합하는 능력이 줄어들게 되어 점성도 적어진다.

(3) 기포성 (foaming)

난백, 난황, 젤라틴 용액, 농축유 같은 콜로이드용액은 저어주거나 공기를 불어 넣어주면 거품이 생기는 성질이 있는데 이를 기포성이라고 한다. 거품을 형성하는 액체는 표면장력이 낮아서 표면이 쉽게 늘어나 얇은 막을 형성하며, 그 속에 공기를 포함하게 되는 것이다. 난백의 기포성은 빵의 체적을 증가시키기 위해 이용된다.

표면장력이 낮은 액체는 거품형성이 용이하나 거품의 지속력이 약하고, 표면장력이 큰 액체는 거품형성이 곤란하나 거품지속력이 강하다. 신선한 달걀의 경우 농후 난백이 수양 난백보다 많으므로 표면장력이 커서 거품형성이 곤란하다. 따라서 난백 거품을 많이 사용하는 업소에서는 소금을 첨가하여 농후 난백을 수양 난백화시키거나, 1주일간 냉암소에 방치하여 사용한다. 레몬즙을 첨가하면 농후 난백이 수양 난백화되어 기포형성력이 향상되나, 지방이 혼입되면 물과 계면을 형성하여 거품을 파괴하므로 주의해야 한다.

(4) 등전점 (isoelectric point)

아미노산은 카르복실기와 아미노기가 해리되어 $-COO^-$와 $-NH_3^+$ 양성전하를 지니며, 단백질도 펩타이드 결합에 사용되지 않고 남아 있는 말단의 극성기가 $-COO^-$와 $-NH_3^+$로 해리되어 양성을 지닌다.

이들은 산성용액에서는 +로 하전되어 음이온과 결합하고, 알칼리용액에서 −로 하전되어 양이온과 결합한다. 그러나 임의의 한 pH에서 산성기와 염기성기의 해리 정도가 동일하여 +, − 전하가 동일하게 될 때가 있는데, 이 때 용액의 pH를 등전점(isoelectrie point)라고 한다.

등전점에서 단백질은 전하가 최소화되어 물에 대한 친화력이 감소되며 물의 흡수능력도 작아지므로 팽윤되기 어렵고 침전되기 쉬워진다. 이러한 성질은 단백질의 분리 정제에 이용된다.

<표 5-4> 아미노산과 단백질의 등전점

구분		이 름	등전점
아미노산	중성	글리신(glycine)	6.0
		알라닌(alanine)	6.0
		트레오닌(threonine)	6.2
		발린(valine)	6.0
		류우신(leucine)	6.0
		이소류우신(isoleucine)	6.0
		메티오닌(methionine)	5.7
		페닐알라닌(phenylalanine)	5.5
		트립토판(tryptophan)	5.9
	산성	아스파트산(aspartic acid)	2.8
		글루타민산(glutamic acid)	3.2
	염기성	알기닌(arginine)	11.2
		히스티딘(histidine)	7.6
		리신(lysine)	9.7
단백질		카제인(casein)	4.6~4.7
		락토글로부린(lactoglobulin)	4.5~5.5
		오보알부민(ovalbumin)	4.8~4.9
		글리아딘(gliadin)	6.2~6.9
		글리시닌(glycinin)	4~5
		제인(zein)	5.8

(5) 변 성

단백질의 변성은 단백질 분자의 구조가 변화하는 것으로, 가열, 산. 알칼리첨가, 산소 노출, 자외선 조사 및 금속 염과의 반응에 의해서 나타난다.

변성은 조리과정 중 나타나는 대표적인 변화로, 단백질의 3차 구조가 풀어져 2차 구조로 변화된 후 다시 새로운 형태의 결합을 하여, 처음과 다른

3차 구조를 형성하거나 2개 이상의 분자가 결합하는 형태로 나타난다.

가. 변성의 종류

① 열에 의한 변성

단백질에 열을 가하면 응고되어 외관과 맛이 변화하는 변성이 일어난다. 열에 의한 변성은 가열온도, 가열시간, 전해질의 유무, 지방, 당, 염류 등의 존재에 따라 영향을 받는다. 예를 들면 달걀을 삶거나 생선을 조리거나 굽고 볶거나 끓이는 현상이 모두 열에 의한 변성과정이다.

일반적으로 단백질의 열에 의한 응고온도는 60~70℃로 알려져 있으며, 달걀의 경우 난백은 60℃ 전후에서 응고가 시작되어 80℃ 정도에서 완전 응고가 되며, 난황은 65℃에서 응고되기 시작하여 70℃ 정도면 응고가 된다. 육류의 경우는 아무런 조미를 하지 않은 경우 62~63℃에서 응고가 이루어지나, 당, 알칼리 등을 첨가하면 응고온도가 상승된다. 이는 설탕을 첨가한 경우에 설탕분자의 −OH기가 단백질과 수소 결합하여 구조를 잘 유지시켜 줌으로써 단백질의 응고를 방해하고 응고온도를 약 15~16℃ 상승시키기 때문이다. 또한 알칼리 첨가시에도 단백질이 수화되기 쉬운 상태로 되므로 응고되기 어려운 상태가 되어 응고온도가 상승되는 것이다.

② 산과 염에 의한 변성

단백질에 산을 가해주면 pH가 낮아져 그 단백질의 등전점과 가까워지면서 단백질의 전하가 감소되어 수화력이 감소되어 응고된다. 수란을 만들 때 식초를 첨가하는 것은 단백질이 산의 존재하에서 등전점에 가까워짐으로써 용해도가 감소되고 열응고가 촉진되는 것을 이용한 조리방법이다.

고농도의 염용액을 가하면 단백질이 탈수되어 응고되는 현상이 나타난다. 또한 가용성 단백질은 2가 나 3가 금속이온에 의해 변성하는데, 두유에 Mg^{2+}, Ca^{2+}이온을 첨가하면 두부가 되는 것이 좋은 예이다. 소금을 뿌려주면 생선살이 응고되는 현상은 단백질의 염에 의한 변성을 이용한 조리법이다.

③ 동결에 의한 변성

단백질은 동결시키면 동결함으로써 변성을 가져오는데, 동결에 영향을 주는 요인을 다음 몇 가지로 구분할 수 있다.

· 단백질의 종류

육류의 경우 섬유상 단백질은 동결에 의해 쉽게 변성되나, 구상단백질은 변성이 크지 않다.

· 동결온도

얼음 결정의 크기가 달라짐으로써 변성정도가 달라진다. 어육은 -2~-5℃, 쇠고기는 -1.5~-3℃에서 동결에 의한 변성이 가장 크게 나타나는데, 이는 동결하는 온도가 비교적 높은 온도이므로 얼음의 결정이 커져서 변성이 크게 나타내는 것이다. 동결온도를 −20℃ 이하로 낮추어 급속 동결할 경우 얼음결정이 매우 작아져서 변성이 적게 일어난다.

· 수분함량

수분함량이 많을수록 변성이 큰 것으로 나타나므로 수분제거를 위해 탈수력이 있는 설탕이나 염류 등을 처리한 후에 동결하는 것도 동결에 의한 변성을 방지하는 방법이다.

동결한 식품은 단백질 분자가 동결될 때 물과 친화력을 잃어버리고, 해동될 때에도 다시 물과 친화되지 않으므로, 식품의 보수성(保守性)이 저하되고 수분은 해동과 동시에 액즙이 유실되므로 질감이 단단하게 된다. 가급적이면 액즙이 덜 유실되는 해동법을 사용해야 하는데, 10℃ 정도의 냉장고 온도에서 완만하게 해동을 시키는 것이 좋으며, 이 때에는 동결되었던 세포조직이 재배열하는 시간을 가지므로 유실되는 액즙의 양이 적어진다.

<표 5-5> 조리와 관련된 단백질 변성

변성의 원인	조리응용의 예
가 열	삶은 달걀, 구운 육류, 구운 어패류 등
산 첨가	요구르트, 치즈
무기염 첨가	두부, 생선 절이기
건 조	육포, 어포, 마른오징어, 문어
동 결	아이스크림

나. 변성단백질의 특징

단백질이 변성되면 분자내부의 결합이 해리되어 소수성기가 표면으로 나타나게 되면서 물과의 친화력이 감소되고 따라서 용해도가 감소된다. 또한 노출된 반응기들의 수가 증가되어 이들 사이의 재결합이 일어남으로써 응고하거나 침전하는 경우도 생긴다.

단백질 분자는 변성에 의해 구상단백질이 섬유상 단백질로 변화되면서 점도를 증가시키기도 하며, 반면에 섬유상 단백질이 구상단백질로 변화되면서 오히려 점도가 감소되기도 한다.

구상단백질은 변성되면 단백질분해 효소가 작용할 수 있는 면적이 늘어나 소화흡수율이 증가되기도 한다. 그러나 과도하게 변성이 일어나면 재결합을 이루며 응고하므로 효소의 분해작용이 감소되어 오히려 소화흡수율이 감소되기도 한다.

(6) 갈색화 반응

단백질과 당류가 동시에 존재할 경우 마이알 반응(maillard reaction)이 일어나고 이는 아미노 카보닐 반응 또는 멜라노이딘 반응이라고 한다.

캐러멜화 반응은 갈색화 반응시 반드시 외부의 에너지 공급 즉 열의 작용에 의해서 반응이 일어나는데, 마이얄 반응은 외부의 에너지 공급이 적거나 경우에 따라서는 에너지 공급이 없이 자연발생적으로도 일어난다. 거의 모든 식품이 당질과 단백질을 소량이라도 포함하고 있으므로 마이얄 반응은 식품조리·가공 중 가장 많이 나타나는 반응이라는 것이 큰 특징이다. 반응결과에 따라 색, 맛과 냄새 같은 관능적인 요소가 변화되어 기호성이 높아지는 장점을 지니나, 리신같은 필수아미노산이 파괴되어 영양소의 손실을 가져오는 단점도 동시에 지니고 있다.

마이얄 반응에 영향을 주는 요인은 다음 몇 가지를 들 수 있다.

가. 온도

반응이 자연발생적으로도 이루어질 수 있으나, 온도가 높아질수록 갈색화 반응의 속도가 촉진된다.

나. 수분

수분함량이 커질수록 갈색화 반응이 촉진되어 Aw 0.6~0.8 사이에 갈색화 반응이 최대가 된다.

다. pH

pH가 알칼리 쪽으로 기울수록 갈색화 반응속도가 커진다.

라. 당의 종류

단당류의 경우가 이당류인 설탕보다는 갈색화 속도가 훨씬 크다.

2. 두 류

두류는 중요한 식량자원의 하나로 종실의 90%를 차지하고 있는 자엽을 먹는다. 두류는 함유되어 있는 영양소의 구성성분에 따라 구분할 수 있는데, 단백질과 지질의 함량이 높은 두류인 낙화생, 대두 등과 당질이 함량이 높은 두류인 팥, 녹두, 완두, 강남콩 등이다. 또한 미숙한 두류인 청태콩, 미성숙 완두콩, 껍질콩은 두류와는 달리 건조되지 않은 상태로 유통되어 수분함량이 많으므로 채소처럼 단시간에 조리가 가능하여 채소의 일부분으로 취급되기도 한다.

두류가 식품으로 높은 가치를 지니는 이유는 몇 가지를 들 수 있다.

① 환경에 대한 적응력이 뛰어나며 척박한 토양에서도 잘 자란다.
② 재배하기 쉽고 생육기간이 짧아서 윤작을 할 수 있다.
③ 뿌리부분에 기생하는 박테리아의 영향으로 토양이 비옥하게 되어 토질이 개선된다.
④ 두류에 포함되어 있는 단백질의 단백가가 우수하다.
⑤ 비타민B군과 무기질의 함량이 높은 우수한 식품이다.

<표 5-6> 두류의 영양성분

(100g)

종류	열량 (kcal)	수분 (%)	단백질 (g)	지질 (g)	당질 (g)	조섬유 (g)	칼슘 (mg)	인 (mg)	철 (mg)	나트륨 (mg)	칼륨 (mg)	콜레스테롤 (mg)	비타민 A (R.E.)	비타민 B_1 (mg)	비타민 B_2 (mg)	비타민 niacin (mg)	비타민 C (mg)
대 두	400	9.7	36.2	17.8	25.2	5.0	245	620	6.5	2.0	1340	0	0	0.53	0.28	2.2	0
흑 태	405	5.9	34.7	15.9	32.3	6.1	143	516	8.6	5.0	1237	0	0	0.32	0.24	2.2	0
검정팥	337	14.5	20.4	0.7	53.7	7.6	75	425	5.2	4.0	1198	0	0	0.5	0.15	2.1	0
회색팥	322	10.6	20.5	1.0	58.4	4.9	116	456	5.1	1.0	1331	0	0	0.44	0.1	2.7	0
붉은팥	312	13.4	21.1	1.4	55.8	4.0	128	424	5.2	2.0	1520	0	0	0.4	0.14	2.3	0
녹 두	335	10.9	22.3	1.5	57.4	4.6	100	335	5.5	2.0	1323	0	12	0.4	0.14	2.0	0
완 두	352	13.4	21.7	2.3	54.4	6.0	65	360	5.0	1.0	870	0	40	0.72	0.15	2.5	0
강낭콩	344	10.3	20.2	1.8	60.9	3.2	92	317	6.7	1.0	1500	0	2	0.3	0.2	1.8	0

1) 두류의 특징

두류는 곡류보다 단백질의 함량이 약 2~5배나 함유되어 있으며, 함유된 단백질의 영양학적 가치는 육류와 유사한 것으로 평가되고 있다.

또한 비타민 B군과 칼륨, 인 같은 무기질의 함량이 높다. 두류에 함유된 필수아미노산의 조성을 살펴보면 대두는 메티오닌, 팥과 완두는 메티오닌과 트립토판, 낙화생은 리신, 메티오닌, 트립토판이 부족한 것을 알 수 있다.

<표 5-7> 두류의 필수아미노산 조성

필수아미노산량(g)/단백질량(100g)

필수아미노산	FAO기준	대두	팥	완두	낙화생
이소루이신	4.2	6.0	5.5	5.5	4.6
루이신	4.8	8.0	8.2	7.0	6.7
리신	4.2	6.8	6.5	6.5	3.0
메티오닌	2.2	1.7	0.9	1.9	1.0
페닐알라닌	2.8	5.3	5.0	5.0	5.1
트레오닌	2.8	3.9	3.0	3.9	2.6
트립토판	1.4	1.4	0.8	0.8	1.0
발린	4.2	5.3	6.1	5.5	4.4

쌀에는 메티오닌이 비교적 많이 포함되어 있으나, 리신이 부족하여 밥을 지을 때 리신이 풍부한 팥이나 완두 강낭콩, 대두를 혼식하면 필수아미노산의 보완효과가 커진다.

대두는 날것으로 먹으면 트립신 저해물질(trypsin inhibitor)이 전체 단백질의 6% 정도 포함되어 있어 단백질의 소화율이 낮아진다. 그밖에도 적혈구의 응고를 촉진하는 물질인 헤마글루티닌(hemaglutinin)은 전체 단백질의 3%나 존재한다.

기포성을 지니는 사포닌(saponin)도 존재하여 단백질의 소화흡수를 더욱 어렵게 한다. 그러나 이들 물질들은 가열 및 열처리에 의해 열변성함으로써 작용능력을 상실하므로 과도하지 않은 열처리는 대두단백질의 영양가를 향상시키는 방안이라고 할 수 있다.

요즘에는 대두의 기능성이 다각도로 입증되고 있다. 대두의 지질은 약

18% 함유되어 있는데, 필수지방산의 급원이 될 뿐 아니라 혈중 콜레스테롤을 강하하는데 효과가 있다고 한다. 대두의 단백질은 혈중 콜레스테롤을 강하할 뿐만 아니라, 암예방과 고혈압의 치료에도 효과가 있다. 대두 1g당 약 1mg 함유된 이소플라본(isoflavone)은 에스트로겐(estrogen) 완충작용을 하여 유방암 예방에 기여하며, 골다공증 치유에도 효과가 있다고 한다. 사포닌은 항산화 작용을 하며, 콜레스테롤을 강하하는데 효과가 있다. 그밖에도 올리고당(oligo saccharide)은 대장의 정장작용을 하며, 식이섬유소는 변비예방에도 효과가 있다고 한다.

두류의 색은 색소에 의해 나타나는데, 대두의 황색은 플라보노이드(flavo noid)계 색소와 카로티노이드(carotenoid)계 색소에 의한 것이다. 흑태, 강남콩, 팥 같은 검은색은 안토시아닌(anthocyanin)계 색소에 의한 것이며, 녹두와 완두 같은 푸른색은 클로로필(chlorophyll)색소에 의한 것이다.

2) 두류 조리시의 변화

(1) 흡수성

두류는 대부분 수분함량이 10~16%인 건조된 상태로 유통되며, 팥과 녹두를 제외하고는 조리하기 전에 반드시 물에 담가 흡수시킨 다음 가열한다. 두류의 종피는 곡류와 달리 단단히 자엽을 감싸고 있을 뿐 아니라, 조직도 조밀하며 수분을 흡수시키는데 곡류보다 더 많은 시간이 소요된다.

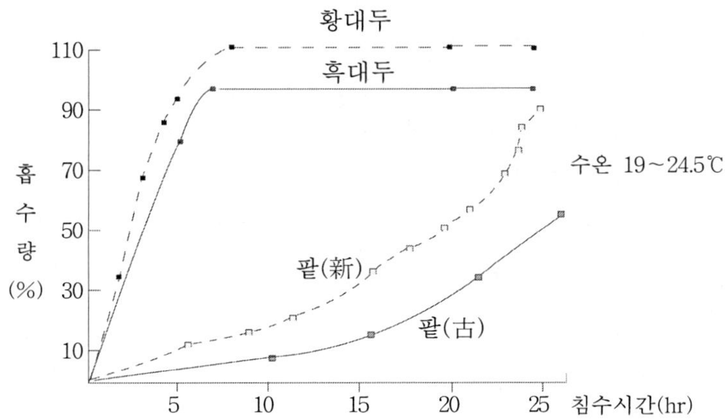

[그림 5-3] 두류의 침수시간과 흡수량

두류의 종류에 따라서 흡수성이 각각 다르므로 조리를 위한 취급법도 각기 다르다. 예를 들면 황색콩, 검은콩, 강낭콩은 상온에서 5~6시간 물에 담가 두면 최대의 흡수상태에 도달된다. 반면 팥과 녹두는 상온에서 24시간이 경과되어도 최대수분 흡수량에 도달하기 어려우므로 물에 담그는 과정을 생략하고 바로 가열하는 것이 좋다.

두류의 흡수성은 수온에 의해서도 영향을 크게 받는데, 수온이 높을수록 최대 흡수량에 도달되는 시간이 단축된다. 예를 들면 강낭콩의 경우 수온이 20℃에서는 5~6시간이면 충분히 수분흡수가 되는데 비하여 5℃의 수온일 때에는 약 17~20시간이 소요된다. 100℃의 수온이면 2~3시간으로도 충분히 수분이 흡수되는 것으로 알려져 있으나, 더운물에 담가두면 미생물이 번식하기 쉽고, 향과 맛이 변하기 쉬우므로, 바람직한 방법은 아니다.

(2) 가 열

두류의 가열방법은 두류의 종류에 따라 각각 다른데, 이는 포함되어 있는 영양성분 및 단백질의 성질 차이 등에 기인한다. 지방과 수분의 함량이 많으며 조직이 연한 낙화생은 가열 조리시 지방이 유출되므로 건열조리법이 좋다. 당질의 함량이 많고 조직이 단단한 팥, 녹두, 완두, 강낭콩 등은 수분을 흡수하여 당질이 호화되어야 하므로 습열조리법이 적당하다. 한편, 단백질의 함량이 많고 조직이 단단한 대두도 수분을 흡수시켜 가열하는 습열조리법이 적당하다.

습열조리법으로 대두를 조리하기 전 1% 정도의 식염용액에 대두를 담갔다가 그 용액으로 가열하면 쉽게 연화된다. 이는 가열에 의해 섬유소가 연화되는 때문이며, 대두의 주된 단백질인 글리시닌(glycinin)이 식염용액에 잘 용해되어 쉽게 연화되기 때문이다. 또한 중조를 첨가하여 약알칼리성의 중조수에 대두를 담갔다가 그 용액에서 가열해도 역시 쉽게 연화된다. 이 또한 섬유소가 알칼리 조건에서 쉽게 연화되고, 대두의 단백질인 글리시닌이 약알칼리의 용액에서 용해되므로 쉽게 연화되기 때문이다. 일반적으로 중조를 사용하여 두류를 연화시키면 비타민 B_1의 손실이 심한 것으로 알려져 있다. 그러나 중조의 농도를 대두중량의 0.3%로 하면 쉽게 연화되면서 비타민 B_1의 손실도 적다.

<표 5-8> 조리수의 pH와 대두의 단단한 정도

용액명	pH	8시간 침수후 흡수율(%)	1시간 가열후의 단단한 정도(kg)
0.1 % 초산용액	3.8	86.0	0.65
무첨가	7.0	87.0	0.63
0.02 % 중조용액	7.6	88.3	0.59
0.2 % 중조용액	8.5	94.0	0.51

경수는 대두의 조리에 영향을 주는데, 경수에 함유되어 있는 칼슘이온(Ca^{2+})과 마그네슘이온(Ma^{2+})이 펙틴과 결합하여 대두의 연화를 방해하므로 습열조리시 연수를 사용하는 것이 좋다.

두류에 조미액을 첨가하여 가열하는 대표적인 조리법이 콩자반이며, 이때 조리법에서 중요한 것은 적당한 경도를 나타내도록 가열시간과 가열방법을 조절하는 것이다. 콩자반을 부드럽게 조리하는 방법으로는 첫째 콩을 5~6시간 물에 담가 검은콩이 건조시 중량의 2배 정도 되었을 때 물로 가열을 시작하여 연화시킨 다음 조미액을 2~3회에 나누어 넣는 방법이 있다. 만일 조미액을 한꺼번에 넣어주면 삼투압에 의한 탈수현상이 나타나 콩이 단단해지므로 나누어 넣는 것이 중요하다. 둘째 물에서 끓여낸 검은콩을 조미액에 담그고 조미액을 끓여서 다시 검은콩을 담그는 것으로 조미액의 농도를 증가시켜 담가 두는 방법이다.

검은콩을 끓일 때 철냄비를 사용하거나 끓는 물에 못을 넣고 끓이면 안토시안(anthocyane)계 색소가 철이온과 결합하여 검은색이 유지되므로 보기 좋다.

콩자반의 조리시간을 단축하기 위한 방법으로는 약 1% 식염수나 중조수에 담갔다가 담근 물로 끓이거나, 압력솥을 사용하여 조리온도를 120±5℃로 상승시켜 고온 단시간 조리하는 방법이 있다. 압력솥을 사용한 조리법은 가열시간 단축으로 연료의 사용량이 줄어들고 조리시간이 단축됨에 따라 수용성물질이 조미액에 용출되는 양이 줄어들어 맛도 좋아진다.

3) 두류 응용식품

단백질 식품인 두류의 식품응용 예는 다음과 같으며, 앞으로도 이용도는 더욱 증가될 것이다.

두류의 조직은 매우 단단하므로 가열하여 식용할 경우에도 소화율이 낮아서 여러 가지 방법으로 가공함으로써 소화율을 향상시키고 있다.

<표 5-9> 두류식품의 소화율

두류식품	소화율(%)
콩자반	65
삶은콩	65.3
된 장	85
청국장	85
두 부	93
간 장	98

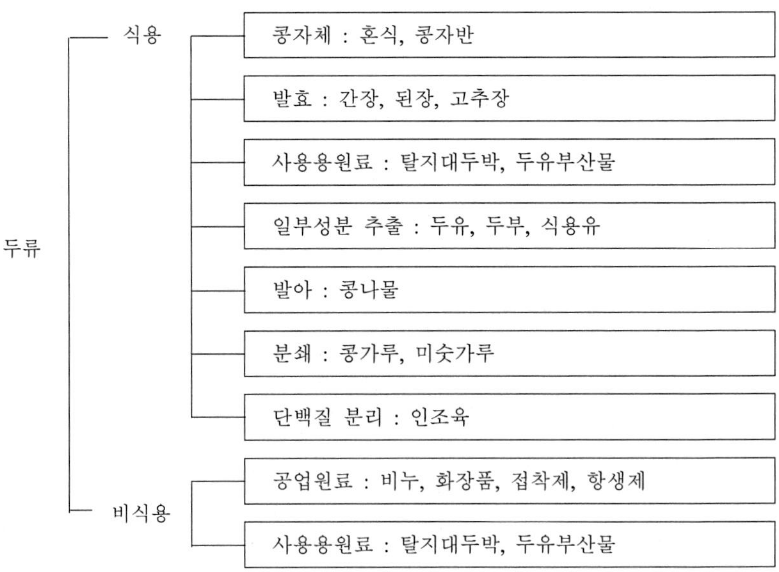

[그림 5-4] 두류의 이용

(1) 된장, 간장

된장이나 간장을 담그기 위해서는 먼저 메주를 만들어야 하는데, 메주를 만드는 방법에는 재래식과 개량식이 있다. 재래식 메주는 콩을 씻어서 원래 콩무게의 약 2~2.5배가 되도록 물에 담갔다가 연하게 삶는다. 삶아진 콩은 절구에 넣어 마쇄한 다음 모양을 만들고, 발효시킨 후 일광·건조하여 만드는데 제조기간이 약 2~3개월이나 소요된다. 한편, 개량메주는 삶아낸 콩에 미생물을 접종·발효시킨 다음 건조하여 만드는 것으로 제조기간이 1주일 미만이면 된다.

만들어진 메주는 수세·건조하여 약 18%의 소금물로 장을 담그는데, 이때 단백질 분해효소와 당질분해효소의 작용에 의하여 단백질은 펩타이드나 아미노산으로 분해되고 당질은 아밀라제(amylase)와 말타제(maltase)에 의해 분해가 일어난다.

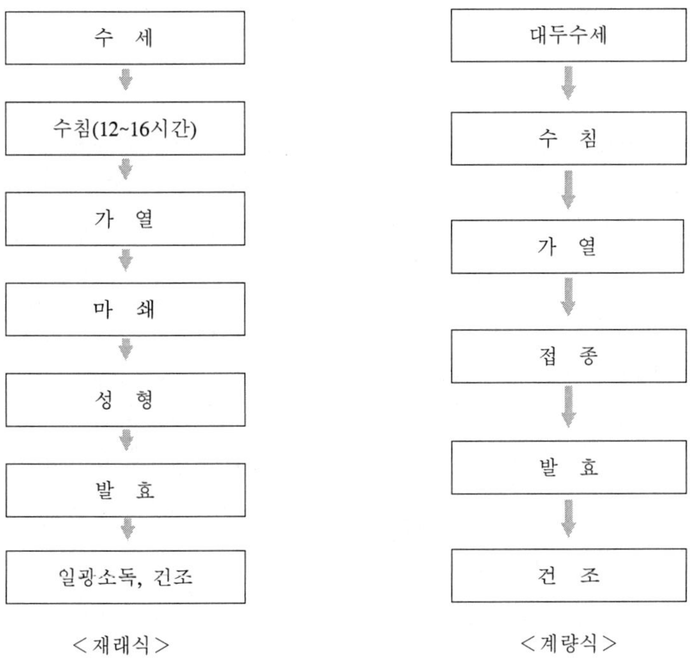

[그림 5-5] 메주의 제조공정

장을 담근 후 약 30~48일이 경과하면 메주만을 분리한 후, 소금을 첨가하고 버무려서 된장으로 발효를 진행시킨다. 이때 당질의 분해가 가속화되고 당은 알코올과 탄산가스를 생성하며 알코올에 의해 유기산도 생성된다. 또한 단백질이 아미노산으로 분해되어 글루타민산(glutamic acid)의 함량이 증가됨으로써 된장의 독특한 맛과 향이 생겨나게 된다.

간장은 메주를 분리해낸 나머지 액체부분으로 만들며 미생물이나 효소의 작용을 멈추게 하고, 마이얄 반응을 가속화시키기 위하여 100℃ 이상의 온도로 약 10분 이상 끓여 만든다. 간장 역시 단백질과 당질의 분해로 인하여 소분자화됨으로써 감칠맛을 지니게 되며, 알코올과 유기산과 페놀 등이 존재하여 특유의 향을 지니게 된다.

(2) 두 유

두유는 오랜 옛날부터 콩국이라 하여 여름철 음료 및 건강식으로 널리 이용되어 온 식품이다. 두유는 콩을 침지하여 팽윤시키고 삶아서 곱게 마쇄한 후 고형분을 분리시킨 액체로 우유에 과민한 유아나 성인을 위한 우유 대체식품으로 이용되기도 한다.

<표 5-10> 두유와 우유의 성분비교

(100g)

종류	열량 (kcal)	수분 (%)	단백질 (g)	지질 (g)	당질 (g)	조섬유 (g)	칼슘 (mg)	인 (mg)	철 (mg)	나트륨 (mg)	칼륨 (mg)	콜레스테롤 (mg)	비타민 A (R.E.)	비타민 B1 (mg)	비타민 B2 (mg)	비타민 niacin (mg)	비타민 C (mg)
두 유	55	88.2	3.5	2.8	4.8	0	22	54	0.7	84	55	0	0	0.03	0.02	0.4	0
우 유	60	88.2	3.2	3.2	4.7	0	105	89	0.1	55	148	11	28	0.04	0.14	0.1	0

두유는 우유와 비교하여 칼슘, 인, 콜레스테롤, 비타민 A, 비타민 B_1이 적게 함유되어 있으며 특유의 콩냄새를 지닌다.

(3) 두 부

두부는 두유를 약 70℃ 정도의 온도로 만들어 염화마그네슘($MgCl_2$)이나 황산칼슘($CaSO_4$), 염화칼슘($CaCl_2$), 글루코노 델라락톤(glucono delta lactone, GDL)을 첨가하여 응고시킨 것이다. 이것은 대두의 단백질인 글리시닌이 열에는 안정하나 금속염과 산에는 불안정하여 응고되는 성질을 이용한 것이다.

두부는 수분의 함량이 약 83~90%이고, 단백질의 함량이 약 4~9%되어 세균이 번식하기 쉬운 식품이다. 따라서 날 것을 식용하기보다는 가열조리 후 섭취하는 것이 바람직하나, 80℃ 이상의 가열에 의해 칼슘이온과 콩단백질의 결합이 촉진되고, 가열에 의한 단백질의 변성으로 수분이 빠져나와 두부가 단단해져 맛이 없어진다. 그러나 소금을 가하고 두부를 조리하면 두부가 연해지는데, 이는 소금중의 나트륨이온(Na^+)이 두부 중에 결합하지 않고 유리된 상태로 있는 칼슘이온(Ca^{2+})과 콩단백질의 결합을 방해하기 때문이다.

두부를 부드러운 상태로 먹으려면 다음 몇 가지를 주의하여 조리하면 좋다.

가. 두부 나중에 넣기

찌개를 끓이는 경우에는 다른 재료를 모두 첨가하고 간을 한 다음 맨 나중에 두부를 넣어 조리하는 것이 좋다.

나. 식염수에 삶기

두부를 삶아 먹을 경우도 약 0.5~1%의 식염수를 이용하여 삶으면 부드러운 상태로 두부를 조리할 수 있다.

다. 식염수에 담갔다 튀기기

두부를 기름에 튀기거나 지질 때에는 두부를 튀기거나 지지기 전 약 1%의 식염수에 15분 이상 담가 두었다가 물기를 제거하고 녹말가루를 묻혀 조리하면 연하게 두부를 익힐 수 있다.

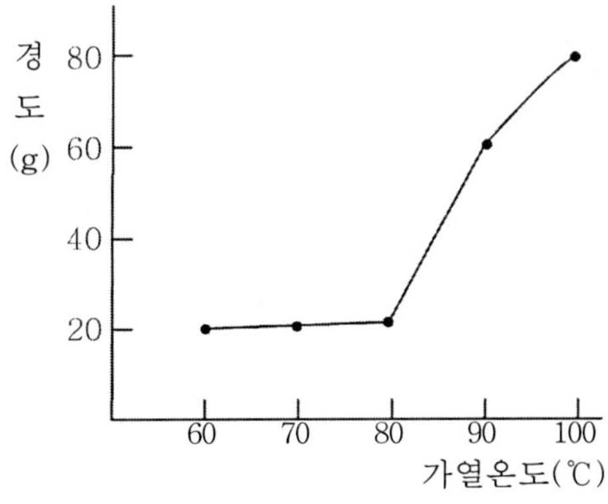

[그림 5-6] 두부의 가열온도와 경도의 관계

3. 육 류

육류는 포유동물로부터 얻을 수 있는 식품으로 동물성 단백질의 주요 급원식품이다. 우리나라에서는 주로 쇠고기, 돼지고기를 선호하며 그밖에 토끼, 말, 산돼지, 개 등의 육류를 식용하기도 한다. 육류는 동물의 종류, 연령, 신체부위에 따라 단백질 함량, 지방 함량, 단백질과 지방의 분포상태, 미량성분 함량의 차이가 나타나며, 이들은 육질과 육류의 색, 맛 등에 영향을 미친다.

1) 육류의 조직

식용할 수 있는 동물의 육은 근육조직(muscle tissue), 결체조직(connective tissue), 지방조직(adipose tissue), 골격(bone)으로 구분한다.

(1) 근육조직

근육조직은 육류조직 중에서 가장 중요한 식용부분으로 횡문근(橫紋筋)이 주를 이루며 동물 신체의 30~40%를 차지하고 있다. 횡문근의 근육조직은 근섬유(muscle fiber)로 구성되어 있는데, 크기는 다양하지만 거의가 매우 가늘고 긴 모양을 나타내고 있다. 지름은 약 1~100μm이며, 길이는 수 mm~10cm 정도이다.

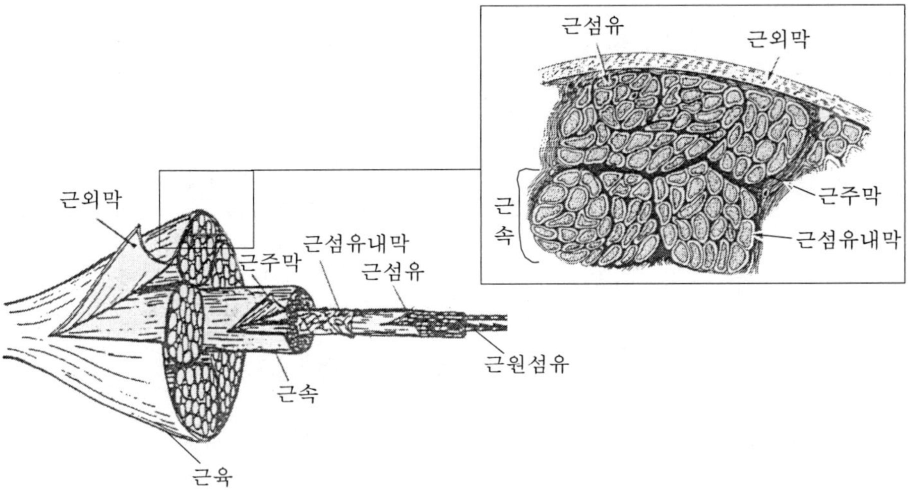

[그림 5-7] 근육조직 횡단면과 종단면

근섬유 내에는 근장(sarcoplasm)이라고 하는 점도가 높은 액체가 존재하며, 근장에는 무기질, 비타민, 미오글로빈(myoglobin), 효소 단백질 등이 용해되어 있다. 또한 근섬유 내부는 미오필라멘트(myofilament)로 구성된 직경 1~3μm 정도로 가늘고 긴 근원섬유(myofibrils)가 들어 있으며, 이것을 전자현미경으로 관찰하면 어둡고 밝은 부분으로 나타난다.

근섬유가 약 50~150개가 모여서 근속(bundle of muscle fiber)을 형성하며 근속을 덮고 있는 막을 내근주막(perimysium)이라 하고, 여러 개의 근속들을 둘러싼 막을 외근주막(epimysium)이라 한다. 이들 내근주막과 외근주막은 모두 결체조직으로 이루어져 있다.

근속의 크기가 큰 것은 육의 질감이 거칠고 질기며, 크기가 작은 것은 육의 질감이 부드럽고 매끈하여 연하다.

<표 5-11> 육류의 영양성분표

(100g)

종류		열량 (kcal)	수분 (%)	단백질 (g)	지질 (g)	당질 (g)	조섬유 (g)	칼슘 (mg)	인 (mg)	철 (mg)	나트륨 (mg)	칼륨 (mg)	콜레스테롤 (mg)	비타민				
														A (R.E.)	B_1 (mg)	B_2 (mg)	niacin (mg)	C (mg)
돼지	갈 비	208	65.8	18.5	13.9	0.8	0.0	12	196	0.4	61	210	69	6	0.74	0.16	6.1	2
	뒷다리	235	63.6	18.5	16.5	0.3	0.0	5	179	1.7	59	300	60	2	0.92	0.18	1.9	0
	등 심	236	61.6	21.1	16.1	0.2	0.0	7	187	1.6	58	304	55	5	0.56	0.16	5.7	0
	삼겹살	331	53.3	17.2	28.4	0.3	0.0	8	132	0.7	44	202	55	6	0.68	0.3	4.4	0
	안 심	223	70.8	23.0	14.1	0.5	0.0	2	227	1.6	49	117	66	2	0.91	0.34	4.1	0
	지방육	575	33.4	9.1	57.0	0.0	0.0	5	88	1.4	21	83	82	0	0.44	0.10	2.4	0
	간	125	73.4	18.7	3.9	2.6	0.0	16	327	18.2	75	299	304	10119	0.25	2.59	13.0	0
소	등 심	218	63.8	21.0	14.1	0.2	0.0	11	165	2.4	54	262	64	12	0.07	0.19	5.9	0
	사 태	135	71.0	24.4	3.4	0.1	0.0	8	202	2.3	56	233	49	12	0.08	0.19	5.3	0
	안 심	161	70.0	20.7	8.0	0.2	0.0	8	207	2.5	55	310	49	9	0.1	0.24	5.3	0
	우 둔	134	72.8	21.3	4.7	0.1	0.0	8	205	2.8	54	277	47	12	0.09	0.2	6.0	0
	간	131	73.1	19.0	4.6	2.2	0.0	6	228	8.0	65	318	247	9472	0.27	2.23	14.7	20
	곱 창	141	79.2	9.0	11.3	0.1	0.0	12	97	2.1	45	98	174	15	0.05	0.11	1.4	0
	꼬 리	246	62.7	17.4	19.5	0.0	0.0	22	165	1.5	42	189	75	6	0.07	0.12	4.2	0
	천 엽	51	88.5	10.3	0.7	0.1	0.0	16	103	3.5	28	95	215	24	0.05	0.25	1.4	0
송아지		113	75.9	20.2	2.9	0.0	0.0	15	211	0.9	86	328	83	86	0.08	0.28	7.8	0
양		144	74.4	16.4	8.0	0.0	0.0	7	210	2.0	50	230	53	0	0.15	0.20	5.0	0
어린양		136	73.4	20.3	5.3	0.0	0.0	10	189	1.8	66	280	65	10	0.13	0.23	6.0	0
염 소		180	69.0	19.5	10.8	0.2	0.0	7	170	3.8	45	310	57	3	0.07	0.28	6.7	1
토 끼		135	72.2	21.7	4.4	0.6	0.0	12	231	2.4	56	360	100	6	0.07	0.11	7.9	0

(2) 결체조직

결체조직은 동물의 신체에서 몇 가지 역할을 한다.

① 근섬유를 둘러싸고 있는 막을 이룬다.
② 근속과 근속을 연결시키는 역할을 한다.
③ 근육을 골격에 연결시킨다.
④ 2개의 뼈를 연결시키는데 필요한 인대(ligament)를 이룬다.
⑤ 체표면을 이루는 가죽을 만든다.

결체조직은 질기고 강한 섬유상을 나타내며 육류의 질감과 관계가 깊은 것으로 콜라겐(collagen), 엘라스틴(elastin), 레티큘린(reticulin), 그라운드 섭스텐스(ground substance)의 4종류로 분류할 수 있다. 이들 중 조리와 가장 관계가 깊은 단백질은 콜라겐인데, 콜라겐은 60~75℃로 가열했을 때 길이가 ⅓ 정도로 수축되지만, 장시간 습열조리하면 불용성에서 가용성으로 바뀌면서 젤라틴(gelatin)으로 변화된다.

한편, 엘라스틴은 황색의 탄력성이 강한 섬유질로 이루어져 있으며, 콜라겐보다 훨씬 질겨서 오랜 시간 가열하여도 쉽게 연화되지 않는다. 그러나 근육조직에는 엘라스틴이 소량 함유되어 있으므로 조리에 크게 영향을 주지는 않는다.

레티큘린은 콜라겐의 일종인 섬유상 단백질이고, 그라운드 섭스텐스는 혈장단백질과 당단백질로 구성되어 있다.

(3) 지방조직

지방조직은 근육과 결체조직 중에 존재하며, 특히 피하나 내장주위에 층을 이루며 축적되어 있다. 세포에 지방이 크게 침착되어 있는 것을 지방조직이라 하며, 근육 내에는 백색의 작은 반점 같은 형태로 존재한다. 특히 근육과 근속막, 근섬유막 등에 지방이 골고루 침착되어 근육 내에 미세한 지방조직이 고르게 분포된 상태를 마블링(marbling)이라 하며, 마블링이 잘 이루어진 육류를 상강육(marbled meat)이라 한다.

마블링은 육질을 연화시킬 뿐만 아니라 입안에서의 촉감과 풍미를 좋게 한다. 마블링이 있는 육류는 건열조리가 적당한데, 가열처리시에 지방조직이 녹아 윤활유 역할을 하여 입안에서의 촉감을 좋게 하여 준다.

지방조직은 동물이 어릴 때에는 백색을 나타내다가 나이가 들어 갈수록 노란색을 나타내는데, 이는 지용성인 카로티노이드계(carotenoid계) 색소가 축적되기 때문이다.

(4) 골 격

골격의 상태는 동물의 연령에 따라 크게 좌우되는데, 근육과 골격과의 비율을 비교한다. 식용을 위한 동물은 골격에 비하여 근육의 함량이 많은 것을 선택하여야 한다.

골격의 내부는 황색골수와 채워져 있는 것도 있으며, 해면모양으로 이루어져 있고 그 사이에 적색골수가 채워져 있는 것도 있다.

2) 육류의 사후경직과 숙성

동물은 도살한 직후에는 근육이 부드러운 상태이나 시간이 경과됨에 따라서 근육이 신장성을 잃게 되며, 호흡을 통한 산소공급이 중지되고 혈액순환이 멈추게 되어 혐기적 해당작용의 진행으로 근육 내에 젖산이 축적된다. 따라서 도살된 후 pH가 6.5 이하로 되면 미오신(myosin)과 결합한 ATP는 산성에서 활성화되는 인산효소(phosphatase)의 작용을 받아 미오신과 ADP로 분해되며, 이때 분리된 미오신은 액틴(actin)과 결합하여 액토미오신(actomyosin)을 생성한다. 액토미오신은 신장성이 적고 망상구조를 지니며 매우 단단한 것으로, 액토미오신이 생성된 상태를 사후경직이라 부른다.

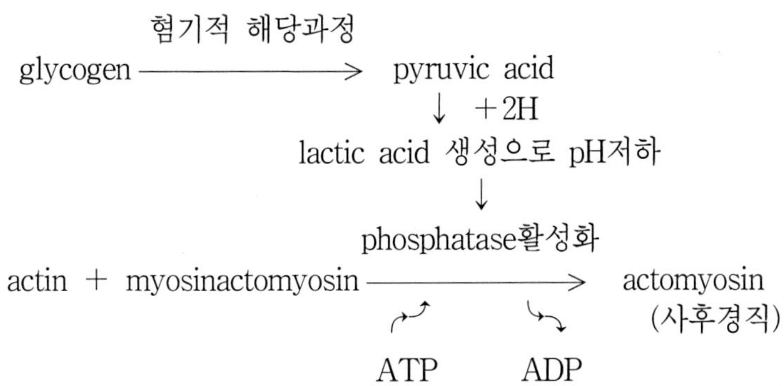

[그림 5-8] 사후경직의 과정

또한 이 시기에는 인산의 생성으로 pH가 등전점 부근으로 저하되어 pH의 변화를 측정하여 사후경직을 추정하는 것이 가능하다. 사후경직이 일어난 고기는 보수성이 감소하여 질기고 맛이 덜해지며, 가열시에도 육즙이 다량 유출되어 맛이 없어지고 더욱더 질겨진다. 사후경직시 보수성이 감소되는 이유는 단백질이 수화되는 것을 방해하는 칼슘이온(Ca^{2+})의 작용을 억제하던 ATP가 분해되면서 단백질의 수화를 방해하는 칼슘이온의 작용이 활발해지는 까닭이다.

사후경직이 일어나는 시기와 기간은 동물의 종류, 도살방법 등에 따라 다른데 소와 말의 경우는 12~24시간, 돼지의 경우는 2~3일이며, 닭은 6~12시간이다.

사후경직이 어느 정도 지속되면 체내에 존재하는 단백질 분해효소에 의하여 자가소화가 일어나게 된다. 즉 근육에 존재하는 카뎁신(cathepsin)이라는 단백질 분해효소에 의해 고분자인 단백질이 저분자인 펩타이드나 아미노산으로 분해되며, 액틴과 미오신 사이에 존재하던 결합이 파괴되어 고기의 조직이 부드럽고 연해지는 과정을 숙성이라 한다.

숙성은 효소에 의한 단백질 분해반응에 의해 나타나는 것으로, 온도가 높아지면 숙성이 빠르게 일어나나 미생물의 번식이 우려되므로 10℃ 이하의 저온에서 숙성하는 것이 일반적이다. 예로 쇠고기의 경우 4~7℃에서 숙성을 하면 약 7~10일이 소요되며, 2℃에서 숙성을 하면 약 2주일이 소요된다.

숙성이 완료된 고기는 보수성이 증가되며, 보수성이 높은 고기는 조리시 육즙의 손실이 적어져서 연해진다. 그밖에도 ATP가 ATPase의 작용을 받아 ADP를 거쳐 AMP로 분해되며, AMP는 이노신산(inosinic acid)으로 분해되고, 또 이노신산은 저장 중에 다시 하이포잔신(hypoxansine)과 이노신(inosine)으로 분해되면서 맛성분이 생긴다.

ATP → ADP → AMP → IMP→ Inosine→ Hypoxanthine

3) 육류의 연화

(1) 육질에 영향을 주는 요인

우리는 좋은 고기란 연한 고기를 일컬을 정도로 고기의 질감을 평가할 때 부드러운 육질을 선호한다. 연한 육질에 영향을 주는 요인으로는 다음 몇 가지를 들 수 있다.

가. 동물의 연령

일반적으로 늙은 동물의 근육이 어린 동물의 근육보다 질긴데, 이는 늙은 동물의 근육은 어린 동물의 근육보다 결체조직이 많기 때문이다.

나. 근육의 운동량

운동량이 적은 부위인 등심, 안심, 갈비 부분은 운동량이 많은 목, 다리 부분에 비하여 연하다.

다. 지방의 분포상태

지방의 분포가 고르게 나타난 상강육은 연하지만 근섬유만 늘어선 경우는 질기다.

(2) 육류의 연화방법

육류를 부드럽게 조리하기 위해서는 자르는 것과 관련된 물리적인 방법, 조미에 이용되는 화학적인 방법과 단백질 분해효소를 사용하는 방법을 활용할 수 있다.

가. 물리적인 방법

육질을 연하게 하기 위한 물리적인 방법은 두 가지가 있다.

① 근섬유의 길이를 줄이는 것이다.

근섬유의 결과 반대가 되도록 썰어주거나 칼집을 넣어 근섬유의 길이가 짧아지도록 한다.

② 결체조직을 잘라주는 것이다.

고기를 다지거나 곱게 갈아주는 것으로 근섬유를 파괴시키거나, 결체조직을 잘게 잘라준다.

나. 화학적인 방법

화학적인 방법은 양념을 사용하는 방법으로 다음 몇 가지를 들 수 있다.

① 간장, 소금 첨가

간장이나 소금을 사용하여 1.3~1.5%의 염도를 만들어 주는 것이다. 이유는 근원섬유의 단백질이 염에 의해 용해되기 때문에 단백질의 수화력을 향상시킬 수 있다. 그러나 염농도를 10~15%로 하면 오히려 탈수가 일어나 중량이 감소하고 육질이 더욱 질겨지게 되며 맛이 없어진다.

② 설탕 첨가

설탕분자의 －OH기가 단백질과 수소 결합하여 구조를 안정화시킴으로써 단백질의 열응고 온도를 상승시켜 고기를 연화시킨다.

③ 꿀 첨가

꿀에 함유된 과당의 보수성으로 고기가 수화되어 고기가 연해진다.

④ 약산성화

pH를 약산성으로 해주면 수화력이 증가되어 고기가 연해진다. 따라서 육류요리를 하기 진에 식초, 토마토 주스, 과즙 등을 첨가하거나 프렌치드레싱이나 식초와 기름의 혼합액에 담가두었다가(marinade) 조리한다. 반면 과도하게 산을 첨가하여 pH가 5.5 부근이 되면 등전점이 되어 고기가 가장 질겨지므로 주의하여야 한다.

다. 효소에 의한 방법

질긴 고기를 조리할 때 단백질 분해효소를 첨가하여 결체조직이나 근섬유의 단백질을 가수분해하는 방법이 있다. 열대식물인 파파야(papaya)에 함유된 파파인(papain), 파인애플(pineapple)에 함유된 브로멜린(bromelin), 무화과에 함유된 피신(ficin), 생강 등에 함유된 단백질 분해효소(protease)가 주로 육류의 단백질 가수분해에 이용되는 효소이다. 그밖에 예로부터 배와 무를 사용하여 육류를 연화시켰는데, 이것도 배나 무에 있는 단백질 분해효소의 작용을 이용한 것이다. 최근에는 키위에 강력한 단백질 분해효소가 존재한다는 사실도 밝혀졌다.

이들 효소는 근섬유를 둘러싸고 있는 콜라겐·엘라스틴 같은 결체조직을 분해하며 실온에서는 서서히 작용하므로 충분한 반응시간을 지녀야 활성을 나타낸다. 그러나 파파인(papain)의 경우는 상온에서는 거의 작용하지 않고 55~80℃의 범위에서 활성을 지니며, 85℃에서는 불활성화된다.

고기에 단백질 분해효소를 사용할 때에는 얇게 썬 고기에 단백질 분해효소를 고루 뿌리거나, 덩어리로 썬 고기의 표면에 단백질 분해효소를 뿌려주고, 포크를 이용하여 단백질 분해효소를 고기의 내부로 찔러 넣는 방법이 이용된다.

4) 육류의 부위와 명칭

육류의 등급에 따라 가격을 달리하는 등급제도는 선진국뿐 아니라 우리나라에서도 활용되고 있으며, 육류의 등급을 정하는 데는 두 가지 요소가 있다.

① 육의 질

고기의 맛을 좌우하는 요소로 지방함량, 지방의 분포상태 및 신체의 어느 부위인가에 따라 좌우된다.

② 육의 양

자른 뒤에 먹을 수 있는 고기의 양이 얼마나 있는가 하는 것이다. 육류는 도살한 후 크게 몇 부분으로 해체되었다가 소비자가 이용하기 편리하도록 다시 자르게 된다.

우리나라에서 실시되는 육류의 등급을 살펴보면 쇠고기는 고기의 질을 근내 지방도, 육색, 지방색, 조직감, 성숙도에 따라 5등급으로 구분한다. 1^+ 등급, 1등급, 2등급, 3등급과 등외등급이며 이는 소비자가 쇠고기 구입시 선택의 기준이 된다. 한편, 돼지고기는 육의 질과 량을 종합하여 A, B, C, D, E의 5개 등급으로 구분한다.

또한 쇠고기는 소의 종류에 따라 구분할 수 있다.

① 육에 적색 도장이 찍힌 것은 순수 한우에서 생산된 쇠고기이다.
② 육에 녹색 도장이 찍힌 것은 육용종, 숫젖소, 송아지를 낳지 않은 암젖소에서 생산된 쇠고기이다.
③ 육에 청색 도장이 찍힌 것은 송아지를 낳은 젖소에서 생산된 쇠고기이다.

부위명	조리용도
① 쇠머리	편육, 찜, 전골
② 장정육	편육, 장국, 구이
③ 양지육	편육, 장국
④ 등심	전골, 구이
⑤ 갈비	찜, 탕, 구이
⑥ 쇠악지	장국, 조림
⑦ 업진육	편육, 장국
⑧ 사태육	편육, 장국
⑨ 대접살	포, 육회,
⑩ 안심	구이, 전골
⑪ 채끝살	찌개, 지짐, 구이
⑫ 우둔육	포, 회, 조림, 구이
⑬ 홍두깨	조림
⑭ 중치육	편육, 장국
⑮ 꼬리	탕

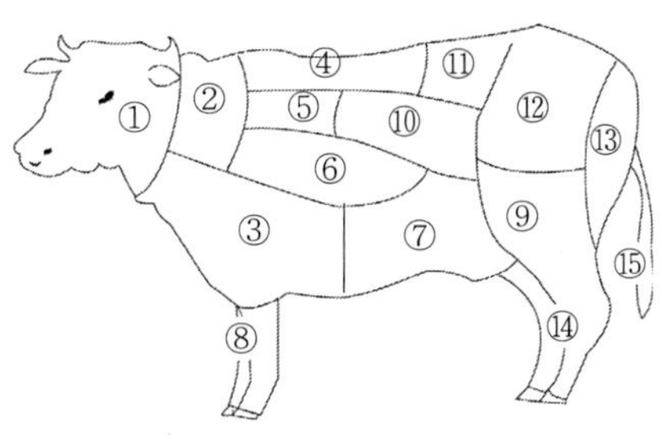

[그림 5-9] 한국식 쇠고기 부위명과 조리용도

부위명	조리용도
① chuck	스튜, 수프, 미트볼, 햄버거
② fore shank	스튜, 수프, 수프스톡
③ brisket	스튜, 수프, 햄버거, 오드블
④ ribs	로스트, 스테이크
⑤ short plate	스튜, 수프스톡, 햄버거
⑥ short loin	로스트, 스테이크, 스튜
⑦ flank	스튜, 수프스톡
⑧ sirloin	로스트, 스튜, 스테이크
⑨ rump	스테이크, 바비큐, 로스트
⑩ round	스테이크, 로스트, 바비큐
⑪ hind shank	수프스톡, 햄버거

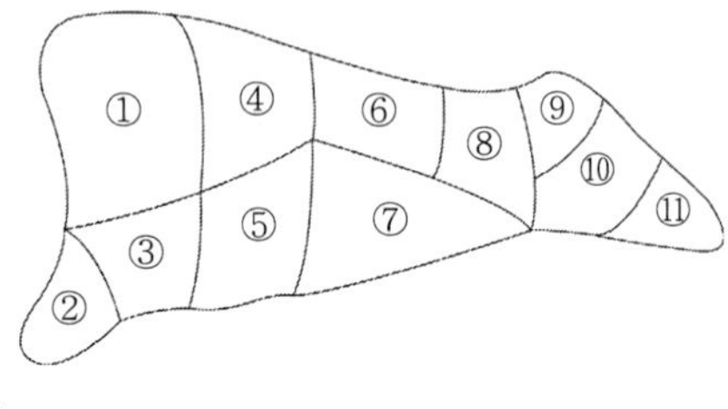

[그림 5-10] 서양식 쇠고기 부위명과 조리용도

돼지고기는 쇠고기보다 결합조직이 적어 고기가 연하지만 지방의 함량이 많은 편이다. 우리나라의 돼지고기 조리법은 크게 발달되지 않은 편이며, 부위의 구분도 세분화되어 있지 않다. 반면 서양의 경우는 우리나라보다 조리방법이 세분화되어 있는 편이다.

부위명	조리용도
① 머리	편육
② 등심	구이, 튀김
③ 수파육	편육, 조림, 찜, 구이
④ 갈비	구이, 찜
⑤ 삼겹살	구이, 편육, 찜
⑥ 볼기살	구이, 편육, 찜, 볶음
⑦ 족	편육, 찜

[그림 5-11] 한국식 돼지고기의 부위명과 조리용도

서양의 경우는 지방함량에 따라서 조리용도가 달라 지방함량이 적고 육질이 많은 부위는 로스트하며 또한 지방함량이 가장 높은 배쪽 부위는 훈제 가공하거나 습열조리한다.

부위명	조리용도
① jowl	훈연
② boston butt	로스트, 스테이크
③ picnic shoulder	로스트, 스테이크, 훈연
④ hock	수프스톡, 오드볼
⑤ fat back	로스트, 스테이크
⑥ loin	로스트, 커틀렛
⑦ bacon	훈연, 습열조리
⑧ ham	커틀렛, 훈연

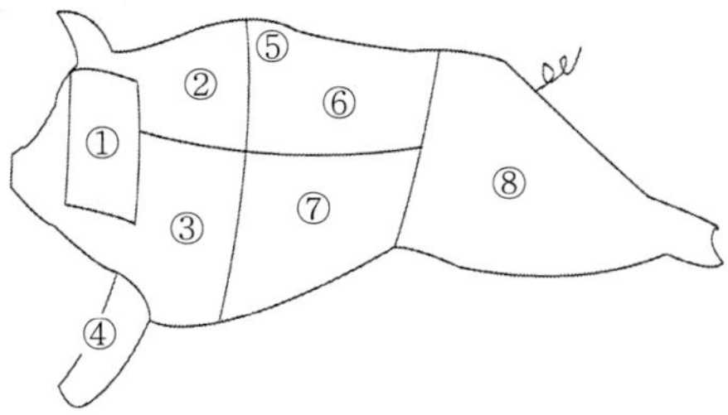

[그림 5-12] 서양식 돼지고기의 부위명과 조리용도

5) 육류 조리시의 변화

육류는 날것으로 먹는 경우가 드물고 가열 조리하여 섭취한다. 육류를 조리하는 목적은 고기의 풍미를 향상시키고, 근육을 연화함으로써 소화흡수가 용이하도록 하며, 고기에 오염되어 있는 세균이나 기생충을 사멸하여 안전하게 하기 위함이다. 가열 조리되는 과정에서 여러 가지 변화가 나타나는데, 그 변화는 조리시간, 가열온도 등에 의해 영향을 받는다.

(1) 색의 변화

육류의 색은 주로 미오글로빈(myoglobin)과 헤모글로빈(hemoglobin) 두 가지 색소에 의하며, 특히 미오글로빈에 의해 색이 나타나는 것이다.

미오글로빈은 공기중의 산소에 노출되면 선명한 적색인 옥시미오글로빈(oxymyoglobin)이 되고, 더욱 산화가 진행되면 분자내의 철이 Fe^{2+}에서 Fe^{3+}로 변화되면서 메트미오글로빈(metmyoglobin)이 된다.

$$\underset{(\text{적색},\ Fe^{2+})}{\text{myoglobin}} \xrightarrow{O_2} \underset{(\text{선명한 적색},\ Fe^{2+})}{\text{oxymyoglobin}} \xrightarrow{O_2} \underset{(\text{갈색},\ Fe^{3+})}{\text{metmyoglobin}}$$

근육 내에 존재하는 미오글로빈의 함량에 따라 육의 색이 달라지는데, 말고기의 경우 미오글로빈 색소가 가장 많으므로 가장 붉고, 그 다음이 쇠고기이며, 미오글로빈의 함량이 낮은 돼지고기의 경우는 색이 가장 엷게 나타난다.

가열에 의한 육류의 색 변화는 두 가지 현상으로 나타나는데, 첫째는 미오글로빈을 구성하고 있는 단백질 글로빈(globin)이 변성하는 것이고, 둘째는 중앙에 위치하는 철이 산화되어 제2철의 상태로 전환되는 것이다.

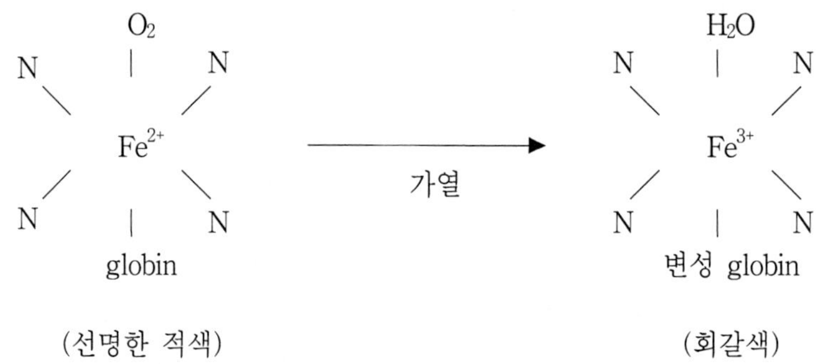

[그림 5-13] 가열에 의한 변화

미오글로빈(myoglobin)은 가열에 의해 변성 글로빈(denatured globin)과 헤마틴(hematin)을 형성하며, 헤마틴은 쉽게 헤민(hemin)을 형성하고, 헤마틴과 헤민은 계속 산화되어 회갈색의 산화된 포피린(porphrin)을 만든다.

Fe^{2+}의 산화형인 제2철(Fe^{3+}) 역시 지방의 산패를 촉진시키는 역할을 하므로 조리된 육류의 실온보관은 바람직하지 못한 것으로 알려져 있다.

(2) 수축과 열변성

육류는 가열조리시 수축되어 직경이 줄어들며 무게가 감소되는데, 이는 가열에 의한 수분의 유출 및 지방이 용출되기 때문이며, 한편 두께는 수축으로 인해 다소 증가된다.

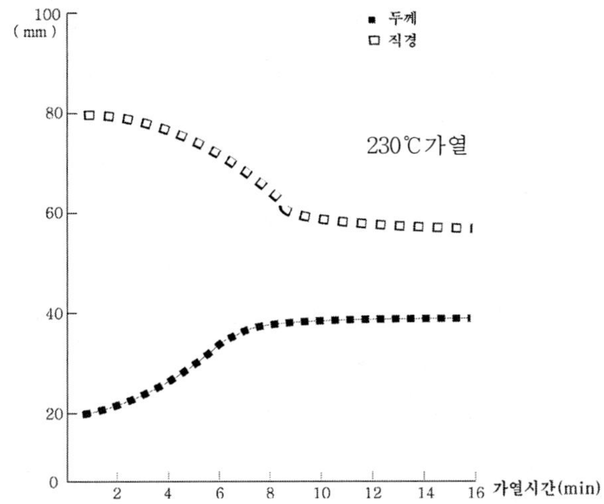

[그림 5-14] 햄버거 가열시간에 따른 두께와 직경의 변화

보수성도 가열온도가 상승함에 따라 감소되는데, 이는 서양요리 스테이크의 경우 내부온도를 60℃ 정도로 할 때 부드럽고 액즙이 많이 보유된 상태로 조리되나, 내부온도를 77℃까지 익힐 때에는 고기도 부드럽지 않고 액즙이 보유되지 않은 마른 상태로 구워진 것으로도 알 수 있다. 가열온도가 높으면 높을수록 고기의 열변성이 크게 일어나 고기가 보유하는 액즙의 양은 적어진다.

다음은 햄버거용 고기 100g을 230℃에서 시간별로 가열한 후, 6kg으로 압착해 얻은 고기에 보유된 유지와 액즙의 양이다.

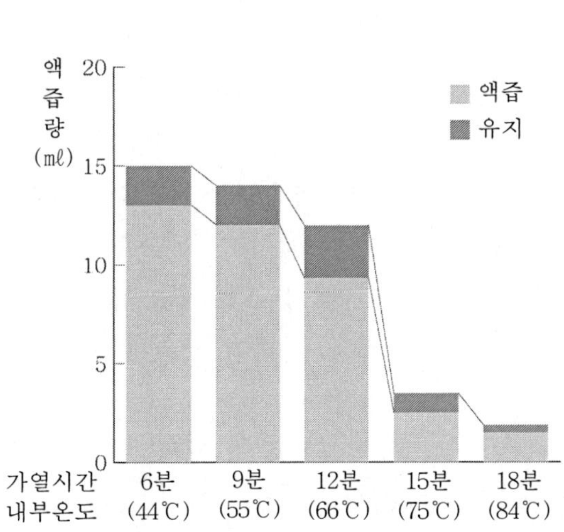

[그림 5-15] 햄버거의 가열시간별 보유액즙양

고기는 습열조리를 하여도 수축하는데, 이는 단백질의 열변성이 크게 일어나고 고기가 보유하는 액즙의 양은 적어지기 때문이다. 질긴 고기는 콜라겐이라는 결체조직의 함량이 연한 부위보다 많으므로 습열조리를 하는 것이 바람직한데, 콜라겐은 초기에 수축하다 장시간 가열에 의해 서서히 수용성인 젤라틴으로 변화되어 용출되므로 육질이 연화된다. 가열에 의해 콜라겐이 젤라틴으로 변화되는데 필요한 시간은 가열온도와 밀접한 관계가 있다. 60℃에서는 거의 젤라틴으로 변화되지 않으며 80℃에서는 콜라겐이 젤라틴으로 변화되는 속도가 증가되고 단백질이 열에 의해 과도하게 응고되지 않아 수화력이 감소되지 않으므로 바람직하다. 100℃ 부근에서는 콜라겐이 젤라틴으로 변화되는 속도는 빨라지나, 단백질이 과도하게 변성되므로 오히려 수화력이 감소되어 바람직하지 못하다.

(3) 풍미의 변화

육류를 가열함에 따라 유리아미노산과 아미노화합물이 생성되며, 이노신산 같은 정미성분이 생성되고, 지방이 분해되어 냄새 성분을 생성함으로써 풍미가 증진된다. 또한 근육조직 내에 존재하는 지방은 가열에 의해 용출되어 입안에서의 윤활감을 부여한다.

돼지고기, 쇠고기, 양고기 등에서 나타나는 맛의 차이는 근육조직 내에 존재하는 지방의 양과 이를 구성하는 지방산의 차이에 의해 나타난다.

6) 육류의 조리

조리방법도 육류의 부위에 따라 적절히 선택하는 것이 바람직하며, 육류를 조리하는 방법은 건열조리와 습열조리로 크게 구분할 수 있다.

건열조리란 불고기나 스테이크(steak), 로스트(roasting)처럼 물을 사용하지 않고 직접적 또는 간접적으로 열을 가하여 조리하는 방법이다. 이러한 조리방법은 연한 부위의 고기에 적당하다.

습열조리란 곰국이나 설렁탕, 스튜처럼 물을 사용하여 고기를 익히는 조리방법이다. 습열조리시에는 결체조직인 콜라겐이 젤라틴으로 변화되어 연화되므로 질긴 부위의 고기에 적당하다.

(1) 습열조리

가. 국물을 먹기 위한 습열조리

국물을 먹기 위한 습열조리법으로는 탕이나 국, 수프 등이 있으며, 주로 이용되는 부위로는 양지육, 사태육, 꼬리와 장정육, 업진육, 중치육 등이 좋다. 국물을 주로 먹는 조리방법은 고기를 냉수에 넣어서 끓임으로써 고기의 육즙이 용출되어 국물이 맛있게 된다. 이때 소량의 소금을 첨가하면 단백질이 용해되는 것을 도와 한층 국물의 맛을 낼 수 있다.

단시간에 국물의 맛을 내려고 할 때에는 고기의 표면적을 가능한 한 크게 하면 표면적이 넓어져 육즙의 용출양이 많아지므로 짧은 시간에 맛을 낼 수 있다. 조리하는 과정에서 형성되는 거품은 자꾸 끓어 넘치게 하거나 외관상 좋지 못하므로 걷어내면서 끓이는 것이 좋다.

조리할 때 국물에 용출되는 성분은 수용성 단백질과 지질, 무기질, 젤라틴, 유리아미노산, 펩타이드(peptides), 핵산물질(nucleotides), 유기산, 당 등이며 이들에 의하여 국물의 맛이 나는 것이다.

뼈를 이용하여 설렁탕이나 곰국을 끓일 때에는 국물이 뽀얗게 되는데, 이는 뼈에서 우러나온 인지질(phospholipid)이 유화현상을 일으킨 것이다.

나. 고기를 먹기 위한 습열조리

고기를 먹기 위한 습열조리는 크게 두 가지로 구분할 수 있다.

① 적당한 조미를 하는 경우

찜이나 장조림의 경우는 소량의 물을 사용하여 고기가 연해질 때까지 익힌 다음 갖은 양념과 고명 등을 넣어 간이 베이도록 하는 것이 좋다. 특히 장조림의 경우는 처음부터 간장을 넣고 조리하면 끓을수록 염분이 농축되어 염도가 높아짐으로써 삼투압 또한 높아지게 된다. 높은 삼투압은 육세포의 수분을 탈수시키며, 육단백질을 단단하게 한다. 즉 간장을 처음부터 넣고 장조림을 하면 아무리 오랜 시간 가열하여도 고기가 연해지지 않고 더욱 단단해지게 된다.

② 조미를 하지 않거나 소량의 조미를 하는 경우

편육이나 수육의 경우는 조미를 하지 않거나 소량의 조미를 하는 경우로 끓는 물에 고기를 넣어 조리함으로써 고기의 표면단백질을 열에 의해 응고시켜 육즙이 물에 용출되는 것을 가능한 한 적게 한다. 편육이나 수육은 동물성 지방이 많이 용출되어 성인병 예방에 적절한 조리방법이나 조리된 음식을 공기 중에 오래 방치하면 건조하여 맛이 없어지므로 즉시 먹는 것이 좋다.

돼지고기의 누린내를 없애려면 다음 몇 가지 방법이 좋다.

- 팔각이나 정향, 회향 등의 향신료를 사용한다.
- 생강, 마늘, 양파, 파 등의 향신성 채소를 사용한다.
- 조리시에 된장을 사용한다.
- 술을 첨가한다.

(2) 건열조리

건열조리에서 사용되는 부위는 결체조직을 적게 포함한 연한 부위로 어깨부위, 등심, 갈비, 엉덩이 부위의 살이 주를 이룬다.

건열조리의 특징은 육즙이 외부로 유출되지 않아 영양의 손실이 적을 뿐 아니라 가열에 의해 맛과 향이 생겨 풍미가 증진되며, 조리하기가 간편하다는 것이다.

대표적인 건열조리법으로는 구이, 로스팅, 튀김 등이 있다. 로스팅은 오븐 내에서 조리하는 것으로 조리정도는 내부온도에 의해 구분되는 것이 의례적이다.

<표 5-12> 육류의 로스팅 정도

가열정도	온 도	색	상 태
rare	60℃	선홍색	부드럽고 육즙이 많다.
medium	71℃	분홍색	육즙이 적고 약간 부드럽다.
well done	77℃	회갈색	육즙이 거의 없다.

육류의 익는 정도는 개인의 취향과 식성에 따라 좌우되는데, 특히 돼지고기의 경우에는 기생충을 사멸해야 하므로 쇠고기와는 달리, 단백질이 완전히 익게 되는 내부온도 77℃까지 조리하는 것이 좋다.

육류의 내부온도를 잴 때에는 고기의 중심부위에 꽂을 수 있는 뾰족한 부분과 온도계 부분으로 구성된 육류용 온도계를 사용한다. 육류용 온도계를 사용할 때에는 반드시 근육조직 부분에 꽂아서 내부온도를 측정하는 것이 좋다.

4. 조육류

조육류는 닭, 칠면조, 오리, 거위, 꿩, 메추리 등을 말하며 지역에 따라 선호하는 종류가 다르다. 우리나라의 경우 가장 선호하는 조육류는 닭고기이며, 최근 들어 오리고기의 섭취량도 증가되고 있다.

조육류의 식품학적 특징은 다음과 같다.

① 우수한 동물성 단백질 급원식품이다.
② 비타민B_1, B_2, 나이아신 등이 풍부해 비타민B군의 급원식품이 된다.
③ 지방의 함량이 적어 칼로리가 낮은 편이다.
④ 지방의 융점이 낮아서 식은 후에 먹어도 입안의 촉감이 좋다.
⑤ 다른 육류와 비교하여 저렴하므로 경제적이다.

<표 5-13> 육류지방의 융점

종류	융점
거위	26~34℃
오리	27~39℃
닭고기	30~32℃
칠면조	31~32℃
말고기	30~43℃
돼지고기	33~46℃
쇠고기	40~50℃
양고기	40~55℃

1) 조육류의 특징

닭은 무게와 나이에 의해서 구분하며, 폐기율이 큰 편으로 닭 무게의 약 33%는 털과 내장으로 제거되어야 하고, 약 12%는 뼈 등으로 먹지 못하는 부위이다. 따라서 닭의 가식부는 약 55%가 된다.

닭은 도살하기 전 8시간은 굶기는 것이 좋은데, 이는 먹이 섭취로 인하여 소화효소가 왕성하게 작용하는 것을 억제하기 위함이다. 육류나 조육류를 도살할 때 고통을 적게 주는 방법을 선택하면 육질이 연해진다. 닭의 경정맥을 끊어 혈액을 완전히 제거한 다음 52~54℃의 물에 담갔다가 꺼내 털을 제거한다. 물의 온도가 54℃보다 높아지면 털 제거에는 효과가 있으나, 표면의 단백질이 손상되므로 주의해야 한다. 한편, 오리나 거위의 경우는 66~71℃의 온도에서 1분 30초~2분 30초간 담갔다가 꺼내어 털을 제거하는 편이 바람직하다.

털을 제거한 조육은 내장에 포함된 자체 효소에 의해 부패되는 것을 방지하기 위하여 내장을 제거하며, 머리와 다리부분도 분리한다. 손질된 조육은 얼음물에서 급속히 냉각하여 세균의 감염으로부터 차단하고 냉장 또는 냉동상태로 유통한다.

조육도 육류와 마찬가지로 사후경직이 있으므로 사후경직이 지난 후에 조리하는 것이 바람직하다. 조육류는 육류보다 사후경직에 도달하는 시간이 짧은 편으로 4~5시간이 지나면 사후경직이 풀리는 것이 일반적이나, 칠면조는 사후경직이 풀리는데 12시간이 소요된다.

<표 5-14> 조육류의 일반성분

(100g)

종 류	열량 (kcal)	수분 (%)	단백질 (g)	지질 (g)	당질 (g)	조섬유 (g)	칼슘 (mg)	인 (mg)	철 (mg)	나트륨 (mg)	칼륨 (mg)	콜레스테롤 (mg)	비타민				
													A (R.E.)	B_1 (mg)	B_2 (mg)	niacin (mg)	C (mg)
닭고기	173	70.1	18.5	10.4	0.1	0.0	11	169	1.0	57	183	75	55	0.1	0.15	7.2	2
가슴	109	74.8	23.1	1.2	0.0	0.0	11	196	0.7	65	255	70	5	0.07	0.09	11.2	1
날개	253	62.4	18.5	18.6	0.0	0.0	14	102	1.0	44	135	110	63	0.03	0.10	3.5	0
다리	191	69.9	18.2	12.1	0.0	0.0	10	149	1.0	79	198	83	36	0.07	0.16	5.4	3
간	116	76.0	18.8	3.9	0.1	0.0	5	279	11.0	92	247	370	10094	0.32	1.45	9.3	25
오 리	318	55.3	16.0	27.6	0.1	0.0	15	180	1.7	85	233	89	6	0.21	0.3	3.9	2
칠면조	144	72.9	19.6	6.5	0.1	0.0	8	140	1.1	61	207	50	0	0.07	0.24	7.0	2

2) 조육류 조리시의 변화

조육류의 조리시 나타나는 변화로는 크게 두 가지를 들 수 있다.

가. 조육뼈의 변색

유통을 위하여 냉동된 조육이 냉동과 해동되는 과정에서 닭뼈의 골수부분 및 적혈구가 파괴되고, 이렇게 적혈구가 파괴된 조육을 그대로 조리할 때 뼈는 물론이고 뼈 주위의 육색도 거무스름하게 변화된다. 이러한 뼈와 근육의 색 변화는 맛을 좌우하는 것은 아니지만, 시각적으로 관능적 가치는 저하된다. 냉동된 상태에서 해동을 거치지 않고 조리를 하면 조육뼈의 변색이 다소 감소되는 것으로 알려져 있다.

나. 조육색의 변색

조육의 색이 변색되는 것은 로스팅(roasting)되는 과정에서 주로 나타난다. 근육의 색이 분홍색으로 변화되지만 맛에는 큰 영향을 주지 않고, 닭의 크기가 작을수록, 지방조직의 함량이 적을수록 색의 변화가 크게 나타난다.

3) 조육류의 조리

조육류의 조리방법은 조육의 연한 정도에 따라 선택되는데, 이는 조류의 월령에 의해 크게 좌우된다.

또한 근육의 부위에 따라서도 연한 정도가 달라지는데, 예를 들면 닭가슴살 등의 흰살 부위는 다리살, 날개살 같은 붉은 살 부위보다 근섬유가 가늘어 소화되기 쉽다.

(1) 습열조리

월령이 어린 조육류는 건열조리법을 이용하고, 월령이 오래된 조육류는 습열조리법을 선택한다. 고기를 주로 먹는 백숙의 경우는 끓는 물에 닭을

<표 5-15> 닭의 크기에 따른 용도

월 령	중 량	성 별	특 징	조리용도
5~7주	0.9kg이하	암·수병아리	· 살이 연하다	통닭구이
9~12주	0.9~1.2kg	암·수병아리	· 살이 연하다 · 지방분이 거의 없다	닭고기, 튀김, 영계백숙, 닭죽
3~5개월	1.4~2.3kg	수탉	· 피하지방이 발달되었다 · 가슴뼈가 단단하다.	통닭구이, 통찜, 튀김, 찜
8개월 이하	1.8~3.6kg	거세한 수탉	· 살이 연하다 · 가슴부분이 발달되었다.	통닭구이, 통찜, 찜
10개월 이상	1.8~2.7kg	암탉	· 지방이 많다 · 껍질이 두껍고 살이 많다.	찜, 조림, 닭국
1년 이상	1.8~3.2kg	수탉	· 살색이 어둡다 · 껍질이 거칠고 질기다.	닭국, 조림

넣어 조리하며 이때 닭의 뱃속에 찹쌀, 대추, 인삼, 마늘 등을 첨가하여 보신용으로 먹는다.

국물을 주로 먹는 닭국, 수프스톡, 중국요리의 육수를 만들 때에는 찬물에 닭과 향신성 채소를 넣고 끓여 맛난 성분이 국물에 우러나게 한다. 이때 생성되는 거품은 거두어내야 국물이 맑아진다.

(2) 건열조리

닭튀김은 건열조리법의 하나로 통닭을 사용하기보다는 조각을 내어 튀기며, 튀김옷의 여부, 닭조각의 크기에 따라 다르지만, 튀기는 온도는 일반적으로 175~180℃의 온도에서 7분 정도 조리하는 것이 적합하다.

로스트치킨도 건열조리법의 하나이며 오븐 내에서 연한 닭을 통째로 구워내는 것이다. 오븐 내에서 어리고 연한 닭을 통닭구이 할 때 닭의 지방함량이 적으므로 표면이 건조하는 것을 방지하기 위하여 표면에 기름을 바르면서 조리하는 것이 좋다. 그러므로 로스팅의 경우는 아주 작은 닭보다는 약간 더 성장한 닭이 좋다.

조육은 바로 조리하는 것이 좋으며, 바로 조리하지 않은 경우는 냉동하는 것이 바람직하다. 조육류는 살모넬라균에 감염되어 있기 쉬우며 1일 이상 저장시는 반드시 냉동해야 한다. 해동시에는 냉장고에서 서서히 해동시키는 것이 좋으며, 일단 해동된 것은 재냉동시키지 않는 것이 좋다.

<표 5-16> 닭의 부위에 따른 조리법

부위		특 징	특 징
통 닭		· 1.3kg 미만인 것을 선택한다. · 4~5개월 정도의 병아리가 좋다.	백숙, 닭튀김, 로스트치킨
닭	윗다리	· 붉은살 부위이다. · 지방함량이 높아 맛이 좋다.	튀김, 구이, 조림, 찜
닭	아 랫 다 리	· 붉은살 부위이다. · 지방함량이 높아 맛이 좋다. · 뼈채로 조리한다.	튀김, 구이, 조림, 찜
가슴살		· 흰살 부위이다. · 맛이 담백하고 부드럽다.	튀김, 구이, 찜, 무침, 샐러드
날 개		· 운동량이 많은 부위이다. · 수분이 많아 부드럽고 맛이 있다. · 지방과 콜라겐의 함량이 높다.	튀김, 조림, 찜
등과 목		· 육이 적게 붙어 있다. · 맛성분이 많다.	튀김, 볶음, 국물용

5. 어패류

어패류의 종류는 대단히 많아서 약 1900종에 달하며, 우리나라도 바다와 인접한 면이 많아 다양한 어패류를 섭취하고 있다.

어패류의 식품학적 가치를 살펴보면 다음과 같다.

① 우수한 단백질 급원식품

육류나 조육류에 뒤지지 않는 동물성 단백질의 급원식품으로 리신의 함량이 높은 편이다. 리신은 곡류를 주식으로 섭취할 때 부족되기 쉬운 아미노산이므로 쌀을 주식으로 섭취하는 우리에게 어패류는 적절한 부식류라 할 수 있다.

② 연한 육질

육류나 조육류보다 결체조직의 함량이 적으므로 매우 연하고 부드러운 질감을 지녀 섭취시 소화흡수되기 쉽다.

③ 비타민과 무기질 급원식품

육류나 조육류와 마찬가지로 비타민과 무기질이 풍부하게 함유되어 있는 식품이다.

④ 성인병 예방에 효과적

육류나 조육류와 달리 DHA(docosahexaenoic acid)와 EPA(eicosa pentaenoic acid) 같은 ω-3계열 불포화지방산이 풍부하여 순환기계 성인병을 예방할 수 있다.

1) 어패류의 종류

어패류는 어류, 조개류, 갑각류, 연체류로 구분할 수 있다.

(1) 어 류

어류는 서식하는 장소에 따라 해수어와 담수어로 구분할 수 있다. 해수어의 경우는 다시 흰살 생선과 붉은살 생선으로 구분할 수 있는데, 흰살 생선은 물이 맑고 깊은 바다 즉 물의 온도가 낮은 곳에 사는 어종으로 운동량이 적고 지방함량은 5% 이하이며 가자미, 도미, 민어, 광어 등이 여기에 속한다. 붉은살 생선은 바다의 표면과 인접한 지역에 살고 있으며, 운동량이 매우 크고 지방함량은 5~20%를 차지한다. 붉은살 생선류는 계절에 따라 지방함량이 크게 차이나며, 지방함량이 증가할 때 훨씬 맛이 있는 것으로 알려져 있다. 붉은살 생선의 종류로는 멸치, 꽁치, 고등어, 연어, 청어, 송어, 뱀장어 등을 들 수 있다.

담수어는 수온이 높고 얕은 물에서 사는 어류를 말하며 서식 장소에 따라 구분할 있다. 잉어나 붕어는 강의 하류나 민물에 살고, 미꾸라지는 연못이나 논두렁에 살며 뱀장어는 민물에서 서식하다가 산란기에는 바다에서 산란한다.

(2) 조개류

우리나라에는 약 190여종이 있으며 식용으로 양식되고 있는 조개도 50여종에 이른다. 조개의 특징은 단단하고 이음매가 있는 두 개의 껍질을 가지나, 그 속에는 부드럽고 연한 근육이 있는 것이다. 껍질이 두껍고 단단한 것은 늙은 조개이며 껍질이 얇은 것은 어린 조개로 맛이 있다. 종류로는 피조개, 홍합, 소라, 재첩, 대합, 굴, 전복, 꼬막 등이 있다.

조개류에는 타우린(taurine)이 다량 함유되어 여러 가지 성인병에 매우 유용한 것으로 알려져 있다. 타우린은 콜레스테롤 감소, 심장 강화, 간장의 해독능력 향상, 혈압 안정화, 당뇨병 예방 등에 효과가 있는 것으로 알려진 물질이다.

(3) 갑각류

갑각류는 단단한 껍질로 덮여 있으며 껍질이 마디마디 여러 조각으로 나뉘어 있다. 껍질 속에는 부드러운 근육이 들어 있고 몸은 머리, 가슴, 배로 구분할 수 있다. 껍질부위는 탄산칼슘이 침착하여 딱딱하며, 종류로는 게,

왕게, 꽃게, 새우, 바닷가재, 대하 등이 있다.

(4) 연체류

연체류는 단단한 껍질도 마디도 없이 부드러운 육질로 이루어져 있는데, 몸은 좌우 대칭형을 지니며 내부에도 골격이 없고 점액분비선을 지닌다. 종류로는 문어, 오징어, 낙지, 해파리, 해삼, 꼴뚜기 등이 있다.

2) 어패류의 특징

(1) 어패류의 영양성분

어패류는 단백질의 함량이 높으며, 특히 리신의 함량이 높은 우수한 동물성 단백질 급원식품이다.

어패류의 지방은 동물성지방임에도 불구하고 불포화지방산이 약 80%를 차지한다. 어패류의 불포화지방산 가운데는 ω-3계열의 다가 불포화지방산(poly unsaturated fatty acid : PUFA)들이 포함되어 있으며, 함량은 총지방산의 24~46%나 된다. 그 중에서도 중요한 것은 삼치, 고등어, 정어리, 꽁치 같은 등푸른 생선에 많은 DHA와 EPA이다. DHA는 기억력과 학습능력을 향상시키며, 혈액 중 콜레스테롤을 저하시키는 역할을 하고, EPA는 혈액응고를 억제하고, 뇌를 활성화시킨다고 알려져 있다. 어패류에 함유된 지방은 산패되기 쉬운 불포화지방산으로 쉽게 신선도가 저하되므로 취급시 주의를 해야 한다.

일반적으로 흰살 생선보다는 붉은살 생선의 지방함량이 높으며, 작은 생선보다는 큰 생선의 지방함량이 높다.

어패류에 존재하는 당질은 글리코겐(glycogen)의 형태인데 일반적으로 1% 미만 정도지만, 전복, 대합, 홍합, 맛살 등은 글리코겐(glycogen)이 3~5%나 함유되어 있다.

<표 5-17>어패류의 영양성분표

(100g)

종류	열량 (kcal)	수분 (%)	단백질 (g)	지질 (g)	당질 (g)	조섬유 (g)	칼슘 (mg)	인 (mg)	철 (mg)	나트륨 (mg)	칼륨 (mg)	콜레스테롤 (mg)	비타민				
													A (R.E.)	B_1 (mg)	B_2 (mg)	niacin (mg)	C (mg)
고등어	271	58.6	19.4	20.8	0.2	0	24	201	1.2	64	259	82	40	0.12	0.48	7.5	1
꽁 치	262	59	20.2	19.4	0.1	0	44	208	1.5	96	295	64	40	0.03	0.3	7.1	1
조 기	138	72.7	19.2	6.2	0.1	0	77	196	0.9	373	254	87	15	0.06	0.23	1.0	1
갈 치	145	73.1	18	7.5	0.1	0	16	189	0.5	141	268	84	24	0.11	0.10	3.1	1
가자미	129	72.3	22.1	3.7	0.3	0	40	196	0.7	230	377	100	8	0.18	0.26	4.3	2
대 구	90	79	18.5	1.1	0.2	0	17	195	0.4	152	331	77	12	0.10	0.15	1.6	2
명 태	98	77.3	19.7	1.5	0.1	0	38	210	0.5	160	308	88	30	0.13	0.14	1.6	1
홍 합	73	82.8	10.2	1.7	3.5	0	58	178	2.8	483	205	49	0	0.02	0.18	1.9	4
굴	97	77.3	10	2.2	8.3	0	95	156	5.3	347	201	50	56	0.19	0.28	2.4	3
전 복	79	80.6	12.9	0.7	4.7	0	23	123	1.9	102	107	136	7	0.19	0.11	1.4	0
꼬 막	81	80.5	14.5	1.5	1.4	0	113	151	7.9	287	173	53.4	49	0.04	0.16	2.0	2
새 우	71	82.8	15.1	0.7	0.1	0	87	240	1.1	140	450	150	0	0.07	0.08	2.3	1
꽃 게	122	75	17.9	5	0.1	0	76	221	1	348	311	105	4	0.05	0.24	3.8	0
오징어	87	79	18.2	1.0	0.1	0	17	240	0.3	282	332	228	0	0.04	0.05	2.7	2
낙 지	534	87	11.1	0.5	0.2	0	18	128	0.7	338	177	104	0	0.02	0.08	1.4	1
해 삼	15	93.3	2.5	0.1	0.8	0	124	33	0.3	843	83	0	0	0.02	0.02	0.2	3

(2) 색

어육의 색소 중 암적색을 나타내는 부위는 미오글로빈(myoglobin)과 헤모글로빈(hemoglobin)의 함량에 의해 나타나는 것이며, 연어와 도미는 카로티노이드계(carotenoid계)의 아스타잔틴(astaxanthine)에 의한 것이다. 갑각류는 조리되기 전에는 청록색이던 것이 조리되는 과정에서 아스타잔틴만 유리되어 붉은 색으로 나타난다.

<표 5-18> 어류의 지방 중 ω-3 지방산 함량

종류	ω-3 지방산 함량(%)
대 구	46
정어리	43
연 어	40
참 치	38
가자미	38
농 어	34
숭 어	30
넙 치	28
청 어	24

(3) 근 육

어류의 가식부위는 40~70%이며, 주로 근육조직을 섭취하게 된다. 근육조직은 주로 근섬유가 모인 다발의 형태를 나타내며, 척추뼈의 수와 거의 동일한 수의 근절로 이루어져 있다. 근절과 근절은 결합조직인 얇은 융막으로 접합되어 있으나, 융막은 가열에 의해 젤라틴화되어, 조리시 근절이 분리되기 쉽다. 어육의 결합조직은 육류에 비하여 양이 적으며, 분포정도가 적어 부드러운 질감을 나타낸다.

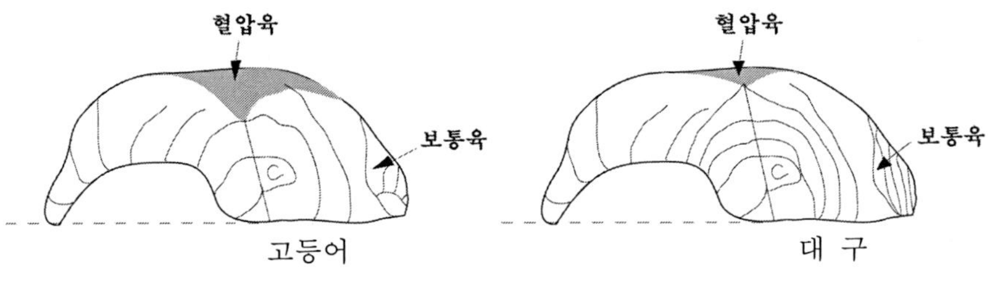

[그림 5-16] 어류의 근육

어육은 색에 따라 크게 두 가지로 구분할 수 있다.

가. 보통육

수육류와 거의 유사한 횡문근 근육조직이며 수육류보다 근섬유의 길이가 짧고 두꺼운 것이 특징이다. 한편, 오징어의 근육은 횡문근이 아니라 평활근으로 근섬유가 몸체와 직각인 방향으로 있어 건조된 후에는 찢을 수 있다.

나. 혈합육(血合肉)

미오글로빈과 헤모글로빈이 함유되어 암적색을 나타내는데 붉은살을 지닌 어류에 다량 존재한다. 혈압육의 분포정도와 양은 어류의 종류에 따라 다르며 일반적으로 운동량이 많은 물고기에 많다.

(4) 사후경직

어육도 죽게 되면 경직되기 시작하여 1~4시간 정도에서 최대경직이 나타난다. 어육은 사후에 호흡이 정지됨으로써 산소의 공급이 차단되고 근육의 글리코겐(glycogen)은 효소의 작용을 받아 젖산으로 분해되면서 근육내의 산도 즉 pH가 점점 낮아진다. pH가 6.5부근이 되면 ATP의 분해효소인 아데노신 트리포스파타제(adenosine triphosphatase： ATPase)가 활성화된다. 따라서 APT가 80% 이하로 감소되면 경직이 나타난다. pH가 5.4가 되면 효소가 불활성화되어 pH의 감소가 중지되며 최대 사후경직상태가 된다.

사후경직이 진행되어 일정한 기간이 경과되면, 근육 중에 함유되어 있는 단백질 분해효소가 활성화됨에 따라 육단백질이 분해되어 자가소화된다. 이 과정에서 글리신(glycine), 알라닌(alanine), 글루타민산(glutamic acid) 등의 아미노산이 생기며 ATP는 ADP를 거쳐 AMP로 분해되고, AMP는 IMP를 거쳐 이노신(inosine)으로 분해된다. 이때 생성된 글루타민산과 IMP는 지미성분으로 맛난 맛을 낸다.

다랑어처럼 어체가 큰 경우를 제외하고는 어류의 자가소화는 육류의 숙성과는 달리 미생물의 번식이 병행되어 부패를 가져오게 된다. 따라서 어류의 경우는 사후경직기간이 어류를 가장 맛있게 먹을 수 있는 시기에 해당한다. 어육은 높은 온도에서 자가소화가 신속하게 진행되며, 냉동시 자가소화를 지연시킬 수 있어 원양어선에서 수확한 어류는 냉동보관한다. 그러나 불포화지방산의 함량이 높은 어종은 냉동상태에서도 지질분해효소(lipase)가 활발히 작용하여 품질이 저하된다. 어류는 조직이 연하여 미생물의 침투가 용이하므로 자가소화와 더불어 미생물이 번식하면 악취를 내면서 부패하게 된다.

따라서 냉동어류는 부패를 억제하기 위하여 냉장고 내에서 서서히 해동하는 것이 바람직하다.

부패의 속도는 어류의 종류와 보관상태에 따라 다르다.

① 담수어가 해수어보다 쉽게 부패한다.

② 냉장고보관보다 얼음물에 보관하는 것이 쉽게 부패한다.

③ 토막을 친 것이 통채로 보관하는 것보다 쉽게 부패한다.

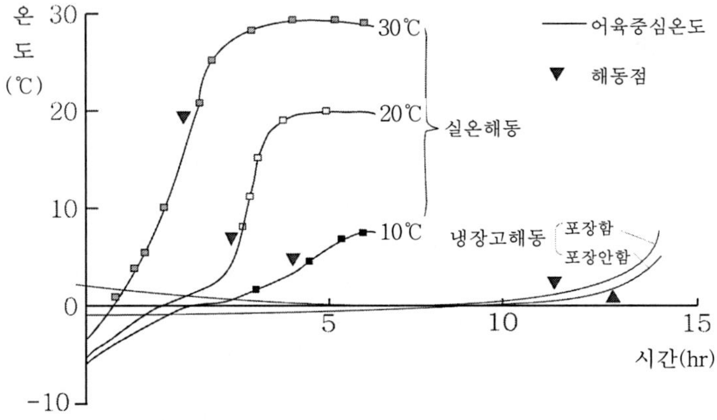

[그림 5-17] 해동온도에 따른 어육의 중심온도 변화

3) 어패류의 신선도 판정법

신선한 어패류를 선택하는 것은 올바른 식품재료를 선택하는 일이고, 올바른 식품재료의 선택은 음식의 맛과 직결될 뿐 아니라, 음식의 안정성에도 크게 영향을 미친다.

어패류의 신선도 판정법은 관능적 평가방법, 화학적 평가방법으로 구분된다.

(1) 관능적 평가방법

관능적인 요인에 의한 어패류의 신선도 판정법은 인간의 감각기관을 활용한 방법으로 신속하게 판정할 수 있으므로 일상생활에서 주로 이용된다.

가. 탄력성

손으로 눌러 보았을 때 살에 탄력이 있는 것은 사후경직중의 생선으로 신선한 상태를 의미하며, 선도가 저하되면 살이 무르게 된다.

나. 안구

안구가 외부로 돌출되어 있으며 투명한 것이 신선한 것으로, 선도가 저하되면 눈이 불투명해진다.

다. 아가미

아가미를 들어보면 선명한 적색이 신선한 것이며, 선도가 저하되면 아가미의 색이 회갈색으로 변하게 되면서 부패취를 나타낸다.

라. 비늘

비늘이 있는 어류의 경우는 비늘이 윤기가 나며 밝은 빛을 띠고 단단히 붙어있는 것이 신선한 것이며, 선도가 저하되면 비늘의 윤기가 적어지고 어류의 표피에서 떨어져 나간다.

마. 피부광택

비늘이 없는 어류의 경우는 피부에 광택이 있으며 특유의 색을 잘 나타내고 있는 것이 신선한 것으로, 선도가 저하되면 광택이 사라지고 점액질의 분비가 늘어난다.

바. 복부

복부가 탄력성이 있고 팽팽한 것이 신선한 것으로, 선도가 저하되면 내장의 소화효소에 의해 자가소화가 일어나 분해되어 복부의 탄력성이 없어진다.

사. 조개류

조개류는 입이 벌어지지 않으며 껍질이 깨지지 않고 들어보아 무거운 것이 살아 있는 것이다.

아. 갑각류

갑각류는 껍질이 단단히 붙어 있으며 들어보았을 때 무거우며 몸이 투명하고 윤기가 나는 것이 신선하다.

자. 연체류

연체류는 살짝 눌러 보아 단단하고 탄력성이 있는 것이 신선한 것이다.

(2) 화학적 평가방법

화학적인 평가방법에 의한 어패류의 신선도 판정은 정확하긴 하지만, 복잡한 실험과정을 거쳐 결과를 나타내므로 크게 효율적이지는 못하다.

가. 트리메틸아민(trimethylamine, TMA) 측정법

어류에 존재하는 트리메틸아민을 측정하는 것으로 1~5mg% 이상이면 초기부패 단계로 판정한다.

나. 휘발성 염기 질소 측정법

TMA나 암모니아(ammonia)로부터 생성되는 휘발성 염기 질소를 측정하는 것으로 30mg%이상이면 초기부패 단계로 판정한다.

다. ATP 분해생성물 측정법

ATP 분해생성물의 양을 측정하는 방법이다.

$$K = \frac{(\text{inosine} + \text{hypoxanthin})\text{양}}{(\text{ATP} + \text{ADP} + \text{AMP} + \text{IMP} + \text{inosine} + \text{hypoxanthine})\text{양}} \times 100$$

K값이 적을수록 신선한 것이며 30%까지를 익히지 않고 먹는 한계점으로 한다.

라. 세균의 수 측정법

세균의 수를 측정하는 방법으로 세균의 수가 $10^{5\sim6}$/g인 때를 초기부패단계로 판정한다.

4) 어패류의 어취 제거방법

어패류의 냄새는 어체의 근육과 혈액중에 존재하는 생선특유의 냄새와 신선도가 저하되어 나타나는 트리메틸아민(trimethylamine)에 의한 어취로 구분할 수 있다. 어취는 조리전 단계에서 제거하거나 억제하는 것이 일반적인 조리방법이다.

어취를 제거하는 방법은 여러 가지가 있다.

가. 물로 씻는 방법

어취의 주성분인 트리메틸아민이나 암모니아는 수용성 성분이기 때문에 물에 용해된다. 따라서 어패류를 물로 깨끗이 씻으면 어취가 감소된다.

나. 향신성 조미료 첨가방법

파, 마늘, 양파같은 채소류에는 황화알릴(allyl sulfide)류가 함유되어 어취성분을 약화시킨다. 생강에는 매운맛 성분인 진저론(zingeron)과 쇼가올(shogaol)이 함유되어 혀의 미뢰의 감각을 둔화시키며 또한 어취성분의 변성을 가져오기도 한다. 그러나 생강을 넣고 생선을 조릴 경우 어육단백질이 생강의 탈취작용을 방해하므로 어육을 미리 가열하여 열변성시킨 후 생강을 넣는 것이 좋다. 또한 겨자에 함유되어 있는 시니그린(sinigrin)은 효소의 작용으로 가수분해되어 머스타드 오일(mustard oil)을 만든다. 머스타드 오일은 미뢰를 둔화시키고 어취를 약하게 한다. 또한 고추의 캡사이신(capsaicin)과 후추의 차비신(chavicin)도 통각을 통해 미뢰를 둔화시켜 어취를 약하게 한다. 생선회나 초밥에 고추냉이를 넣어서 먹는 방법이나 생선을 조리할 때 후추를 넣는 것은 바람직한 조리방법이다.

다. 산성 물질 첨가방법

어육에 함유된 어취성분인 아민(amine)류는 산과 결합하면 약화되며 암모니아냄새는 산과 결합하면 소멸된다. 즉, 생선요리에 탈탈소스(tartar sauce)나 레몬조각을 곁들이는 것은 효과적인 어취제거방법이다.

라. 술 첨가방법

알코올음료에는 호박산(succinic acid)이 있으며, 호박산은 어취를 제거하고 생선의 맛을 향상시킨다. 또한 알코올이 조리과정에서 휘발될 때 어취성분을 함께 휘발시키므로 어취제거가 가능하다. 따라서 생선을 졸일 때 정종이나 미림을 넣는 것이나 생선요리를 먹을 때 백포도주를 마시는 것은 바람직한 방법이다.

마. 함황 채소 사용방법

무나 홍당무, 샐러리 등에 함유된 함황물질은 어취를 약화시킨다. 생선을 조릴 때 무를 깔고 조리거나 생선회를 담을 때 바닥에 무채를 썰어 놓고 그 위에 생선회를 얹는 것은 어취를 제거하는데 효과적인 방법이다.

바. 콜로이드 용액 사용방법

된장이나 고추장은 우리나라 전통적인 발효음식이면서 특유의 향미를 지니며 콜로이드(colloid)에 의한 강한 흡착력과 점성을 지닌다. 콜로이드 입자의 강한 흡착력으로써 어취성분을 흡착함으로서 어취가 제거되나 타조미료와 함께 사용할 경우에 다른 조미료의 침투가 늦어지므로 나중에 넣어주는 것이 좋다. 한편, 우유의 경우도 콜로이드 입자에 의한 강한 흡착력을 나타내어 어취를 효과적으로 제거한다. 생선을 된장이나 고추장국물에 넣어 찌개를 끓이거나 졸이는 것은 어취 제거에 효과적인 방법이며, 서양요리에서는 생선을 요리하기 전에 우유에 담가두었다가 꺼내어 조리하는 방법이 많이 이용된다.

5) 어패류 조리시의 변화

(1) 소금에 의한 변화

생선에 소금을 가해주면 짠맛을 부여하여 간을 맞추며 동시에 단백질을 변성시킨다. 소금에 의한 변화는 사용되는 소금의 양, 즉 소금의 농도에 따라 달라진다.

1~2% 정도의 저염도인 경우는 수분이 빠져나가서 생선살이 단단해지고

탄력성이 증가하며, 용액에 용출되는 단백질양이 적어서 용액은 점도가 낮고 투명하다. 생선 소금구이에 2%의 소금을 사용하면 적당하게 간을 맞출 수 있다.

2~6% 정도의 중염도인 경우 단백질중 염용성인 미오신과 액틴이 용액으로 용출되는 양이 증가하고, 미오신과 액틴은 용출되면 액토미오신을 형성하므로 단백질의 수화력이 증가하여 점성이 있는 용액을 만든다. 이것은 생선묵의 제조에 이용된다.

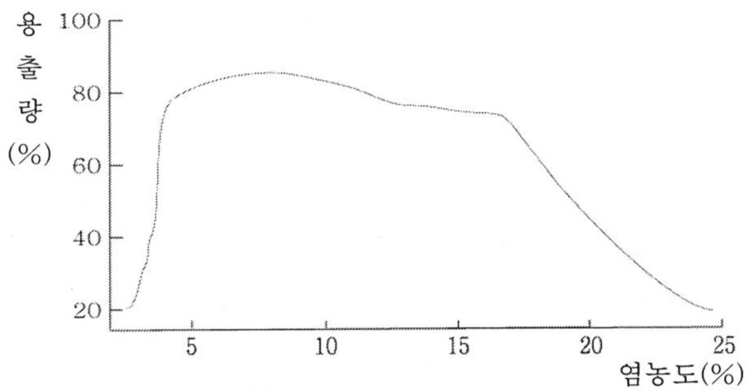

[그림 5-18] 소금농도에 따른 근육단백질 용출량

10~15% 정도의 고염도인 경우는 단백질의 용해도가 감소하고 과잉의 염이온은 단백질에 탈수제로 작용하여 육질이 단단해지고 육즙도 제거되며 효소도 변성되어 저장성이 향상된다. 고염도에 절였던 생선은 변성되어 물에 담가 염분을 제거하여도 날생선의 조직과는 차이가 나타난다.

(2) 가열에 의한 변화

생선을 가열 조리하면 근원섬유 단백질이 응고되고 보수력이 감소되며 육즙의 분리가 일어난다. 다음은 조리온도를 달리하여 물에서 20분간 가열할 때의 단백질 용출량을 나타낸 것으로, 60~75℃로 가열할 때 단백질 용출량이 적었다.

생선의 가열조리시 근원섬유 단백질은 40~50℃에서 응고하고, 근형질 단백질은 62℃에서 응고하며, 또한 수축이 일어나 탈수되어 중량이 감소한다. 가열에 의한 중량의 감소는 어패류의 종류에 따라 각각 다르나, 일반적으로 어류는 15~20%, 연체동물은 약 35~40%의 중량감소가 나타난다.

<표 5-19> 가열온도에 따른 어육의 단백질 용출량

생선 조리시 물의 온도(℃)	총단백질에 대한 단백질 용출량(%)	생선 조리시 물의 온도(℃)	총단백질에 대한 단백질 용출량(%)
20	3.4	55	1.1
25	1.2	60	0.4
30	2.1	65	0.5
35	2.3	70	0.7
40	3.9	75	0.2
45	2.9	80	1.0
50	1.0	90	0.4

어육을 프라이팬이나 석쇠에 가열할 경우 미오겐의 단백질 결합이 가열에 의해 끊어져서 펩타이드 결합이 풀어지고 분자 표면의 노출된 반응기가 금속이온과 반응하여 프라이팬이나 석쇠에 붙게 되는 열응착성이 생긴다. 이때 프라이팬이나 석쇠에 기름칠을 하여 기름막을 형성해주거나 실리콘 프라이팬을 사용할 경우 열응착성이 방지된다.

생선을 껍질 채로 가열하면 근섬유 단백질과 껍질을 이루는 콜라겐의 열응고 온도의 차이로 인하여 껍질부위가 먼저 수축되어 모양이 구부러지거나 껍질이 찢어지는 수가 있다. 그러므로 생선을 통째로 조리할 경우 군데군데 칼집을 넣어주어야 모양이 바로 잡혀서 보기 좋다. 또한 껍질과 근육섬유를 둘러싸고 있는 콜라겐을 물 속에서 계속 가열하면 수용성인 젤라틴으로 변하여 용출되므로 가열된 생선살이 부서지기 쉽고 연하다. 생선을 소량의 국물로 조렸을 경우 국물이 식으면 용출된 젤라틴이 겔화되어 굳는다.

육류와 달리 숙성기간이 필요 없고, 어획한 즉시 조리하는 것이 가장 맛있는 어패류는 [그림 5-19]에서 보듯이, 조리시의 용도에 따라 크기를 나누어 사용한다.

6) 어패류의 조리

① 두 장으로 가르는 법

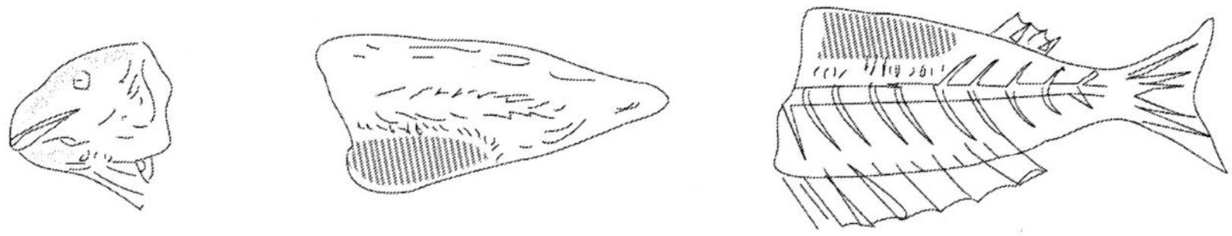

② 세 장으로 가르는 법

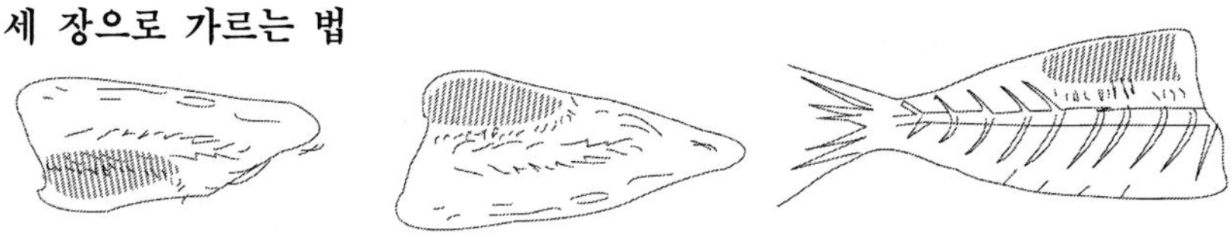

③ 다섯 장으로 가르는 법

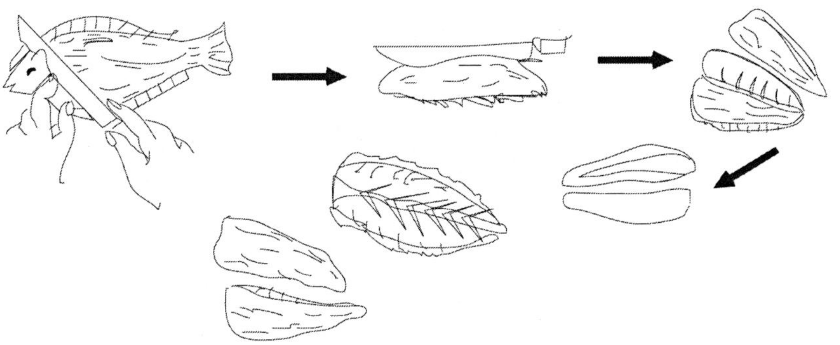

④ 등을 펴서 가르는 법

⑤ 서양식 생선 다듬는 법

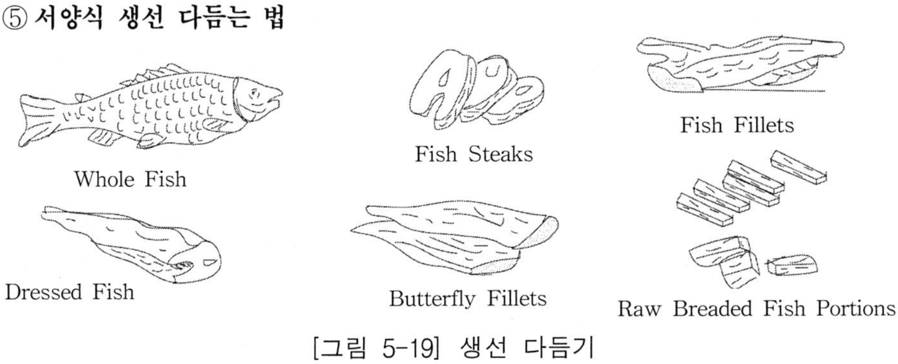

[그림 5-19] 생선 다듬기

어패류의 근육에는 결체조직의 함량이 많지 않으므로 자유로이 조리방법을 선택해도 좋으나, 가열방법에 따라 조리시간을 상당히 단축시킬 수 있다. 다음은 가열방법에 따라 내부온도의 변화를 나타내는 그림이다.

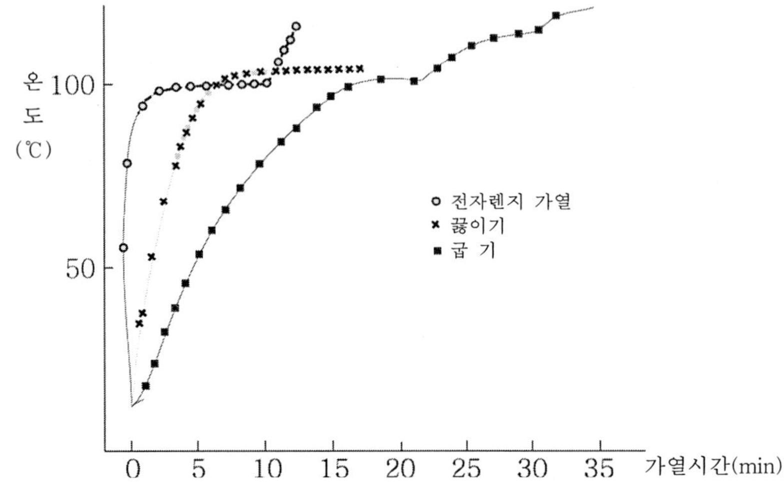

[그림 5-20] 가열방법에 따른 내부온도의 변화

(1) 조 림

생선을 조림할 경우 담수어와 해수어, 또는 흰살 생선과 붉은살 생선, 신선도의 차이에 따라 조미의 농도와 부재료의 선택을 달리해야 한다.

<표 5-20> 어류의 신선도에 따른 조리는 법

구분	조미액			특 징
	염도	설탕	술	
신선한 어류	생선중량의 1~2%	생선국물의 1%	생선중량의 5~7%	· 조림액을 담백하게 한다. · 생선의 신선한 맛을 국물에 침투시킨다.
신선도가 낮은 어류	생선중량의 2~2.5%	생선국물의 1.5~2%	생선중량의 10%	· 조림액을 강하게 한다. · 조림액의 맛을 생선에 침투시킨다.

조림은 끓고 있는 조미액에 생선을 넣고 끓이는 조리방법으로 조미액은 생선의 약 15~40% 정도이다. 흰살 생선은 지방함량이 적고 살이 연하며 담백하므로 조리를 약하게 하여 살짝 졸여 생선자체의 맛을 내는 것이 좋다. 붉은살 생선은 지방의 함량도 많고 살이 단단한 편이며 어취도 강하므로 조미를 강하게 하여 10~15분 정도 졸이는 것이 좋다.

신선도가 낮은 어류에는 된장이나 향신성 채소, 생강 등의 첨가를 통하여 어취를 감소시키는 것이 좋다.

(2) 구 이

생선을 굽는 방법에는 직화구이와 철판구이 같은 간접구이가 있다. 직화구이의 경우는 식품에 열을 쉽게 전달하기 위하여 석쇠를 이용하거나 열원과 적당한 거리를 두고 굽는 방법이 있으며 일반적으로 열원과 12~15cm의 거리를 두고 굽는 것이 적당하다. 간접구이는 철판이나 알루미늄 판을 가열하여 그 위에서 구워내는 방법이다.

높은 온도에서 구운 생선은 액즙이 유출되지 않고 단백질과 지방이 가열분해되어 향미를 낸다. 구이의 경우에 흰살 생선이나 비린내가 적은 생선은 소금구이를 하는 것이 좋고, 붉은살 생선이나 비린내가 많은 생선은 양념구이를 하는 것이 좋다. 소금구이를 할 때에는 생선중량의 2~3% 소금을 뿌리고 나서 20~30분 경과 후 씻어서 구우면 맛이 좋다.

(3) 전유어

전유어에 사용되는 생선은 흰살 생선으로 얇게 포를 떠서 이용한다. 얇게 썬 포 조각에 밀가루를 씌우고 계란 물을 입혀 익혀내는 것으로, 지지는 과정에서 어취가 증발되고 가열시간이 짧아 단백질이 부드럽게 응고한다. 전유어는 비린내를 제거하는 가장 우수한 조리방법으로 알려져 있다.

6. 난 류

난류는 식용되고 있는 식품 중 가장 영양배합이 잘 되어 있는 식품으로, 달걀, 오리알, 메추리알 등이 주로 이용되고 있으며 일반적으로 알이라 하면 달걀을 말한다.

달걀은 최상질의 아미노산으로 이루어진 양질의 단백질 급원식품이며, 각종 비타민과 무기질을 고루 함유한 완전식품이라 일컬어지고 있다. 또한 생산량이 풍부하여 값이 싸고, 계절이나 지역에 따른 공급량에 크게 변동이 없다.

1) 달걀의 구조와 특징

(1) 달걀의 구조

달걀의 구조는 난각, 난백, 난황 3부분으로 크게 나뉘며, 달걀 1개의 무게는 평균 50~60g이다.

난각의 두께는 보통 0.3mm정도이며 7,000~10,000개의 기공이 있어 공기를 유통시키고 수분을 증발시킨다. 신선한 난각에는 큐티클이라고 하는 층

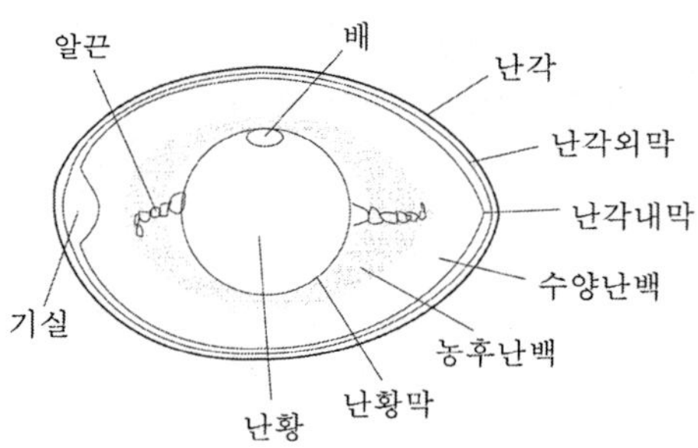

[그림 5-21] 달걀의 구조

이 존재하여 세균의 침입을 막아주고 있다. 그러나 수세시 제거되므로 달걀을 물로 씻은 후 오래 보관하는 것은 바람직하지 않다.

난각막은 외난각막과 내난각막으로 구성되어 있으며, 2개의 막 사이에 기실(氣室)이 존재한다. 기실은 달걀의 양끝 중 둔단부라 일컬어지는 동그스름한 부위에 있으며, 산란 후 시간이 경과됨에 따라 커지므로 신선도 판정의 중요한 요소가 되기도 한다.

난백은 점도의 차이에 따라 점도가 낮은 수양난백과 점도가 높은 농후난백으로 구분할 수 있다. 또한 수양난백은 위치에 따라 난황을 둘러싸고 있는 내수양난백과 농후난백을 둘러싸고 있는 외수양난백으로 구분할 수 있다. 신선한 달걀의 경우 농후난백은 약 57% 정도이며 산란후 시간이 경과됨에 따라 점차 수양화된다.

난황은 난황막에 싸여 있으며 어두운 난황층과 밝은 난황층이 교대로 층을 이루고 있다.

(2) 달걀의 특징

난백은 89% 정도가 수분이고 약 10%가 단백질로 이루어져 있으며, 난황은 약 49%가 수분이고 그 밖에 지질과 단백질로 구성되어 있다.

<표 5-21> 난류의 일반성

(100g)

종 류	열량 (kcal)	수분 (%)	단백질 (g)	지질 (g)	당질 (g)	조섬유 (g)	칼슘 (mg)	인 (mg)	철분 (mg)	나트륨 (mg)	칼륨 (mg)	콜레스테롤 (mg)	비타민				
													A (R.E.)	B1 (mg)	B2 (mg)	niacin (mg)	C (mg)
전란	158	74.4	12.7	11	1.0	0	47	168	1.8	126	120	475	156	0.1	0.26	0.1	0
난백	53	87.1	11.3	0.1	0.9	0	7	11	0.2	164	158	1	0	0.01	0.38	0.1	0
난황	339	48.8	15.6	29.7	0.9	0	129	550	5.5	44	96	1281	453	0.2	0.42	0.1	0
메추리알	170	72.6	12.6	12.1	1.6	0	72	234	4.8	157	182	603	432	0.12	0.4	0.1	0
오리알	188	70.5	12.5	14	2.0	0	64	219	2.6	131	140	631	208	0.21	0.4	0.1	0
청동 오리알	178	72.2	13.6	12.3	1.0	0	61	197	3.1	157	182	603	171	0.23	0.38	0.1	0

달걀의 단백질은 단백가가 100인 영양가 높은 완전단백질로, 필수아미노산과 메티오닌, 시스틴 같은 함황아미노산의 함량이 높다.

난백 단백질은 오보알부민(ovalbumin)이 약 59%를 차지하며, 콘알부민(conalbumin)이 약 14%, 오보뮤코이드(ovomucoid)가 약 12%, 오보글로블린(ovoglobulin)이 약 8%, 그밖에 오보뮤신(ovomucin), 아비딘(avidin), 리소자임(lysozyme)이 나머지를 차지하고 있다.

난황에는 고형분 중 단백질이 약 33%, 지질이 약 63%를 차지하며, 인단백질인 비텔린(vitellin), 비텔리닌(vitellinin)에 지질이 결합한 형태인 리포비텔린(lipovitellin), 리포비텔리닌(lipovitellinin)과 수용성 단백질인 리베틴(livetin)과 인단백질인 포스비틴(phosvitin)으로 구성되어 있다. 난황에 포함된 지질의 33%가 인지질이며, 그 중 레시틴(lecithin)이 58%, 세파린(cephalin)이 42%를 차지한다. 인지질은 유화성이 매우 크고, 난황의 지질은 소화율이 98%에 달한다고 한다.

달걀에는 각종 무기질이 고루 함유되어 있으며, 특히 인(P)과 황(S)이 풍부하고 철(Fe)의 우수한 급원이다. 난황 중에 존재하는 철은 소화·흡수되기 쉬워 거의 100%가 이용되고 있다.

난황에는 수용성인 비타민 B군과 지용성인 비타민 A·D·E·K가 존재하고, 난백에도 비타민 B군이 함유되어 있다.

난황의 색소는 주로 잔토필(xanthophyll)이며, 난황의 색은 닭의 품종과 관계없이 사료의 성분에 따라 차이가 난다. 난황의 색을 진하게 하기 위해서는 사료에 푸른잎 채소나 풀을 섞어주면 푸른잎 채소나 풀에 존재하는 잔토필의 영향으로 색이 진한 난황을 얻을 수 있다.

2) 달걀의 선도판정과 보존

(1) 달걀의 선도판정

가. 달걀의 선도

① 외관검사

껍질이 까칠까칠하며 광택이 없는 것이 신선한 것이고, 오래된 것은 껍질이 반들반들하며 광택이 있다.

② 진음법

달걀을 통째로 흔들어 보면 신선한 것은 내용물이 꽉차 있어서 소리가나지 않으나, 오래된 것은 난황막이 얇아지고 수분이 증발되어 내용물이 감소되어 출렁거리는 진동음을 낸다.

③ 투시법

어두운 곳에서 달걀에 빛을 비추어 주면 난각은 광선을 투과하므로 기실의 크기가 작은지, 난각이 깨져 있지는 않은지, 난황의 색이 선명하며 크기가 팽창되어 있지는 않은지를 살펴보는 것이다. 주로 상업적으로 달걀을 평가하는 방법이다.

④ 비중법

신선한 달걀은 비중이 1.08~1.09이며 신선도가 저하됨에 따라 비중이 감소되므로, 3~4%의 소금물에 담가서 위로 뜨는 것은 오래된 달걀이며, 수면 위로 떠오르는 것은 아주 오래된 달걀이거나 부패된 달걀이다.

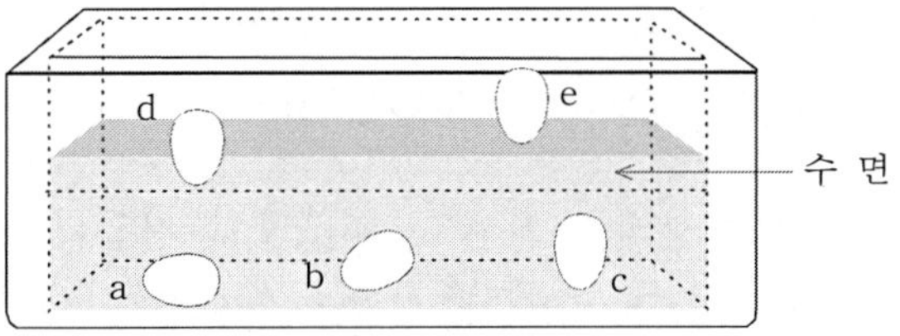

a. 산란 직후 b. 1주일 후 c. 보통란
d. 아주 오래된 알 e. 부패란

[그림 5-22] 비중에 의한 달걀의 선도판정

⑤ 난황계수

난황이 얼마나 넓게 퍼졌는가의 정도를 판정하는 것으로, 난황계수는 난황의 높이를 난황의 지름으로 나눈 값이다. 신선한 달걀의 난황계수는 0.44~0.36이지만, 오래될수록 난황계수가 작아진다. 난황계수가 0.25이하인 것은 계란을 깨뜨릴 때 난황막이 터지기 쉬우므로 주의해야 한다.

간혹 노계에서 얻은 달걀의 경우 신선란이라 하더라도 난황계수가 작거나 난황막이 약해서 쉽게 난황이 터지는 경우가 있다.

⑥ 농후난백의 비율

전체 난백의 무게에 대한 농후난백의 무게를 백분율로 표시한 것으로 신선한 달걀의 경우는 약 57%이나, 오래된 것일수록 농후난백의 비율이 감소되고 수양난백의 양이 증가된다.

⑦ 난백계수

달걀의 난백계수는 난백의 높이를 난백의 지름으로 나눈 값으로, 신선한 달걀의 경우 0.06 정도를 나타낸다.

⑧ 호우단위(Haugh unit)

달걀의 무게와 농후난백의 높이와의 관계를 수치상으로 계산하여 달걀의 선도를 판단하는 방법이다.

HU = 100 log(H−1.7w0.37 + 7.6)
H : 농후난백의 높이(mm)
W : 달걀의 무게(g)

신선한 달걀의 HU는 85 이상이어야 하며, 시간이 경과됨에 따라 HU값은 낮아진다.

(2) 달걀의 저장중 변화

달걀은 산란직후 무균상태에 가깝고, 미생물의 침입이나 증식에 대한 자연의 저항력을 지니고 있다. 그러나 시간이 경과됨에 따라 달걀은 다양한 변화를 나타내게 된다.

달걀은 저장 중에 난각의 기공을 통하여 수분이 증발되기 때문에 무게가 감소하고 기실의 크기는 점차 증가된다.

난황은 농도가 높아 난백의 수분이 난황으로 이동하는 현상도 나타난다. 따라서 난황막이 약화되고 난황의 크기가 증가하여 계란을 깨뜨릴 때 난황이 터지기 쉽게 된다.

달걀의 저장기간이 길어지면 농후난백이 수양난백으로 변화되는데, 이는 농후난백 중에 함유된 당단백질 오보뮤신(ovomucin)에 존재하는 다이설파이드결합(−S−S 결합)이 감소되어, 오보뮤신 분자가 파괴됨으로써 점성이 감소되기 때문이다.

달걀의 난각 기공을 통하여 난백에 기체상태로 녹아 있던 탄산가스가 증발해 버리면 pH가 현저하게 상승된다. 산란직후에는 난백의 pH가 7.3~7.5였으나, 시간이 경과함에 따라 난백의 pH는 알칼리화된다.

달걀은 저장 중에 주위의 냄새를 흡수하거나 달걀 자체의 변패에 의한 부패취를 만들어 낸다. 따라서 오랜 기간 저장할 경우 불쾌한 풍미를 지니게 된다.

신선한 달걀의 난황은 난백에 의해 둘러싸여 있고 거의 중심부에 위치하므로 미생물의 오염으로부터 안전하다. 그러나 시간이 경과함에 따라 농후난백이 수양화되어 난황의 위치가 중심부에서 이동하여 난각막에 직접 접촉될 경우 기공을 통하여 미생물과 접촉하게 되면 오염되기 쉽다.

(3) 달걀의 보존법

달걀의 보존은 조리에 사용될 때까지 물리적·화학적 반응을 억제하고 미생물에 의한 부패를 방지하는 것으로 냉장법, 액체냉장법, 냉동법, 건조법이 있다.

가. 냉장법

달걀의 동결점인 −1.5℃ 부근의 온도(−1.5~0℃)에서 상대습도를 85~90%로 조절하여 저장한다면 6개월 정도 신선도가 유지된다. 이때 통풍이 잘되고 이취가 생기지 않도록 하면 더욱 좋다.

냉장고에서 꺼낸 달걀을 다시 냉장고에 넣으면 달걀 표면의 응결수가 달걀내부로 흡수될 때 미생물도 함께 진입되므로 냉장고에서 꺼낸 달걀은 바로 사용하도록 한다.

나. 액체냉장법

달걀의 껍질을 제거하고, 액체상태인 전란, 난황, 난백 등의 살모넬라균을 살균한 다음, 2℃에서는 12일 정도, 9℃에서는 5일 정도 저장하는 방법이다. 멸균처리된 것이 아니므로 미생물이 존재하기 쉬워 저장기간이 길지 못하다.

다. 냉동법

달걀의 껍질을 제거한 액체상태의 달걀을 살균처리한 후 −25℃~−30℃의 온도로 급속 냉동하여 -18℃ 이하에서 저장한다. 수입란의 경우는 거의 대부분이 냉동란의 상태로 유통되며 3~6개월 보관이 가능하므로, 산란율이 높은 시기와 그렇지 못한 겨울철 수요에 맞춰 공급조절이 가능하다.

라. 건조법

달걀을 건조시켜 저장성을 향상시킨 저장방법으로 살균처리한 액체란을 분무 건조하여 수분함량을 5% 이하로 만든 것이다. 액체란을 그대로 건조시킬 경우 마이얄 반응(maillard reacrin)이 일어나므로 난백의 포도당을 제거하는 것이 좋다.

건조란은 공기중의 습기를 흡입하여 변질되기 쉬우므로 밀봉하여 냉장 보관하는 것이 좋다.

3) 달걀 조리시의 변화

달걀은 조리에 이용될 때 다음과 같이 여러 가지 역할을 한다.

① 농후제

알찜이나 커스터드처럼 가열에 의해 응고됨으로써 음식을 걸쭉하게 만드는 농후제로서 작용을 한다.

② 결합제

만두속, 크로켓, 밀가루 반죽처럼 달걀이 점성과 응고성을 지녀 결착력을 갖게 하는 결합체로 작용한다.

③ 청정제

국이나 수프에 달걀을 푸는 것과 같이 달걀이 부유하는 불순물을 침전시키는 청정제로 작용을 한다.

④ 팽창제

기포를 만들어서 케이크가 제조될 수 있도록 팽창제로 작용을 한다.

⑤ 결정화 방지제

샤벳이나 캔디에서 설탕에 혼합되면 설탕이 결정화되는 것을 방지하는 결정화 방지제로서 작용한다.

이러한 역할을 하는 달걀은 조리시 다음과 같은 몇 가지 변화를 나타낸다.

(1) 달걀의 응고성

달걀의 단백질은 산, 알칼리, 염, 교반, 방사선 및 가열 등에 의하여 변성되어 유동성을 잃고 응고하는데, 조리시 중요한 것은 가열에 의한 응고이다.

달걀의 응고온도가 난백은 60℃ 부근에서 응고를 시작하여 65℃에서 완전히 응고하며, 난황은 65℃부근에서 응고를 시작하여 70℃에서 완전히 응고된다.

난백이 난황보다 낮은 온도에서 응고하는 이유는 구성되어 있는 단백질 조성에 차이가 있기 때문이며, 난백의 수분함량이 난황보다 높아 열전달력이 우수하기 때문이다. 온도가 80℃ 이상으로 상승하면 단단하게 응고된다.

달걀을 완전히 응고시키기 위해서는 70℃에서는 약 90분, 85~90℃에서는 25~35분, 98~100℃에서는 12분이 소요된다.

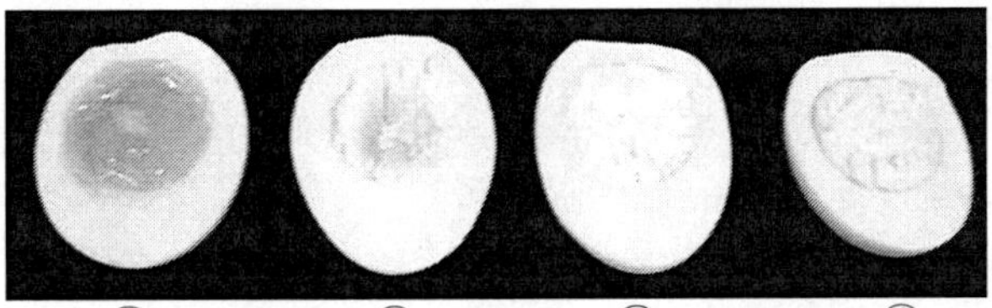
① ② ③ ④

① 가열시간 : 5분
② 〃 : 10분
③ 〃 : 15분
④ 〃 : 20분

[그림 5-23] 가열시간에 따른 달걀응고상태

달걀의 응고성에 영향을 주는 요인은 다음과 같다.

가. 단백질의 농도

단백질의 농도가 높을수록 응고온도가 낮다. 예를 들면 달걀농도 20%일 때에는 78℃부근에서 응고하지만, 달걀농도 50%일 때에는 74℃부근에서 응고한다.

<표 5-22> 농도에 따른 달걀찜의 응고온도

달걀의 농도	응고온도
20%	78℃
30~40%	76℃
50%	74℃

나. 염류의 종류

원자가가 클수록 단백질의 겔(gel)을 단단하게 하는 효과가 커서 $Na^{+} < Ca^{2+} < Fe^{2+}$의 순서를 나타낸다.

다. pH

용액에 산을 가해주어 pH를 등전점 부근으로 만들어 주면 열응고성이 최대로 된다.

라. 당의 첨가

설탕의 첨가는 겔의 응고온도를 높여주며, 부드럽고 탄력성이 있는 겔(gel)을 형성하게 한다. 그러나 설탕의 첨가량이 지나치면 응고가 일어나지 않게 된다. 예를 들면 설탕을 첨가하지 않을 경우에는 74℃에서 응고하나, 설탕을 40% 첨가하면 82~83℃에서 응고하게 된다. 또한 온도가 상승하는 속도에 따라 온도상승속도가 느리면 응고시간은 많이 걸리지만 낮은 온도에서 부드러운 상태로 응고하며, 온도상승속도를 빠르게 하면 응고시간은 단축되나 응고온도가 높아져서 단단한 상태로 응고된다.

(2) 달걀의 기포성

난백은 표면장력이 낮아 교반하면 공기가 포함되면서 거품을 형성하여 부피가 늘어난다. 기포성과 관련되어 조리에서 이용되는 성질은 첫째 거품이 생기기 쉬운 정도인 기포형성력과 둘째 거품이 액체로 돌아가지 않고 안정하게 유지되는 안정성으로 나눌 수 있으며, 기포형성력과 안정성 모두를 갖추어야 좋은 기포성을 지녔다고 한다.

난백의 기포성을 향상시키기 위해서는 표면장력을 낮추어 주는 것이 좋으며 글로부린(globulin)계 단백질이 알부민(albumin)계 단백질보다 기포안정성이 뛰어난다.

난백의 기포성에 영향을 주는 요인이 몇 가지 있다.

가. 온도

난백의 온도가 높을수록 기포가 형성되기 쉬운데, 이는 온도상승에 따라 표면장력이 낮아지기 때문이다. 제과점에서는 난백의 거품을 위해 상온에서 달걀을 저장했다가 거품을 내는 경우가 많다. 난백만으로 10℃에서 만든 기포를 100으로 했을 때 온도가 상승됨에 따라 기포형성력이 증가되어 40℃에서는 130에 달했다.

<표 5-23> 온도 및 난백의 종류에 따른 난백의 기포형성력

온도(℃)	전체난백	수양난백	농후난백
10	100	150	84
20	110	170	90
30	120	200	87
40	130	240	95

나. 설탕

설탕첨가량이 증가함에 따라 단백질의 변성을 억제함으로써 거품이 형성되기까지 걸리는 시간이 길어지나 안정성은 증가된다. 설탕을 첨가해야 하는 경우는 난백을 교반하여 거품이 거의 형성된 후에 첨가하면 맛을 내는 효과이외에 거품을 안정화시킬 수 있다.

다. 산의 양

난백의 거품을 낼 때 레몬즙이나 주석산을 첨가하면 pH가 낮아져 난백단백질의 등전점과 가까워지고, 표면장력과 점도가 저하되어 난백의 기포형성력이 향상된다. 그러나 과량 첨가되면 응고가 일어나 기포형성력이 오히려 나빠진다.

라. 염의 양

소금을 첨가하면 안정성이 증가되나, 실제의 조리에서는 소금의 사용범위가 1% 미만이므로 크게 관계가 없다.

마. 난백의 종류

점도가 낮은 수양난백은 점도가 높은 농후난백보다 기포형성력이 우수하지만 안정성이 적다. 신선한 달걀보다 오래된 달걀의 경우에는 농후난백이 수양화되어 기포형성력이 좋아진다.

바. 지방의 양

지방은 0.5% 이하로 첨가된 경우 거품의 양이 감소되지만, 안정성에는 크게 영향을 주지 않는다. 그러나 지방의 사용량이 증가되면 계면상태가 변화되어 기포가 생기기 어려우므로, 고형분 중 지질이 약 63%나 함유된 난황이 첨가되면 기포형성력이 현저히 저하된다.

(3) 달걀의 유화성

난백과 난황 모두 유화성을 지니나, 난황의 유화력이 난백의 유화력에 비하여 약 4배정도 크다. 난황은 자신이 수중유적형(水中油滴形)의 유화상태를 보이며 동시에 강한 유화력을 지닌 식품이다.

난황의 유화성은 인지질인 레시틴(lecithin)에 의해 나타나는 것으로, 물과 기름의 계면에서 유화력을 나타낸다. 난황의 유화성을 이용한 대표적인 식품은 마요네즈이다.

신선하지 못한 달걀의 난황은 유화액의 안정성을 저하시키므로 마요네즈를 만들 경우 신선한 난황을 사용해야 한다.

(4) 달걀의 변색

달걀의 난황에는 철이 다량 함유되어 있고 난백에는 황화수소가 다량 함유되어 있다.

<표 5-24> 달걀중의 황화수소와 철의 함량

	황화수소(%)	철(%)
난 황	0.016	0.011
난 백	0.195	0.0009

달걀을 100℃의 끓는 물에서 15분 이상 가열하면 노른자의 표면이 암록색으로 변한다. 그 이유는 난황의 철과 난백의 황화수소가 결합하여 황화제일철(FeS)를 형성하기 때문이다.

달걀의 변색에 영향을 주는 요인으로 pH와 가열온도를 들 수 있다. 달걀의 신선도가 저하되어 pH가 상승하면 즉 알칼리 조건하에서 황화 제일철의 형성이 잘된다. pH를 조절하여 pH 4.5이하로 만들면 변색이 일어나지 않는다. 또한 100℃에서는 15분간 가열하면 황화 제일철이 생성되는데 반하여, 70℃에서 1시간 가열하거나 85℃에서 30~35분간 가열하여도 황화 제일철이 형성되지 않는다.

황화 제일철이 생성되는 것을 방지하기 위해서 다음과 같은 방법이 있다.

① 신선한 달걀을 사용한다.

② 100℃에서 12분 이상 가열하지 않는다.

③ 삶은 직후에 찬물에 담가 냉각한다.

4) 달걀의 조리

(1) 삶 기

달걀을 삶는데 걸리는 시간은 달걀의 익은 정도, 물과 계란의 양, 열의 강도 등에 따라 다르다. 완숙에 필요한 가열온도와 시간은 100℃에서는 12분, 85℃에서는 30~35분이다.

달걀껍질을 벗기기 용이한 달걀은 신선한 달걀보다는 산란 후 7~10일이 지난 것으로, 삶은 후 완전히 식힌 것이 좋다.

(2) 수 란

수란은 달걀을 끓는 물 속에 넣고 온도를 85℃로 유지하여 농후난백이 난황을 덮어 익은 상태를 말한다. 물 500㎖에 식초 2ts과 소금 1/2ts을 가하여 주면 달걀 단백질의 응고를 도와주게 된다. 이는 염에 의한 단백질의 단단한 겔형성 현상과 등전점 부근에서 열응고성이 최고가 되는 것을 이용한 조리방법이다.

제대로 조리된 수란은 난황부가 둥글고 두툼하며 난백이 난황을 완전히 덮고, 난백이 하늘거리는 부드러운 상태로 응고된 것이다.

(3) 달걀찜

달걀찜은 달걀의 열응고성을 이용한 대표적인 음식으로, 달걀을 물로 희석시켜 달걀액을 만들고 염류 등 기타 첨가물을 넣어 익히는 것이다.

가열온도, 가열시간, 물의 첨가량은 질이 좋은 달걀찜을 만드는데 중요한 요인이 된다. 가열온도가 높을수록 가열시간이 길수록 달걀찜이 단단해지고, 액체가 많이 분리되어 입안에서의 촉감이 나쁘게 된다. 달걀찜의 내부온도가 78~80℃일 때 가장 질이 좋은 상태가 된다.

잘 만들어진 달걀찜은 표면과 내부에 기포를 지니지 않으며, 연하고, 윤기가 나고 입안에서의 촉감이 부드러울 뿐 아니라, 달걀찜을 수저로 떴을 때 분리되는 수분의 양이 적은 것이다.

7. 우유 및 유제품

유즙은 포유동물의 유선에서 분비되는 것으로 어린 포유동물의 성장과 발육에 필요한 영양소를 모두 포함하고 있는 영양가 높은 식품이다.

우리가 유즙을 식용으로 하는 포유동물로는 소, 양, 말, 물소, 낙타 등이 있으나 가장 보편적으로 사용되는 유즙은 우유이다. 우유는 백색 불투명한 액체음료이며 소화흡수가 용이한 알칼리성 식품이다.

1) 우유의 특징

우유는 수분이 약 89%, 단백질이 3.4%, 지질이 3.6%, 탄수화물이 4.9%, 회분이 0.7%, 비타민, 효소, 색소로 구성되어 있다.

우유는 원심분리하거나 정치하여 두면 유지방과 지용성 비타민으로 이루어진 크림층과 탈지유로 분리된다. 탈지유에 산을 가하여 pH를 4.6으로 조정하면 우유의 대표적인 단백질인 카제인(casein)과 유청단백질(whey)로 분리된다.

<표 5-25> 유즙의 일반성분

(100g)

종류	열량 (kcal)	수분 (%)	단백질 (g)	지질 (g)	당질 (g)	조섬유 (g)	칼슘 (mg)	인 (mg)	철 (mg)	나트륨 (mg)	칼륨 (mg)	콜레스테롤 (mg)	비타민				
													A (R.E.)	B_1 (mg)	B_2 (mg)	niacin (mg)	C (mg)
우 유	60	88.2	3.2	3.2	4.7	0	105	89	0.1	55	148	11	28	0.04	0.14	0.1	1
산양유	63	88.0	3.1	3.6	4.5	0	120	90	0.1	35	220	114	36	0.04	0.14	0.3	1
모 유	65	88.0	1.1	3.5	7.2	0	27	14	0.1	15	48	15	47	0.01	0.03	0.2	5

(1) 우유의 영양성분

우유의 단백질은 젖소의 품종에 따라 차이가 나며 2.7~4.4% 정도 함유되어 있다. 탈지유에 함유되어 있는 카제인은 우유단백질의 75~85%를 차지하는 주요 단백질로 칼슘과 결합된 상태의 인단백질이며 여러 가지 단백질의 복합체로서 α_{s1}, α_{s2}, β, κ-카제인으로 이루어져 있다. 우유에 레닌(rennin)을 첨가하면 카제인은 불용성 커드(curd)를 형성하며 침전되는데, 이것을 치즈제조에 이용한다. 유청단백질에는 락토알부민(lactoalbumin), 락토글로블린(lacto globulin), 혈청 알부민(albumin) 등이 함유되어 있다.

유지방은 유제품의 성분규격에 중요한 요소로 우유 중 지질의 함량은 3.0~3.8%를 차지한다. 우유에는 직경이 0.1~20μm인 미세한 지방구가 존재하며 총 지질의 95~98%가 중성지질의 형태로 존재한다.

우유에 함유된 탄수화물의 대부분은 유당(lactose)의 형태이며, 나머지는 포도당(glucose)과 갈락토오스(galactose)의 상태로 존재한다. 유당은 포유동물의 유즙에만 존재하는 당으로, 감미정도는 설탕을 100으로 할 경우 16정도밖에 되지 않으며, 장내 유해균의 번식을 억제한다. 한편, 우유 가열시 단백질과 공존함으로써 마이야 반응(maillard reaction)을 일으켜 갈색화의 원인이 되기도 한다.

칼슘, 인, 마그네슘, 아연 등의 무기질 흡수를 촉진시키고 유산균의 성장을 도와준다.

우유의 칼슘이 지니는 작용은 다음과 같다.

① 체액을 약 알칼리성으로 유지한다.
② 뼈와 치아를 강하게 만든다.
③ 혈액의 응고작용을 돕는다.
④ 중추신경을 안정화시키는 피로회복제이다.
⑤ 장의 운동을 정상화시킨다.
⑥ 심장근육 및 혈관의 수축력을 강화시킨다.
⑦ 소염작용과 식균작용을 한다.
⑧ 콜레스테롤의 감소효과가 있다.

우유에는 거의 모든 종류의 지용성, 수용성 비타민이 함유되어 있으나, 가공 중에 비타민 B, C같이 열에 약한 비타민과 A, B_2, B_6, C와 같이 햇빛에 약한 비타민이 파괴되는 경우가 있다. 또한 무기질의 경우는 칼슘과 인의 함량이 높으며 칼륨, 나트륨, 마그네슘, 염소, 황 등도 다량 함유되어 있다.

우유의 색은 우유에 분산되어 있는 지방구와 카제인 입자의 크기와 함량에 의해 나타나는 것이며, 카로틴(carotenes)과 리보플라빈(riboflavin)이 함유되어 있어 유백색 또는 담황색을 약하게 지닌 형광백색에 가까운 색을 낸다.

(2) 우유의 물리적 성질

우유가 지니는 물리적인 성질은 다음과 같다.

가. 비중

우유의 비중은 15℃에서 1.027~1.034 정도이며, 유지방이 증가하면 비중이 적어지고 고형분이 증가하면 비중이 커진다. 예를 들면 탈지유의 경우는 비중이 1.032~1.036정도이다.

나. pH

우유의 pH는 신선한 경우 6.5~6.8정도이며, 우유의 신선도가 저하될수록 pH가 낮아지므로 우유의 신선도 평가와 유제품 공정관리시 중요한 지표가 된다.

다. 비열

우유의 비열은 0.938이고 탈지유의 경우는 0.943이다. 즉 지방함량이 적을수록 비열이 높게 나타난다.

라. 빙점

우유의 빙점은 우유에 함유되어 있는 유당과 염류들로 인하여 물보다 낮은 −0.512~−0.55℃이다. 물을 1% 첨가할 때마다 빙점이 0.006℃씩 상승하므로 물을 가했는지를 검사하는 척도로 이용된다.

마. 비등점

우유의 비등점은 1기압하에서 100.55℃로 물보다 높으며 우유가 농축될수록 높아져서, 우유를 $\frac{1}{2}$로 농축하면 우유의 비등점은 0.5℃가 높아진다.

2) 우유의 가공처리

우유는 젖소로부터 착유된 원유에 다른 유제품이나 영양소를 첨가하지 않고 그대로 표준화하고, 균질화하고, 살균 또는 멸균처리하여 시판한다.

(1) 표준화(standardization)

품질검사를 거친 우유는 미세한 이물질 제거를 위해 청정과정을 거치고 제품의 종류와 규격에 적합하도록 원료유에 유지방, 무지 고형분, 강화성분 등을 첨가하여 함량을 조정한다. 예를 들면 우유에 유지방 함량이 부족할 경우는 크림을 첨가하고 유지방 함량이 많을 경우는 탈지유를 첨가하여 지방함량을 표준화시킨다.

(2) 균질화(homogenization)

유지방의 비중이 우유전체 비중보다 낮아, 우유를 일정기간 방치할 경우에는 위쪽에 크림층이 형성되므로 이러한 현상을 방지하기 위하여 균질화를 실시한다.

균질화는 우유를 50~60℃로 가온한 후 직경 1.0~10.0μm의 유지방을 직경 0.1~2.2μm의 유지방으로 세분화시키는 작업이다.

균질화된 우유는 점성이 높아지고 풍미도 증진되며 소화흡수율도 향상된다. 또한 레닌을 가할 때 부드러운 커드(curd)를 형성한다.

(3) 살균처리(pasteurization)

우유에 들어있는 미생물을 사멸할 뿐 아니라, 효소를 파괴하여 저장성을 향상시켜 위생적이고 안전한 우유를 만들기 위하여 살균처리를 실시한다.

① 저온 장시간 살균(low temperature long time method : LTLT)

62~65℃ 30분간 가열하는 방법으로 유해 미생물만 사멸시키고 우유의 풍미와 색, 영양가 등은 크게 변화를 주지 않는 방법이다. 그러나 노동력이 많이 들고 시간이 많이 소요되며, 농촌 또는 가정이나 소규모 공장에서 주로 실시하는 방법이다.

② 고온 단시간 살균(high temperature short time method : HTST)

72~75℃의 온도에서 15초간 살균 소독하는 방법으로 우유의 함량 및 오염

정도에 따라 75~85℃에서 15~20초간 살균하기도 한다. 우유를 밀폐하고 연속적으로 다량을 처리할 수 있어 많이 사용되는 방법이다. 원유에 가까운 풍미를 얻을 수 있으므로 우유를 능률적으로 살균시키는 방법이라 한다.

③ 초고온 살균(ultra high temperature method : UHT)

135~150℃의 온도에서 1~5초간 가열 처리하는 방법으로 현재 우유가공 시에 가장 많이 사용되며, 살균이 끝난 우유는 10℃ 이하로 급속히 냉각시키고 용기에 충전 포장 후 냉장 보관한다. 초고온 살균법은 색·풍미·영양가의 변화를 최소화하면서 살균처리하는 방법이다. 무균상태로 포장하는 우유에도 초고온 살균법이 이용되며, 살균된 우유를 무균충진시키면 실온에서 약 1개월간 저장도 가능하다.

우리나라의 경우 저온살균유는 63℃에서 30분간 살균하며, 한국형 살균유는 80~85℃에서 5~6분 고온살균한 후 130℃에서 2~3초간 초고온살균한다. 장기보존이 가능한 멸균유는 80~85℃에서 5~6분 고온살균한 후 140℃에서 2초간 초고온멸균한다. 일본은 우리나라와 동일한 온도와 시간에서 행해지는 저온살균유와 80~85℃에서 5~6분 고온살균한 후 120~130℃에서 2~3초간 초고온살균하는 살균유가 있다. 또한 장기보존유는 80~85℃에서 5~6분 고온살균한 후 135~140℃에서 2초간 초고온멸균한다.

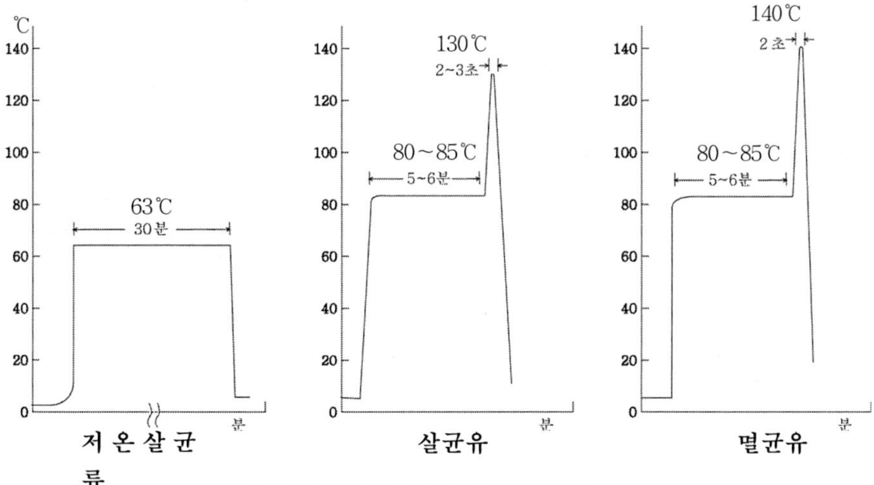

[그림 5-24] 우유의 살균방법

3) 우유 조리시의 변화

(1) 가열조리시의 변화

카제인(casein)은 보통의 가열로는 응고하지 않으며 100℃에서 12시간, 135℃에서 1시간 가열해야 응고되나, 락토알부민(lactalbumin)은 65℃ 이상의 온도로 가열하면 응고하기 시작하고 침전한다. 우유를 냄비에 넣고 직접 가열하면 냄비의 밑바닥에 눌어붙는 현상이 생긴다. 이는 락토알부민(lact-albumin)이 냄비의 바닥에서 열 응고하여 갈변됨으로써 눌어붙게 되는 것이다. 우유가 눌어붙는 것을 방지하려면 우유를 저으면서 가열하거나, 중탕으로 가열하는 방법이 좋다.

한편, 우유를 데울 때 뚜껑을 덮지 않고 산소에 노출시키면 우유의 표면에 얇은 막이 생기는데, 이는 우유의 락토알부민(lactalbumin), 락토글로블린(lactglobulin)과 지방구가 서로 혼합되어 응고한 것이다. 피막을 제거하는 경우에는 영양소의 손실이 나타나며 제거하면 또다시 생긴다. 피막형성을 방지하는 방법은 그릇의 뚜껑을 덮고 조리하거나, 우유를 희석하거나, 거품을 내어 데우거나 저어주면서 조리하는 것이다.

우유에는 단백질과 유당이 공존하고 있다. 따라서 가열하게 되면 마이얄 반응(maillard rection)이 가속화되어, 리신이 손실되고 멜라노이딘(melamoidine)이라는 갈색화 물질이 형성된다. 즉 연유를 농축할 때 연유의 색이 마이얄 반응에 의해서 엷은 갈색을 나타낸다.

우유는 끓이면 신선할 때에 비하여 맛이 없어지는데, 이는 가열에 의해 우유 속에 있던 탄산가스와 산소가 휘발되기 때문이다.

(2) 산에 의한 변화

우유에 산을 첨가하거나 우유에 들어 있는 박테리아에 의해 만들어진 산이 존재할 경우 카제인(casein)은 응고되고 침전된다. 과일이나 채소에 함유된 유기산도 우유를 응고시키는 원인이 된다.

산의 존재는 6.5~6.8인 우유의 pH를 카제인의 등전점인 pH 4.8부근으로 낮추어 카제인이 응고되도록 한다. 이러한 원리는 치즈의 제조에 이용된다.

우유의 응고를 방지하기 위해서는 카제인(casein)의 등전점인 pH 4.6~4.8 범위를 벗어나야 한다. 조리할 때 토마토 페이스트와 우유를 함께 사용하는 경우에는 토마토 페이스트를 먼저 가열하여 산을 휘발시킨 후 우유와 혼합해야 pH가 낮아져 우유가 응고하는 일이 없어진다. 또는 우유에 과일을 첨가하여 음료로 만들 경우에는 먹기 직전에 첨가하는 것이 바람직하다.

(3) 레닌에 의한 변화

레닌(rennin)은 포유동물의 위에서 분비되는 단백질 분해효소이며, 카제인이 가수분해되기 전에 카제인을 응고시키는 효소이다.

레닌(rennin)의 작용온도 범위는 광범위한 편으로 10℃에서 65℃까지 작용하지만, 최적의 작용온도는 40~42℃이다. 온도에 따라 반응속도가 차이가 나서 낮은 온도에서는 반응이 서서히 일어나 응고물이 매우 부드러운데 반하여, 높은 온도에서는 반응이 급속히 일어나 단단한 응고물을 만든다.

레닌이 작용하기 적당한 상태는 약산성으로 알칼리에서는 전혀 작용이 일어나지 않으며, 우유에 응고물이 생길 정도의 산성에서도 작용하지 않는다.

카제인이 레닌에 의해 응고되는 경우는 산에 의해 응고되는 것과 달리 칼슘이 유청으로 분리되지 않고 카제인에 그대로 붙어 있다. 따라서 레닌으로 만든 치즈가 산침전으로 만든 치즈보다 우수한 칼슘 급원식품이 된다. 산침전으로 만든 코타지치즈(cottage cheese)는 레닌침전으로 만든 체다치즈(cheddar cheese)보다 칼슘의 함량이 상당히 낮은 편이다.

(4) 조리시 우유의 역할

우유는 조리시에 주재료보다는 부재료로 쓰이며 음식에 다양한 용도를 제공한다.

가. 음식의 색을 흰색으로 한다.

예를 들면 화이트 소스나 치킨알라킹, 차우더 수프는 우유의 색으로 인해 음식의 색이 희게 된다.

나. 마이얄 갈색화 반응을 일으킨다.

우유에는 단백질과 유당이 공존하여 가열시에 마이얄 반응이 가속화된다.

예를 들면 케이크이나 쿠키, 캔디류에 우유를 첨가하여 바람직한 갈색이 되며 반응의 산물로 풍미도 증가된다.

다. gel의 강도를 강화시킨다.

우유의 단백질은 열에 의해 응고하므로 겔의 강도를 높여주는 효과가 있다. 예를 들면 스크램블드 에그나 오믈렛을 만들 때 달걀에 우유를 첨가하면 동량의 물을 첨가한 것보다 단단한 제품을 얻을 수 있다.

라. 냄새를 탈취한다.

우유에 존재하는 콜로이드(colloid) 입자는 냄새를 흡착하여 제거한다. 예를 들면 생선을 조리하기 전에 우유에 담그면 생선의 비린내가 제거되어 조리시 비린내가 나지 않게 된다.

마. 기호성을 향상시킨다.

우유에 함유된 콜로이드의 입자로 인하여 음식에 윤활감을 주어, 입안에서의 촉감을 좋게 한다.

4) 우유의 응용식품

원유로부터 주요 유제품이 만들어지기까지의 과정은 [그림 5-25]와 같다.

(1) 시유 및 가공유

시유(city milk)란 젖소로부터 착유한 원유를 식용할 수 있도록 표준화, 균질화, 살균처리 등을 거쳐 식품위생상 안전하게 가공하며, 원유에 다른 유제품이나 영양소를 첨가하지 않고 시판되는 것이다.

가공유는 원유에 다른 유제품이나 영양소를 첨가하기 위한 과정을 거치고 균질화, 멸균처리하여 시판되는 것이다. 저지방우유는 우유의 크림층을 일부 제거하여 지방의 함량을 낮춘 우유이고, 강화우유는 우유에 비타민, 무기질 등의 영양소를 강화시킨 것이다.

유음료는 우유나 탈지유에 과즙, 설탕, 커피, 초코릿 등의 향료를 가미하여 풍미를 향상시킨 것이며, 우유나 가공유와는 외관이 다르다.

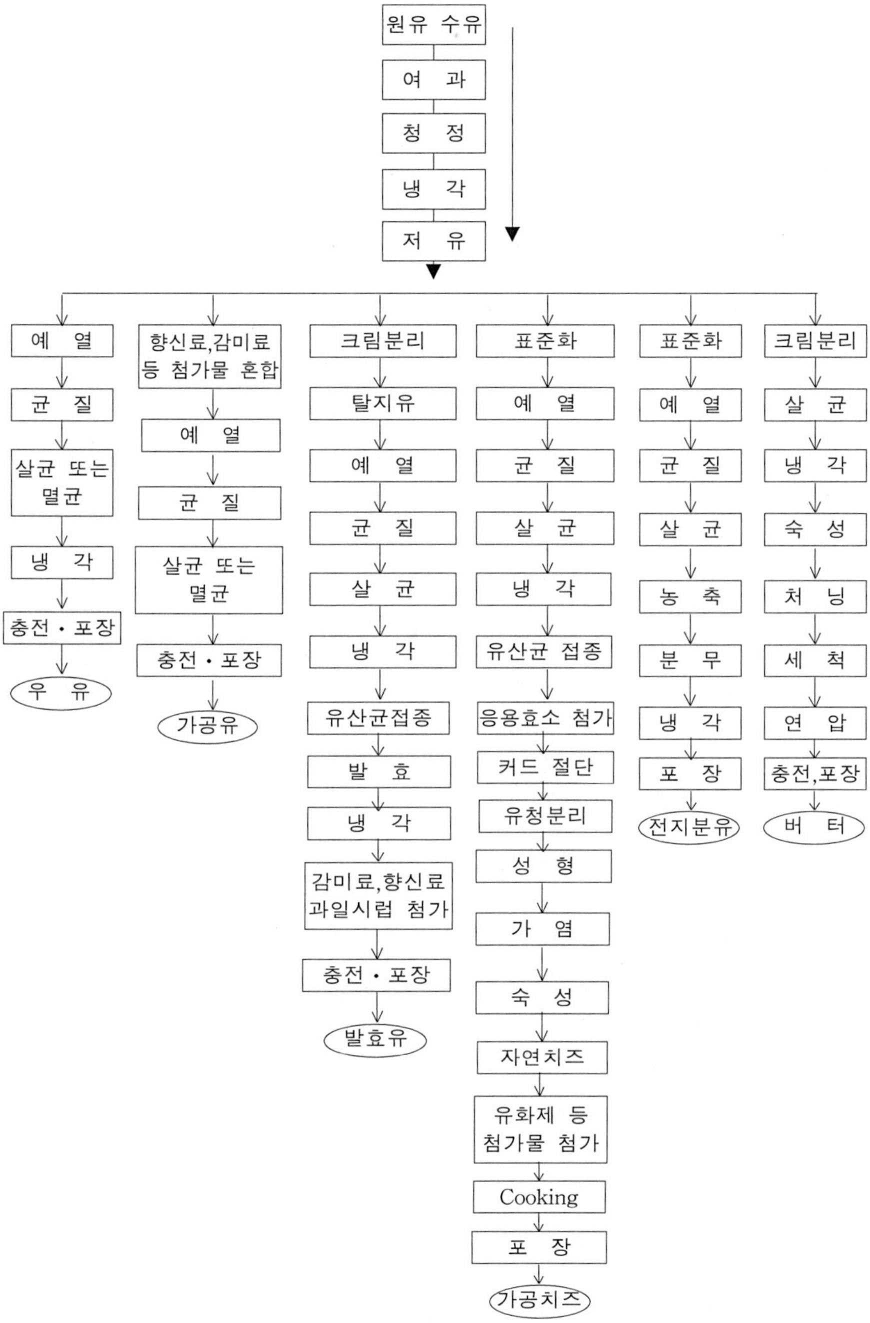

[그림 5-25] 주요 유제품의 제조과정

(2) 크 림

크림은 우유를 오래 방치하거나, 원심력을 이용하여 분리할 때 위쪽으로 모이게 되는 지방층을 말하는데, 우리나라에서는 유지방 성분이 18% 이상이다.

크림은 우유에서 분리한 지방분을 살균, 냉각한 생크림과 젖산균으로 발효시킨 발효크림으로 구분한다. 생크림은 유지방함량에 따라 18~36%인 가벼운 크림(light cream)과 36% 이상인 된 크림(heavy cream)으로 구분한다.

커피크림(coffee cream)은 light cream의 일종으로 커피의 쓴맛을 제거하며, 풍미를 증진시키기 위해 사용된다. 휘핑크림(whipping cream)은 크림을 5~10℃의 저온에서 강하게 교반하여 미세한 기포를 생성시킨 것이다.

<표 5-26> 크림의 종류와 유지방 함량

크림의 종류	유지방 함량(%)
발효크림(sour cream)	18
커피크림(coffee cream)	18~30
휘핑크림(whipping cream)	30~36
플라스틱크림(plastic cream)	80 이상

크림에 기포를 생성할 때에는 다음과 같은 점에 유의해야 한다.

① 크림은 유지방이 많이 포함된 것을 사용하는 것이 좋다.

② 5℃ 정도의 저온에서 일정한 속도로 거품을 내는 것이 좋다

③ 어느 정도 거품이 생성된 후에 설탕을 첨가하는 것이 좋다.

④ 휘핑크림은 만든 즉시 먹는 것이 좋고, 냉동하는 것은 좋지 않다.

(3) 버 터

버터는 우유로부터 분리한 크림을 천천히 교반하여 지방 입자만 유출시켜 만든 것으로 유중수적형(油中水滴形) 유화형태의 대표적인 식품이다.

버터는 소금의 첨가 유무에 따라 가염버터와 무염버터로 구분된다. 가염버터는 저장성이 커서 냉장보관시 안전한 편이나, 무염버터는 향미가 쉽게

<표 5-27> 유제품의 보관법

제품명	보관온도	보관기간	보관방법
조제분유	실온	12개월	밀폐하여 직사광선 없는 건조한 곳
무당연유	실온	6개월	서늘하고 건조한 곳
가당연유	실온	12개월	서늘하고 건조한 곳
버　　터	0~5℃	3개월	밀폐하여 서늘하고 건조한 곳
치　　즈	0~5℃	3개월	밀폐하여 서늘하고 건조한 곳

변하므로 냉동고에 저장하는 것이 좋다.

버터는 유지방이 80% 이상, 수분이 16% 내외, 무기질·비타민 2%, 소금 약 2%를 차지하며 함유된 유지방은 탄소수가 적은 저급 지방산으로 소화율이 약 98%에 달한다.

버터의 품질을 결정하는 요소는 다음과 같다.

가. 독특한 풍미와 향기

저장기간이 길어지면 지방이 산패되어 불쾌취와 불쾌미 등을 나타낸다.

나. 버터의 조직감

조직감은 버터를 반죽하는 정도에 따라 크게 영향을 받으며, 반죽이 지나치면 점착성이 높은 버터가 만들어진다.

다. 색

버터의 색은 특유의 담황색을 지니며, 어느 부위에서나 동일한 색을 나타내야 한다.

(4) 치 즈

치즈는 전유나 탈지유 등을 원료로 하며, 우유중의 젖산균이나 레닌 또는 산 등의 작용으로 응유시켜, 카제인과 지방이 응고된 커드(curd)를 덩어리로 만들어 숙성시켜 만든 제품이 일반적이다. 코타지치즈(cottage cheese)나 모짜렐라 치즈(mozzarella cheese) 또는 크림치즈(cream cheese)를 제외하고는 거의 모든 치즈가 숙성 발효 치즈이다.

치즈의 종류는 단단한 정도에 따라 구분할 수 있고, 세계 여러 나라에서 약 800여종이 만들어지고 있으며, 크게 자연치즈와 가공치즈로 구분할 수 있다. 자연치즈는 커드가 신선한 상태를 그대로 숙성시킨 것으로 가열처리를 하지 않아서 젖산균이나 효모가 살아 있는 치즈이다. 가공치즈는 종류나 숙성상태가 다른 자연치즈를 섞어서 가열한 후 성형하여 만든 것으로 보존성이 높고 품질이 균일하며 대량생산이 가능하다.

치즈의 주성분은 단백질과 지방이며, 단백질과 지방은 원유의 약 10배 정도 농축되어 있다. 칼슘과 비타민 A, B군도 다량 함유되어 있다.

치즈를 숙성하기 전에는 조직감이 단단하나, 숙성된 후의 조직감은 연하고 부드러우며 탄력성을 지닌다.

치즈는 건조를 방지하기 위하여 밀폐되고 수분이 없는 곳에 보관하는 것이 좋다. 덩어리 치즈는 보관기간 중 미생물이나 곰팡이가 생기기 쉬우며, 이러한 경우에는 곰팡이가 생긴 외부를 제거한 다음 식용으로 한다.

<표 5-28> 경도에 따른 치즈의 분류

분 류	수분(%)	종 류
연질치즈 (soft cheese)	55~80	숙성시킨 것 : Camembert, Brie, Belpaese 숙성시키지 않은 것 : Cottage, Mozzarella, Cream
반경질치즈 (semi-hard cheese)	45~55	세균에 의한 숙성 : Brick, Limburger 푸른곰팡이에 의한 숙성 : Roquefort, Blue, Stilton
경질치즈 (hard cheese)	34~55	발효가스 구멍이 없는 것 : Cheddar, Edam, Gouda 발효가스 구멍이 있는 것 : Swiss, Emmenthal, Gruyere
초경질치즈 (very hard cheese)	13~34	세균에 의한 숙성 : Parmesan, Romano, Sapsago

제 6 장

지질식품과 조리

1 지 질 216

2 유지의 성질 220

3 조리에서 유지의 이용 228

4 유지의 종류 231

제6장 지질식품과 조리

지질은 많은 종류의 물질을 함유하고 있기 때문에 생체 내에서 다양한 역할을 하는 영양소이다. 지방은 동식물에 널리 함유되어 있는데, 특히 동물에서는 피하에 영양분으로 저장되며 영양분 중에서도 가장 높은 에너지를 낸다.

지질은 생체를 구성하는 물질 중에서 물에는 녹지 않고 에테르(ether), 클로로포름(chloroform), 아세톤(aceton), 벤젠(benzen), 석유 등의 유기용매에 녹는 생체성분을 총칭하는 것이다. 지방은 지질 중 중성지방 즉 글리세롤(glycerol)과 지방산의 에스테르(ester)만을 가리키는 것이지만 지질과 같은 뜻으로 이용되기도 하는데, 이는 식품 중 지질의 대분분이 지방이기 때문이다.

또한 지질은 유(油)와 지(脂)로 나눌 수 있는데, 상온에서 액체인 것을 유(oil), 고체인 것을 지(fat)라 한다. 그러나 그것의 구별이 뚜렷하지 않아 양자를 총칭하여 유지라 하기도 하며, 유지라는 말 대신 모두를 일괄적으로 지방 또는 지질이라 부르기도 한다. 액체상태인 유는 주로 식물성으로 불포화지방산이 많고 고체상태는 동물성이 많으며 포화지방산으로 이루어져 있다. 그러나 예외적으로 팜유는 기름야자의 과육에서 취하는 기름으로써 식물에서 얻지만 포화지방산을 함유하고 있으며, 정어리기름, 청어기름 등의 어유와 대구간유, 상어간유 등의 간유는 동물성이지만 액체인 유에 속한다. 지질은 1g당 9㎉의 열량을 내므로 에너지의 급원으로 중요하며, 필수지방산을 공급해 주고 지용성 비타민의 체내 흡수를 도와주는 역할을 한다. 그 외 식품에 풍미를 높여주거나 조리시 열을 전달하는 매체로서 작용한다.

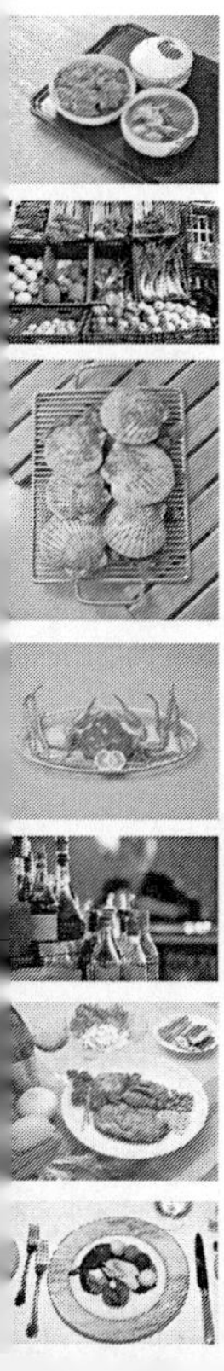

1. 지질(lipid)

1) 지질의 분류

지질은 그 성분이나 화학구조에 따라 단순지질, 복합지질, 유도지질로 구분한다.

(1) 단순지질 (simple lipid)

단순지질은 지방산과 알코올이 에스테르(ester) 결합한 것으로 고급지방산과 글리세롤의 에스테르인 중성지방(neutral fats), 고급 1가 알코올과 지방산의 에스테르인 왁스류(waxes)와 지방산과 콜레스테롤의 에스테르인 콜레스테롤 에스테르(cholesterol ester)가 있다.

(2) 복합지질 (compound lipid)

복합지질은 단순지질에 다른 성분이 결합된 것으로 인지질, 당지질과 그 외 황지질, 단백지질 등이 있다.

인지질(phospholipid)은 한 분자내에 글리세롤과 두 분자의 지방산, 질소염기 및 인산기를 갖는 것으로 레시틴(lecithin)과 세파린(cephalin)이 있다. 당지질(glycolipid)은 지방산과 탄수화물, 질소화합물로 형성된 것으로 세레브로사이드(cerebroside)를 들 수 있다. 그 외 지방산과 유황이 결합한 황지질(sulfolipids)과 지방산과 단백질이 결합한 단백지질(proteolipid)이 있다.

(3) 유도지질 (derived lipid)

유도지질은 단순지질과 복합지질이 가수분해될 때 얻어지는 화합물을 말하며 지방산, 고급알코올, 스테로이드류 등이 있다.

2) 중성지질(glyceride)

중성지질은 지방산과 글리세롤의 에스테르를 말하며, 1분자의 글리세롤에 1~3분자의 지방산이 결합할 수 있다. 따라서 결합하는 지방산의 수에 따라 모노글리세라이드(monoglyceride 또는 monoacylglycerol), 디글리세라이드(diglyceride 또는 diacylglycerol), 트리글리세라이드(triglyceride 또는 triacylglycerol)가 형성될 수 있다. 이때 지방은 종류에 따라서 3개의 지방산이 모두 같을 수도 있고, 2개가 같고 1개가 다를 수도 있으며, 3개가 모두 다를 수도 있으나, 3개의 지방산이 모두 같은 것이 많다. 식품 중에 모노나 디글리세라이드의 함량은 아주 작고 이들은 유화성이 크기 때문에 지방에 첨가되기도 한다. 식품에 있는 지방의 가장 일반적인 형태는 트리글리세라이드이다.

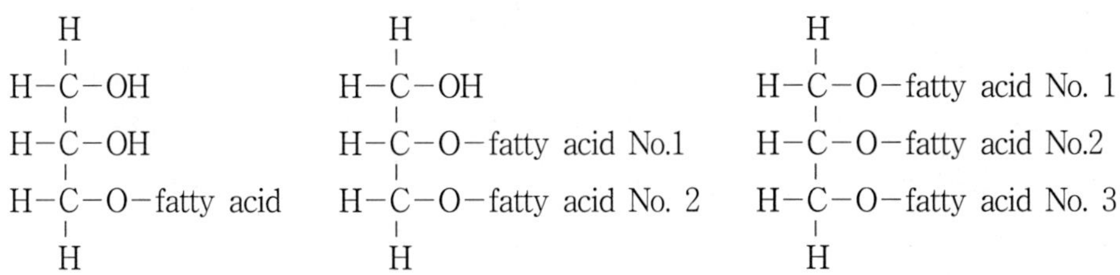

모노글리세라이드 **디글리세라이드** **트리글리세라이드**

[그림 6-1] 글리세라이드의 종류

(1) 글리세롤(glycerol)

글리세롤은 수용성이며 3개의 수산기(OH^-)를 가지고 있고, 각각의 수산기의 수소는 지방산과 에스테르결합을 할 수 있다.

(2) 지방산(fatty acids)

지방산은 카르복실기(carboxy기, -COOH)를 한 개 가지는 사슬모양의 모노카르복실산을 말하며 지방을 가수분해하였을 때 생긴다. 자연계에 존재하는 지방산은 탄소수가 짝수이며 탄소원자 사슬의 길이와 탄소에 부착되어 있는 수소원자의 양에 따라 특성이 다르다. 탄소수가 C_{10}이하인 것을 저급지방산, C_{18} 이상인 것을 고급지방산이라 하는데, 자연계에는 탄소수 18개가 가장 많다. 지방산의 분자 내에 이중결합의 유무에 따라 불포화지방산과 포화지방산으로 분류할 수 있다.

지방산은 높은 칼로리를 내며 장에서 직접 흡수되므로 에너지원으로서의 이용가치가 높고, 소화흡수되면 일단 지방의 형태로 피하에 침착했다가 필요에 따라 간에서 분해된다.

가. 필수지방산(essential fatty acid)

필수지방산은 불가결지방산, 또는 비타민 F라고도 하며 동물체의 성장과 신체의 기능유지를 위하여 체외로부터 섭취해야 하는 지방산을 말한다.

지방은 체내에서 주로 에너지원으로 쓰이고 있지만, 그 외에도 음식을 통한 지방의 섭취가 전혀 없으면 동물의 성장이 정지되고 특유한 피부염이 생기게 된다. 필수지방산에는 아라키돈산(arachidonic acid), 리놀레산(linoleic acid), 리놀렌산(linolenic acid)이 있는데, 이 중에서 리놀레산은 유지에 널리 함유되어 있기 때문에 일상적인 지방의 섭취로도 필수지방산의 결핍을 막을 수 있다.

리놀레산은 체내에서 아라키돈산을 합성하는데 사용되며, 리놀렌산은 아이코사펜타엔산(eicosapentaenoic acid, $C_{20:5}$, EPA)과 도코사헥사엔산(docosa hexaenoic acid, $C_{22:6}$, DHA)을 합성하는데 사용된다.

<표 6-1> 어류에 함유되어 있는 DHA와 EPA의 함량 비교(mg)

어류	DHA	EPA	어류	DHA	EPA
전갱이	14.5	7.9	까나리	24.9	18.4
정어리	10.7	13.0	멸 치	18.9	8.2
뱀장어	28.2	13.5	가다랑어	7.0	3.9
가자미	24.8	6.2	고등어	13.2	0.9
꽁 치	10.6	6.4	넙 치	34.8	5.7
참 치	14.3	3.6	연 어	13.0	7.8

나. 포화지방산(saturated fatty acid)

포화지방산은 분자 내에 이중결합을 가지고 있지 않은 것을 말하며, 초산

(acetic acid), 뷰티르산(butyric acid), 카프로산(caproic acid), 라우르산(lauric acid), 미리스트산(myristic acid), 팔미트산(palmitic aicd), 스테아르산(stearic acid) 등이 있다.

이 중 팔미트산과 스테아르산은 천연유지에, 라우르산과 미리스트산은 야자유와 팜(palm)유에 많이 함유되어 있고, 뷰티르산은 버터의 맛과 향에 영향을 미친다.

다. 불포화지방산(unsaturated fatty acid)

불포화지방산은 분자 내에 이중결합을 갖는 지방산을 말하며 포화지방산의 글리세리드에 비해 녹는점이 낮아 상온에서 액체인 식물성기름에 많다. 불포화지방산의 종류로는 올레산(oleic acid, $C_{18:1}$), 리놀레산(linoleic acid, $C_{18:2}$), 리놀렌산(linolenic acid, $C_{18:3}$), 아라키돈산(arachidonic acid, $C_{20:4}$) 등이 있으며, 그 중 올레산(oleic acid), 리놀레산(linoleic acid)과 리놀렌산(linolenic acid)은 식품에 가장 많이 분포되어 있다.

불포화지방산 중에서 이중결합을 2개 이상 갖는 것을 고도불포화지방산(polyunsaturated fatty acid, PUFA)이라 하는데, 특히 어유에 많이 들어 있는 고도불포화지방산인 에이코사펜타엔산은 혈액의 응고를 억제하여 혈관계 질병의 예방에 효과가 있고, 도코사헥사엔산은 뇌를 활성화시키는 작용이 있어서 주목받고 있다.

2. 유지의 성질

1) 물리적 성질

(1) 용해성 (solubility)

트리글리세라이드는 글리세롤의 −OH기와 지방산의 −COOH가 에스테르(ester)결합한 형태로 친수기가 없기 때문에 다른 매개체가 없으면 물과 섞이지 않고 클로로포름, 에테르, 석유에테르, 벤젠 등에 잘 녹는다. 반면 인지질, 모노글리세라이드(monoglyceride), 디글리세라이드(diglyceride)는 친수기가 있어서 물에 용해되는 성질을 가지고 있어 유화제로 많이 이용된다.

(2) 융점 (melting point)

고체가 녹는 온도를 융점 혹은 융해점이라 하며, 유지의 융점은 구성지방산의 종류에 따라 크게 영향을 받는데 지방산의 탄소사슬의 길이와 불포화지방산의 함량에 따라 차이가 많다. 즉, 탄소수가 많을수록 융점이 높아지고 지방산의 포화도가 높을수록 융점은 상승한다. 융점이 낮은 유지는 입속에서 쉽게 녹고 소화되기도 쉬운 특징이 있다.

(3) 가소성 (plasticity)

외부의 힘에 의해서 변형된 물체가 그 외부의 힘을 제거하여도 원래의 상태로 돌아오지 않고 영구 변형되는 성질을 가소성 또는 소성(塑性)이라 한다. 식품에서 이러한 성질을 이용하여 형태를 유지하는 것으로는 초콜릿, 쇼트닝, 버터, 마가린 등이 있다.

(4) 발연점(smoking point), 인화점(flash point), 연소점(fire point)

유지를 가열하면 온도가 상승하면서 푸른 연기가 나기 시작하는데 이때의 온도를 발연점이라 한다. 발연점에서 발생되는 연기는 고온으로 유지를 가열할 때 유지가 분해되어 발생되고 이것의 성분은 지방산, 알데히드(aldehyde), 케톤(ketone), 아크로레인(acrolein) 등으로 이루어지며, 식품에 이 연기가 흡수되면 좋지 못한 맛이나 냄새가 나므로 튀김을 할 때에는 발연점이 높은 유지를 사용하도록 한다.

<표 6-2> 지방산의 융점과 급원식품

일반명	구조	융점(°C)	급원식품
Butyric acid	$C_{4:0}$	−7.9	버터
Caproic acid	$C_{6:0}$	−3.2	버터, 야자유
Caprylic acid	$C_{8:0}$	16.3	버터, 야자유
Lauric acid	$C_{12:0}$	43.9	버터, 야자유
Myristic acid	$C_{14:0}$	54.4	버터, 야자유
Palmitic acid	$C_{16:0}$	62.9	일반 동식물성 유지
Stearic acid	$C_{18:0}$	69.6	일반동식물성 유지
Arachidic acid	$C_{20:0}$	75.4	땅콩기름, 돼지기름
Oleic acid	$C_{18:1}$	16.3	동, 식물성 기름
Linoleic acid	$C_{18:2}$	−5.0	동, 식물성 기름
Linolenic acid	$C_{18:3}$	−11.0	동, 식물성 기름
Arachidonic acid	$C_{20:4}$	−49.5	인지질, 간유

발연점은 유지의 노출된 표면적이 넓을수록, 유지 중의 유리지방산의 함량이 많을수록, 이물질이 많을수록, 저급지방산을 많이 가지고 있을수록 발연점은 낮아진다.

인화점은 유지에서 발생되는 연기와 공기가 섞여서 발화되는 최저의 온도를 말하며 발연점이 높으면 인화점도 높다. 연소점은 유지가 계속적인 연소를 지속하는 최저의 온도를 말하며 발연점이 높을수록 연소점도 높다.

유지의 발연점, 인화점, 연소점은 유지의 정제 정도, 순도, 유지 중의 유리 지방산의 함량 등에 의해 많은 영향을 받는다.

<표 6-3> 유지의 발연점, 인화점, 연소점(°C)

유지의 종류	발연점	인화점	연소점
대두유	256	326	350
옥수수유	227	326	359
올리브유	199	321	361
아마인유	160	309	360
돼지기름	190	215	242

(5) 비중(specific gravity)

유지의 비중은 약 0.91~0.97로 물보다 가벼워 물과 함께 있으면 물위로 뜬다. 저급지방산의 함량이 많을수록, 지방산의 불포화도가 높을수록 비중은 커진다.

같은 유지라 하더라도 고체상태의 유지와 액체상태의 유지는 비중의 차이가 크기 때문에 한 유지 속의 고체성분과 액체성분의 비율을 결정하는데 비중이 이용된다.

<표 6-4> 유지의 비중(15°C)

유지의 종류	비 중
건 성 유	0.92~0.94
반건성유	0.92~0.93
불건성유	0.91~0.92

2) 화학적 성질

(1) 가수분해

가수분해는 기름을 높은 온도로 가열했을 때 물과 지방이 반응하여 유리 지방산과 글리세롤(glycerol)이 생성되는 것을 말한다. 이때 계속적으로 가열하게 되면 글리세롤이 탈수되어 유해한 물질인 아크로레인(acrolein)이 만들어진다. 이것이 생기면 눈을 자극할 뿐 아니라 기름의 색이 짙어지고 거품과 불쾌한 냄새가 나게 된다.

버터에 많이 들어 있는 뷰티르산과 카프로산은 탄소길이가 짧은 저급 지방산으로 실온에서 휘발성이며 버터가 산패되었을 때 불쾌한 냄새와 맛을 내게 된다. 그러나 탄소길이가 긴 고급 지방산은 실온에서 휘발성이 아니기 때문에 산화와 같은 변화가 있지 않는 한 나쁜 냄새를 내지 않는다.

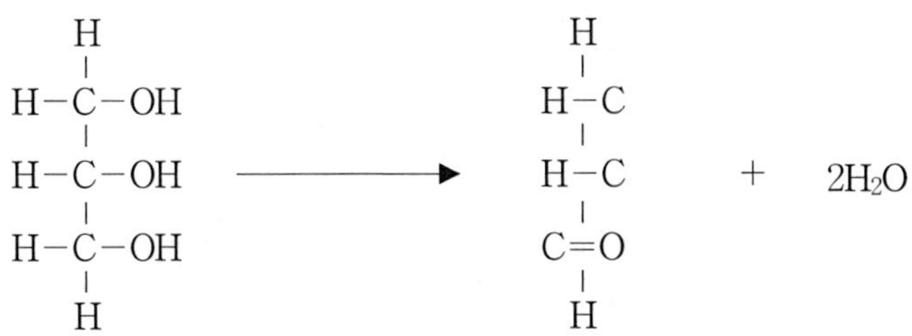

glycerol acrolein

[그림 6-2] 아크로레인의 생성

(2) 산 패

지질식품을 오랜 기간 저장하면 산소, 광선, 효소, 미생물 등에 의해 색과 맛이 변하고 좋지 않은 냄새가 나게 되는데, 이와 같은 현상을 유지의 산패라 한다. 산패는 산화에 의해 일어나거나 가열에 의해 일어나게 된다.

가. 산화에 의한 산패

산화는 식품에 존재하는 효소에 의해 발생될 수도 있지만, 대체로 계속되는 화학반응에 의해 일어나게 된다. 지방이 공기 중의 산소와 결합하여 이중결합이 있는 지방산의 탄소원자에서 수소원자를 잃어버릴 때 생긴다. 이때 하이드로퍼옥사이드(hydroperoxide)라는 물질을 형성하게 되고 이것이 쉽게 파괴되어 나쁜 냄새를 내게 된다.

이중결합이 있는 불포화지방산은 산화에 의한 산패를 받기 쉽지만, 수소가 첨가된 지방이나 포화지방산으로 구성된 천연지방에서는 이러한 반응이 쉽게 일어나지 않는다.

나. 가열에 의한 산패

튀김, 볶음이나 지짐의 조리를 할 때와 같이 기름을 가열하면 산화가 급격하게 일어나 중합현상이 나타나면서 점성과 기포성이 커지고 기호성과 영양가는 감소하게 된다. 중합이란 유지가 가열에 의해 지방분자가 농축됨으로써 보다 큰 지방분자를 형성하는 것을 말한다. 유지의 가열중합 반응은 아마인유, 대두유와 같이 불포화도가 높은 기름이나 여러 번 사용한 튀김기름에서 더욱 활발하다.

기름에 튀김물을 넣으면 기름의 표면에 거품이 생기는 것을 볼 수 있는데, 새 기름을 사용했을 때에는 큰 거품이 일시적으로 생기지만 산패한 기름의 경우는 작은 거품이 많이 생기며, 튀김물을 꺼낸 후에도 오랫동안 거품이 표면에 남아 있게 된다.

볶음이나 지짐을 할 때와 같이 아주 적은 양의 기름을 사용한 경우는 튀김에 비해 약 120배나 빨리 산패가 일어난다. 따라서 볶음이나 지짐을 할 때에는 팬을 뜨겁게 달군 후에 기름을 넣고 재빨리 재료를 넣어주면 산패를 다소 줄일 수 있다.

A : 신선유에 튀김을 넣었을때
B : 산패유에 튀김을 넣었을때

[그림 6-3] 신선유와 산패유의 비교

가열하게 되면 산소와의 접촉에 의해 산화가 진행되면서 동시에 중합이 활발하게 일어난다. 중합이란 가열에 의해 지방분자가 농축됨으로써 보다 큰 지방분자를 형성하는 것을 말한다. 유지의 가열중합 반응은 아마인유, 대두유와 같이 불포화도가 높은 기름이나 여러 번 사용한 튀김기름에서 더욱 활발하다.

유지 속의 리놀레산(linoleic acid)과 리놀렌산(linolenic acid) 등은 가열에 의해 이중결합의 재배치가 일어나서 중합반응을 일으키는데, 특히 아마인유는 리놀레산의 함량이 25~35%, 리놀렌산 35~45%, 올레산이 10~15% 함유되어 있기 때문에 매우 쉽게 가열중합이 일어나게 된다. 고온에서 가열된 유지는 중합체의 형성에 의하여 점도가 급속히 증가하고 영양가의 손실도 크게 일어난다.

다. 산패에 영향을 미치는 요인

① 온도

모든 화학반응이 일어나는 속도는 온도가 높으면 촉진되므로 유지를 높은 온도에서 저장했을 때에는 산패반응의 속도가 빨라진다.

② 광선

광선 및 자외선에 가까운 파장의 광선은 유지의 산패를 촉진한다.

③ 산소

아주 적은 산소의 분압도 유지의 산패를 일으킨다.

④ 지방산의 불포화도

지방산의 불포화도가 많을수록 산패를 촉진시킨다. 리놀레산은 올레산보다 약 15배, 리놀렌산은 올레산보다 약 30배 더 빨리 산화시킨다.

⑤ 금속

코발트(Co), 구리(Cu), 철(Fe), 망간(Mn), 니켈(Ni) 등의 금속은 아주 적은 양이라 할지라도 유지의 산패를 현저하게 촉진시킨다.

⑥ 항산화제

항산화제는 지방질 식품의 산화를 억제하여 산화에 의한 향미성분의 감소, 영양성분의 파괴 등을 일정기간 방지할 수 있는 물질을 말하는데 식물성 기름에는 천연 항산화제가 함유되어 있다.

천연 항산화제로는 동식물체에 존재하는 토코페롤(tocopherols), 대두유와 옥수수유에 있는 레시틴(lecithin), 참깨기름의 세사몰(sesamol), 면실유의 고시폴(gossypol) 등이 있으며, 합성 항산화제에는 BHA(Butylated hydroxy anisole), BHT(Butylated hydroxy toluene), PG(Propyl gallate) 등이 있다. 항산화제는 유지에 녹기 쉬워야 하고 온도에 민감하지 않으며 맛, 색, 냄새에 나쁜 영향을 미치지 않아야 하고 무엇보다도 인체에 해가 없어야 한다.

3) 산패 측정하는 방법

(1) 요오드가(iodine value)

유지 100g 중에 흡수되는 요오드의 g수로서 지방산 중에 이중결합이 많을수록 요오드가가 높아지며 유지의 불포화도를 나타내는 척도로 쓰인다. 따라서 고체지방보다 액체유의 요오드가가 더 높게 나타난다. 유지를 오래 가열하면 이중결합이 중합되어 요오드가가 감소하는데 대두유, 채종유, 참기름 등에서 그 예를 볼 수 있다.

(2) 검화가(saponification value)

유지를 알칼리로 가수분해하면 글리세롤과 비누가 생성되는데, 이러한 가수분해를 검화 혹은 비누화라 한다. 검화가는 유지 1g을 완전히 검화하는데 필요로 하는 KOH의 ㎎수로 나타내고, 지방산의 분자량이 클수록 검화가는 작으며 보통 유지의 검화가는 약 180～200이다.

<표 6-5> 유지의 검화가

유지	검화가	유지	검화가
쇠기름	196~200	닭고기지방	193~204.6
돼지기름	195~203	면실유	194~196
버터기름	210~230	옥수수기름	187~193
올리브유	185~196	참깨기름	188~196
낙화생유	186~194	콩기름	180~193.5

(3) 산가(acid value)

산가는 유지 1g 중에 함유되어 있는 유리지방산을 중화하는데 필요한 KOH의 ㎎수를 말한다. 산가는 유지의 품질에 대한 척도로 사용되는데, 유지를 충분히 정제하지 않았거나 여러 번 사용했을 때, 오래된 기름인 경우에 유리지방산의 함량이 많아져 산가가 높게 나타난다.

<표 6-6> 유지의 산가

유지	산가	유지	산가
쇠 기 름	0.25	닭고기지방	1.20
돼지기름	1.56	면 실 유	0.6~0.9
버터기름	0.45~35.4	옥수수기름	1.37~2.02
올리브유	0.3~1.0	참깨기름	9.8
낙화생기름	0.8	콩 기 름	0.3~1.8

(4) 과산화물가(peroxide value)

유지가 산화에 의해 산패되면 이중결합에 산소가 결합하여 과산화물이 생성되는데, 유지 1kg에 생성된 과산화물의 ㎎ 당량을 나타낸 것이 과산화물가이며 과산화물가가 10이하이면 신선한 것으로 본다.

3. 조리에서 유지의 이용

1) 연화작용(tenderization)

케이크나 비스킷 등을 만들 때 유지를 넣으면 글루텐 표면이 유지로 둘러싸이게 되어 물이 침투하지 못하게 될 뿐 아니라, 전분의 과도한 팽윤도 막아주어 부드러운 상태가 된다. 이러한 효과를 유지의 연화작용이라 한다. 유지의 연화작용은 불포화지방이 많은 경우, 기름의 양이 많은 경우, 기름의 온도가 높은 경우 증가하며, 그 외에도 반죽의 정도와 방법, 반죽에 넣은 첨가물의 종류에 따라 달라진다.

2) 튀김(frying)

기름은 열의 전달매체로서 조리에 이용되고 있는데, 물보다 더 높은 온도까지 가열될 수 있기 때문에 짧은 시간에 조리가 가능하며, 식품의 탈수, 흡유과정을 통하여 풍미와 열량이 증가된다. 또한 조리방법 중에서 조리에 의한 영양가의 손실이 가장 적은 것이기도 하다. 그러나 튀김을 하는 동안 식품 중에 있던 수분이 빠져나와 기름 속으로 들어감으로써 일부의 지방에 가수분해가 일어나 산도가 증가하게 된다. 따라서 산도를 측정함으로써 기름의 변질 정도를 알 수가 있다.

기름은 온도의 변화가 크기 때문에 열 용량이 크고 두꺼운 금속으로 된, 직경이 작은 용기에, 많은 양의 기름을 넣고, 원하는 온도까지 가열한 다음 식품을 넣어 튀김을 하는 것이 좋다. 튀김을 할 때에는 식품에 기름이 많이 흡수되면 입안에서의 느낌과 맛이 떨어지게 되는데, 흡유량이 많아지는 원인은 다음과 같다.

① 낮은 온도에서 오랜 시간동안 튀김을 했을 때

② 튀기고자 하는 식품의 표면적이 클 때

③ 기름의 발연점이 낮을 때

튀김을 하는 동안 기름의 양이 감소하게 되는데, 그 이유는 식품에 기름이 흡수되고, 기름이 분해되어 휘발성 물질이 생성되기 때문이다. 줄어든 기름을 보충시켜야 할 때에는 새 기름의 양이 헌 기름의 양보다 더 많아야 한다.

사용한 기름은 이물질을 걸러서 공기나 광선의 접촉이 없는 갈색 병에 넣어 건 냉암소에 보관하도록 한다.

<표 6-7> 유지의 발연점(°C)

유지	발연점	유지	발연점
버 터	208	면 실 유	233
라 드	194	올리브유	175
땅콩유	162	코코넛유	138

<표 6-8> 튀김 기름의 온도를 판단법

온도(°C)	판 단 기 준
150	튀김옷이 바닥에 가라앉았다가 서서히 떠오른다
160	튀김옷이 바닥에 가라앉은 즉시 떠오른다
170	튀김옷이 냄비의 중간까지 가라앉았다가 곧 위쪽으로 떠오른다
180	튀김옷을 넣은 즉시 표면으로 뜬다

3) 크리밍성(creaming)

유지를 교반했을 때 공기가 혼입되는 성질을 크리밍성이라 한다. 생크림이나 버터 등을 교반하면 공기가 들어가서 부피가 커지고 가벼운 느낌을 가지게 되는데 이와 같은 것이 유지의 크리밍성에 의한 것이며, 이러한 성질은 생크림이나 버터크림 등을 만들 때 이용된다. 유지의 종류에 따라 가장 적합한 크리밍성의 온도가 다른데, 일반적으로 크리밍성이 가장 좋다고 알려진 쇼트닝은 25°C에서, 버터는 20°C에서 크리밍가가 가장 높게 나타난다.

4) 유화성(emulsifying)

유지는 그 분자 중에 친수성기와 소수성기를 가지고 있어 지방을 유화시키는 성질이 있는데 이러한 성질을 가지고 있는 물질을 유화제라 한다.

천연유화제에는 레시틴(lecithin), 스테롤(sterol), 모노글리세리드(monoglyceride), 디글리세리드(diglyceride), 담즙산 등이 있다.

유화제가 포함된 수용액에 기름을 넣고 잘 저어주면 우유처럼 되는데 이러한 상태를 유화라 한다. 유화는 수중유적형과 유중수적형으로 나눌 수 있으며, 유화가 잘 되려면 입자의 크기가 아주 작아야 한다. 유화가 잘 되었는가를 구별하기 위해서는 <표 6-9>와 같이 유화된 액체의 외관으로 판단 할 수 있다.

<표 6-9> 유화된 입자의 크기

입자의 크기(㎛)	색
1 이상	유백색
0.1~1	청백색
0.05~0.1	진주색 또는 반투명
0.05 이하	투명

유화제는 마가린·분말향료·유화성 향료의 제조 등에도 이용되며, 현재 사용이 허가된 것으로는 글리세린지방산에스테르(glycerin fatty acid ester), 수크로오스지방산에스테르(sucrose fatty acid ester), 소르비탄지방산에스테르(sorbitan fatty acid ester), 대두인지질, 스테아릴젖산칼슘 등이 있다. 특히 글리세린지방산에스테르가 많이 사용되고 있으며, 주로 모노글리세라이드가 유화제로서 사용된다. 모노글리세라이드는 사용하기 간편하고 독성이 없어서 유화제로 뿐만 아니라 거품억제제, 녹말의 노화방지제 등으로 흔히 사용되며, 시간이 경과하면서 빵이나 케이크의 경우 입에 닿는 촉감이 나빠지는 것을 방지하기도 한다. 천연 유화제로는 달걀 노른자나 콩에 함유되어 있는 인지질인 레시틴이 대표적이다.

4. 유지의 종류

유지는 리놀산, 리놀렌산 등의 필수지방산과 비타민 E 등의 영양소가 풍부하지만, 다른 열량영양소에 비해 같은 양으로 더 많은 에너지를 내기 때문에 많은 양을 섭취했을 때에는 비만, 심장병, 당뇨병 등의 원인이 되기도 한다.

유지는 음식물이나 조미료 등에 함유되어 있어서 의식하지 못하면서 많은 양을 섭취하게 되는 경우가 있다. 버터나 샐러드유 등은 눈으로 직접 볼 수 있기 때문에 먹는 양에 주의를 할 수가 있지만, 달걀이나 가공식품 등에 함유되어 있는 지방은 느끼지 못하면서 먹게 되는 경우가 많다.

1) 동물성 유지

동물성 유지는 포화지방산의 함량이 많기 때문에 동맥경화나 결장암 등을 유발할 수 있는 위험이 크다. 그러므로 너무 많은 양을 섭취하지 않도록 해야 하며, 보통 동물성 유지 : 식물성 유지의 비율을 1 : 2로 섭취하는 것이 좋다.

<표 6-10> 동물성 유지의 영양성분표

(100g)

종류	열량 (kcal)	수분 (%)	단백질 (g)	지질 (g)	당질 (g)	조섬유 (g)	칼슘 (mg)	인 (mg)	철 (mg)	나트륨 (mg)	칼륨 (mg)	아연 (mg)	비타민 A (R.E)	비타민 B_1 (mg)	비타민 B_2 (mg)	비타민 niacin (mg)	비타민 C (mg)	비타민 엽산
버터	747	12.6	0.5	84.5	0.5	0.0	22.0	22.0	0.10	725.0	28	0.07	418	0.01	0.03	0.0	0.0	3.0
우지	940	0.0	0.2	99.8	0.0	0.0	0.0	1.0	0.1	1.0	1.0	0.0	85	0.0	0.0	0.0	0.0	0.0
라드	941	0.0	0.0	100.0	0.0	0.0	0.0	0.0	0.0	0.0	0.0	0.0	0.0	0.0	0.0	0.0	0.0	0.0
어유	941	0.0	0.0	100.0	0.0	0.0	0.0	0.0	0.0	1.0	1.0	0.0	552	0.0	0.0	0.0	0.0	0.0

(1) 버터(butter)

버터는 우유를 원심분리하여 얻은 크림을 살균·혼합하여 세균배양으로 발효·숙성시킨 다음 교반하여 뭉쳐 집합시킨 것으로 소화율이 높을 뿐 아니라 향도 좋다.

버터의 풍미는 디아세틸(diacetyl), 초산(acetic acid), 프로피온산(propionic acid) 등에 의한 것이며, 여러 가지 요리에 많이 이용되고 있는 버터는 비타민 A의 급원으로 유지 중에서 소화가 가장 빠르다. 버터의 색은 카로틴(carotene)에 의한 것이며, 그 함량은 소의 품종이나 사료의 종류에 따라 차이가 있다. 여름에 푸른 잎을 많이 먹은 소의 우유로 만든 버터는 카로틴의 함량이 많아 짙은 색을 띠지만, 겨울의 경우는 버터의 색이 엷어지게 되므로 일정한 색을 유지하기 위해서 착색을 하고 있다.

버터는 냄새를 흡수하기 때문에 냉장고에 보관할 때에는 밀폐용기로 싸서 냉장 혹은 냉동 보관해야 한다. 버터를 보관할 때에는 유지의 자동산화와 미생물에 의한 품질 저하를 막을 수 있는 곳에 두도록 한다.

버터의 종류는 다음과 같다.

가. 가염버터(salted butter)

소금을 1~2% 첨가하여 만든 것으로 보통 가정용으로 많이 이용되고 있다.

나. 무염버터(unsalted butter)

소금을 첨가하지 않은 것으로 주로 영업용에 쓰인다. 가염버터에 비해 보존성이 낮다.

다. 발효버터(sour butter)

젖산균을 이용하여 크림을 발효시켜 만든 것으로 향이 좋고 소화율도 높다.

라. 휩터버터(whipped butter)

발효버터를 만든 후 다시 공기를 불어넣어 만든 것으로 주로 제과용으로 많이 쓰인다.

(2) 우지 (beef tallow)

소의 내부 지방조직으로부터 얻어지는 연한 황색을 띠는 고체지방으로 신선한 것은 냄새나 맛이 없다. 올레산(oleic acid), 팔미트산(palmitic acid), 스테아르산(stearic acid) 등으로 이루어져 있으며, 융점이 높아 식으면 고형으로 엉기게 되므로 더울 때 먹는 조리에 이용된다. 우지는 상온에서 고체상이며 대부분은 공업용으로 이용되지만 요리에 이용되기도 한다.

(3) 라드 (lard)

돼지기름은 가장 일반적인 동물유지로 돼지기름만을 '순제라드'라 하고 쇠기름을 섞은 것을 '조정라드'라 한다. 라드는 돼지의 복부, 콩팥 및 기타 다른 지방조직으로부터 얻어지는 백색의 고체지방을 말하는데, 콩팥 주변에서 얻어지는 것이 가장 질이 좋고 장 주변의 것이 가장 질이 낮다.

쇼트닝성은 가소성을 가진 지방 중에서 라드가 가장 높고 수소 첨가한 식물성유, 버터, 마가린의 순으로 낮아진다. 쇼트닝성이 높다는 것은 제과, 제빵에서 중요한 성질이기는 하지만 라드의 경우는 크리밍성이 낮기 때문에 버터나 마가린 등 다른 유지를 함께 사용함으로써 크리밍성을 보완하여 제과 등에 이용하고 있다. 라드는 독특한 맛과 향이 있어 중국요리에도 많이 이용되고 있다.

(4) 어유 (fish oil)

어유는 생선에서 얻어지는 기름으로 EPA, DHA와 같은 고도 불포화지방산이 다량 함유되어 있어서 자동산화가 활발히 일어나므로 식용유지로 직접 사용되지는 못하고 수소를 첨가한 경화유로 만든 후에 사용할 수 있다. 어유나 고래기름 등은 이용가치가 높은 마가린, 쇼트닝의 원료를 제조하는데 이용된다.

2) 식물성 유지

원료에 따라 풍미가 다른 식물성 유지는 콩이나 곡류 등에 포함되어 있는데 불포화지방산을 함유하고 있어서 성인병의 예방에 효과가 있다. 식물성 기름은 불포화정도에 따라 건성유, 반건성유, 불건성유로 분류된다.

(1) 참기름(sesame oil)

참기름은 한국, 일본과 중국에서 오래 전부터 이용해 왔던 식용유로서 향기와 맛이 뛰어난 반 건성유이다. 원료가 되는 참깨는 지방질이 45~55%정도 함유되어 있고 탄수화물, 단백질, 비타민 A, B_1, B_2, C 등이 풍부하다. 또한 참기름에 함유되어 있는 토코페롤(tocopherol)과 세사몰(sesamol)은 산화를 방지하고 향미를 풍부하게 하는데 고소한 향을 내는 것은 피라딘류(pyradines)에 의한 것이다. 참기름은 참깨를 볶아서 착유, 여과해서 만든 기름으로 식물성유 중에서 산화 안정성은 뛰어나지만 정제도가 낮아 발연점이 낮으므로 튀김유로는 부적당하다.

<표 6-11> 식물성 유지의 영양성분표

(100g)

종류	열량 (kcal)	수분 (%)	단백질 (g)	지질 (g)	당질 (g)	조섬유 (g)	칼슘 (mg)	인 (mg)	철 (mg)	나트륨 (mg)	칼륨 (mg)	아연 (mg)	비타민					
													A (R.E)	B_1 (mg)	B_2 (mg)	niacin (mg)	C (mg)	염산
참기름	884	0	0	100	0.0	0.0	0.0	0.0	0.0	0.0	0.0	0.16	0.0	0.0	0.0	0.0	0.0	0.0
면실유	857	0.0	0.0	97.1	0.0	0.0	0.0	0.0	0.0	0.0	0.0	0.0	0.0	0.0	0.0	0.0	0.0	0.0
옥수수유	884	0	0.0	100	0.0	0.0	0.0	0.0	0.0	0.0	0.0	0.16	0.0	0.0	0.0	0.0	0.0	0.0
미강유	884	0.0	0.0	100.0	0.0	0.0	0.0	0.0	0.0	0.0	0.0	0.0	0.0	0.0	0.0	0.0	0.0	0.0
유채유	921	0.0	0.0	100.0	0.0	0.0	0.0	0.0	0.0	0.0	0.0	0.0	0.0	0.0	0.0	0.0	0.0	0.0
올리브유	859	0.0	0.0	96.4	0.0	0.0	0.0	1.0	0.4	0.0	0.0	0.0	0.0	0.0	0.0	0.0	0.0	0.0
팜유	921	0.0	0.0	100.0	0.0	0.0	0.0	0.0	0.0	0.0	0.0	0.0	0.0	0.0	0.0	0.0	0.0	0.0

(2) 면실유 (cotten seed oil)

면화에서 면을 딴 후 종자의 핵을 짜서 만든 면실유는 식용유 중에서 고급에 속하며 우리나라에는 14세기 중엽에 도입되었다. 면실유의 주요 성분으로는 리놀레산(linoleic aicd)이 52~59%로 가장 많고 상당량의 고시폴(gossypol)이 함유되어 있는데, 고시폴은 항산화력은 크지만 독성이 강하기 때문에 반드시 정제하여야 한다.

마가린, 쇼트닝, 마요네즈, 통조림의 기름 등에 이용되고 볶음과 튀김에 많이 이용된다.

(3) 옥수수유 (corn germ oil)

옥수수유는 전분을 추출하고 난 배아를 분리하여 압착, 추출한 용매를 정제하여 왁스성분을 제거한 것이다. 보관성과 풍미가 좋고 산화안정성, 가열안정성이 뛰어나며 연속 튀김을 할 때 거품성이 좋고 발연점 저하가 낮아 장시간 사용이 가능하다. 또한 적당량의 리놀레산(linoleic aicd)이 함유되어 있으며 조리용, 샐러드용, 튀김용 및 마요네즈, 마가린, 쇼트닝의 재료로도 사용되고 있다.

(4) 미강유 (rice bran oil)

왕겨에서 추출한 유일한 국산원료의 기름인 미강유는 도정을 하는 과정에서 만들어지는 것으로, 도정 후에는 미강 자체에 함유되어 있는 효소에 의해 변패가 잘 일어나고 다른 식물성유에 비해 왁스, 인지질 등이 많이 함유되어 있어 고도의 정제기술이 필요하다.

미강유에 함유되어 있는 오리제놀(oryzanol)은 항산화작용과 방부작용을 하며 고온의 튀김용으로 이용할 수 있어서 과자의 튀김유로 적당하다.

(5) 대두유 (soybean oil)

세계에서 가장 많이 생산되고 있는 대두유는 정제정도에 따라 샐러드유나 튀김유로 사용된다. 비타민 E가 풍부하여 미용과 노화방지의 효과가 있으며 지방산조성은 리놀렌산(linolenic acid)의 함량이 많은데, 이것은 이취현상(off flavor)의 주된 원인이 되므로 대두유를 선택적으로 수소 처리하여 리놀렌산을 줄임으로써 맛의 전환을 방지할 수 있다.

마가린과 쇼트닝의 제조에 이용된다.

(6) 유채유 (rape seed oil, canola oil)

유채의 종실에서 착유한 유채유는 응고성분이 적고 질병에 대한 저항력이 높지만, 섭취했을 때 해가 되는 에루신산(eruic acid)이 45~50% 함유되어 있다. 에루신산의 함량을 2% 이하로 줄인 것이 카놀라유(canola oil)로서 올레산의 함량이 유채유에 비해 많고 식용유로 이용되고 있다.

(7) 올리브유 (olive oil)

지중해 연안에서 주로 생산되는 올리브유는 연한 황색을 띠며 특유의 향기와 맛으로 최고급유에 속한다. 올레산(oleic acid)과 리놀레산(linoleic acid)이 풍부하며 샐러드용이나 여러 가지 양식요리에 많이 이용된다. 그러나 올리브유는 발연점이 175°C로 낮아 튀김용으로는 적당하지 않다.

(8) 팜유 (palm oil)

기름야자의 과육에서 얻는 기름을 팜유(palm oil), 종자에서 얻는 기름을 팜핵유(palm kernel oil)라 한다. 팜유는 포화지방산과 불포화지방산의 함량비가 거의 동일하게 들어 있지만, 팜핵유는 포화지방산의 함량이 높다. 팜유는 코코넛유와 마찬가지로 상온에서는 고체이지만 입안의 온도에서 녹는 특징이 있다. 또한 팜유는 담백한 풍미에 산화안정성이 우수하여 마가린과 쇼트닝 외에 포테이토칩이나 라면의 가공용으로도 이용되고 있다.

(9) 해바라기유 (sunflower seed oil)

검은색 해바라기 종자에서 얻어지는 기름으로 담백한 맛과 냄새를 갖는다. 비타민 E와 리놀레산(linoleic acid)이 풍부하고 샐러드유, 쇠고기나 생선의 마리네이드(marinade)에 이용된다.

3) 가공유지

(1) 마가린(magarine)

마가린은 천연버터와 비슷한 변조버터로서 1869년 프랑스의 Mouries라는 사람이 버터의 대용으로 사용할 수 있는 spreadable fat의 특허명으로 사용한 데서 유래된 것으로 쇠기름에 많은 margaric acid에 근거를 두고 지은 이름이다.

마가린은 식물성 유지 약 80%와 수분 약 18%를 주재료로 하고 유화제, 비타민 A, 비타민 D, 소금, 보존제, 착색료, 향료, 산화방지제 등을 첨가하여 만든 유중수적형의 에멀션(emulsion)이다.

마가린은 연질 마가린과 경질 마가린으로 나눌 수 있는데, 연질 마가린은 매우 부드럽고 불안정하기 때문에 취급이 까다롭지만 필수지방산을 많이 섭취할 수 있다는 장점이 있어서 경질 마가린보다 소비량이 많다. 마가린은 버터와 비슷한 영양가를 가지면서 가격이 싸고 콜레스테롤의 함량이 적어서 앞으로도 계속 소비가 늘어날 전망이다.

마가린은 지방이 80%이상인 것을 표준 마가린으로, 그 이하인 것은 저지방 마가린으로 분류한다. 마가린은 밝은 노란색에 향이 신선한 것이 좋다.

<표 6-12> 가공유지의 영양성분표

(100g)

종류	열량 (kcal)	수분 (%)	단백질 (g)	지질 (g)	당질 (g)	조섬유 (g)	칼슘 (mg)	인 (mg)	철 (mg)	나트륨 (mg)	칼륨 (mg)	아연 (mg)	비타민					
													A (R.E)	B1 (mg)	B1 (mg)	niacin (mg)	C (mg)	엽산
마가린	721	16.7	0.2	81.4	0.1	0.0	6.0	13.0	0.0	445	66	0.2	1700	0.0	0.0	0.0	0.0	1.2
쇼트닝	902	0.0	0.0	100.0	0.0	0.0	0.0	0.0	0.0	0.0	0.0	0	0.0	0.0	0.0	0.0	0.0	0

<표 6-13> 마가린의 구성요소 및 비율

구성 성분	구성 비율(%)
유지	80
향료	1~2
보존제	1~4
유화제	0.9
발효젖 또는 물	16~18
비타민 A	1.5~3
산화방지제	1~2
소금	2~3

(2) 쇼트닝(shortening)

쇼트닝은 식물성 기름에 수소를 첨가하여 만든 반고형상의 100% 유지로 1919년경에 라드의 대용품으로 미국에서 발명되었다. 쇼트닝은 무색, 무미, 무취이고 제과, 제빵용외에 튀김, 아이스크림, 햄, 소세지 등에도 사용된다.

가. 쇼트닝의 성질

① 쇼트네스성(shortness)

쇼트닝을 가루에 반죽했을 때 기름이 반죽의 글루텐 상호간의 연결을 막고 전분과 글루텐의 고착을 막기 때문에 제품이 쉽게 부서진다.

② 크리밍성(creaming)

가루, 설탕 등과 잘 섞이며 공기를 품기 때문에 제품의 형태를 좋게 한다.

③ 조도(consistency)

점성을 넓은 온도대에서 변화 없이 유지하는 성질로 높은 온도에서도 부드러워지지 않으며 낮은 온도에서도 단단해지지 않게 한다.

④ 보존 안정성

쉽게 산패되지 않게 한다.

제 7 장

미량성분 함유식품과 조리

1 채소류 242
2 과일류 254
3 해조류 264

제7장 미량성분 함유식품과 조리

식품을 구성하는 성분 중에서 미량성분이라는 것은 3대 영양소인 탄수화물, 단백질과 지질 이외의 성분으로 비타민과 무기질 등이 있다.

비타민은 신체를 구성하는 구성소도 아니고 에너지를 내는 열량소도 아니지만, 우리 몸에 없어서는 안 되는 필수적인 성분이다. 비타민은 1912년 펑크(Funk)에 의해서 생명유지에 없어서는 안되는 아민(amine)이라는 뜻으로 "vitamine"이라 명명하게 되었다.

무기질은 회분이라고도 하며 탄소(C), 수소(H), 산소(O), 질소(N) 등의 유기물의 구성원소가 되는 것을 제외한 원소로서 식품을 연소하였을 때 재가 되는 부분을 말한다. 무기질의 신체 내에서의 함유량은 4%정도로 극히 적은 양이지만, 뼈와 치아를 구성하고 근육과 체액에서 많은 생리작용을 하고 있어 없어서는 안될 중요한 성분이다.

사람이 생명을 유지하고 정상적인 성장을 하기 위해서는 14종류의 무기질이 필요한데, 그 중 칼슘, 인, 나트륨, 염소, 칼륨, 황은 체중의 0.01% 이상을 섭취해야 하는 다량원소(macromineral)에 속하고, 망간, 철, 구리, 요오드, 아연 등은 0.01% 이하의 양으로 존재하는 미량원소(microminerals)에 속한다. 비타민이나 무기질 등의 미량성분을 함유하는 식품의 종류로는 과일류, 채소류와 해조류 등이 있으며, 이들은 수분과 섬유질이 많은 알칼리성 식품에 속한다.

1. 채소류

채소는 약 800여 종이 전 세계에 분포되어 있으며, 원래는 야생의 것으로 식용하다가 정착생활을 하면서 재배되기 시작하였다. 채소는 수분 함량이 많고 여러 가지의 색과 향기가 있으며 부드러운 섬유질과 펙틴을 함유하여 독특한 맛을 낸다. 또한 채소에는 비타민과 무기질이 많아 그 급원으로 중요하게 쓰인다.

채소의 수요량은 경제수준의 향상에 따라 증가하는 추세이며, 우리나라에서는 배추와 무가 가장 수요량이 많고 호박, 양파, 파 등의 순서로 그 수요량이 낮아진다.

1) 채소의 분류

(1) 경·엽채류

채소류 중에서 가장 채소다운 채소라 할 수 있으며 줄기를 먹는 아스파라거스, 죽순, 땅두릅 등의 경채와 배추, 양배추, 양상치, 쑥갓 등 잎을 먹는 엽채로 분류한다.

경·엽채류는 수분은 많으나 당질과 열량이 낮고 무기질, 비타민이 많으며, 특히 짙은 색의 잎에는 비타민 A가 풍부하다. 시금치나 근대 등에는 칼슘이 많기는 하지만, 수산과 결합하여 소화되지 않는 수산화칼슘으로 변하기 때문에 체내에 흡수가 되지 않는다.

(2) 근채류

근채류는 근경, 괴경, 구경, 비늘줄기와 근을 모두 포함한다. 근경은 뿌리줄기를 일컫는 말로서 특수한 형태의 줄기가 영양성분을 저장하면서 비대해져서 뿌리처럼 보이는 것이며, 괴경은 감자·돼지감자 등의 덩이줄기를 말하는 것으로 땅속줄기의 끝부분이 영양성분을 저장하여 만들어진 형태이다. 구경은 토란과 같이 지하의 줄기가 비대해져서 공 모양으로 된 것이고, 비늘줄기는 양파·마늘과 같이 땅속줄기의 일종을 말하며, 근은 무·당근 등 토양으로부터 수분과 영양성분을 흡수하는 뿌리가 다량의 영양성분을 저장하게 된 것을 말한다.

다른 채소에 비해 수분함량이 적고 당질함량은 높다.

(3) 과채류

과채류는 열매를 이용하는 것으로 수분함량이 높고 당질은 적다. 식물이 성장하면서 강수량과 일조량 등에 많은 영향을 받는다. 가지, 호박, 토마토, 오이 등이 과채류에 속한다.

(4) 화채류

꽃을 이용하는 채소로서 채소 중에서 비타민 C가 가장 풍부한 것 중의 하나이다. 브로컬리, 컬리플라워 등이 화채류에 속한다.

2) 채소류의 구조

(1) 세포벽

과일과 마찬가지로 채소의 세포도 세포의 내용물을 보호하기 위한 세포벽으로 둘러싸여 있다. 세포벽은 섬유소로 구성되어 있으며 세포와 세포사이는 헤미셀룰로즈와 펙틴질로 형성된 비결정체의 물질로 차 있다.

(2) 펙틴질

펙틴질은 셀룰로즈와 헤미셀룰로즈 사이에서 이들을 붙여주고 세포와 세포사이를 붙여주는 역할을 한다.

(3) 세포질

세포질은 젤리와 같이 말랑한 상태로 그 내부 물질들이 자유롭게 이동할 수 있다. 세포에는 색소체라는 수많은 구조물이 있고 그 색소체는 식물의 종류에 따라 다른데, 녹색채소에는 엽록체가 있어 엽록소를 가지고, 감자나 곡류 등에는 백색체가 있어 전분을 저장한다.

(4) 액 포

세포질의 대부분을 차지하고 있는 액포는 막에 의해 둘러싸여 있으며 그 내부에는 세포즙이 들어 있다.

(5) 세포간의 공간

세 개 이상의 세포가 모여서 조직을 형성하려면 자연히 공간이 생기게 되고 그 공간은 공기로 가득 차 있다. 이 공간은 광선을 반사하므로 색소가 없는 식물을 흰색으로 보이게 하고 과일을 물에 넣었을 때 공간이 많은 사과 등을 위로 뜨게 한다.

3) 채소의 성분

채소류에는 비타민과 무기질이 풍부하게 들어 있고 섬유질이 많아 소화가 잘 되며 정장작용을 한다. 채소는 수분이 많고 당질, 지질, 단백질이 적어 열량원으로는 부적당하지만, 칼륨, 칼슘, 철 등을 공급해 주는 알칼리성 식품이다. 그 외 색소, 향기성분, 유기산 등이 함유되어 있다.

채소는 알칼리성 물질, 옥살산(oxalic acid), 알카로이드(alkaloid), 탄닌(tannin), 호모겐티신산(homogentisic acid) 등을 함유하고 있고 이들 물질들은 아린맛, 쓴맛, 떫은 맛 등 좋지 못한 맛을 내게 된다. 따라서 조리를 할 때에는 데친 후 물에 헹구거나 물에 담그는 작업을 통하여 이들을 제거하여야 한다. 채소를 데친 후 바로 찬물에 헹구어야 하는 이유는 급냉시킴으로써 열에 의한 클로로필의 변색을 방지하기 위한 것과 남아 있는 쓰고 떫

<표 7-1> 채소류의 영양성분표

(100g)

종류	열량 (kcal)	수분 (%)	단백질 (g)	지질 (g)	당질 (g)	섬유 (g)	칼슘 (mg)	인 (mg)	철 (mg)	나트륨 (mg)	칼륨 (mg)	아연 (mg)	비타민					
													A (R.E)	B_1 (mg)	B_2 (mg)	niacin (mg)	C (mg)	엽산
배추	12	95.2	1.4	0.1	2.2	0.6	38	45	0.4	8	210	0.18	6	0.03	0.03	0.6	28	46.1
무	18	94.3	0.8	0.1	3.8	0.6	26	23	0.7	13	213	0.12	8	0.03	0.02	0.4	15	8
당근	34	89.6	1	0.2	7.8	0.8	38	37	0.7	29	362	0.15	1257	0.06	0.05	0.8	6	8
호박	24	95.0	2	0.6	3.5	0.4	15	23	0.7	2	365	0.14	81	0.06	0.15	0.0	8	9.3
토마토	14	95.2	0.9	0.1	2.9	0.4	9	19	0.3	5	178	0.2	90	0.04	0.01	0.6	11	13.3
오이	9	96.3	0.8	0.1	1.7	0.6	26	33	0.2	5	162	0.2	30	0.03	0.03	0.2	10	6

은 맛 성분을 제거함과 동시에 아스코르브산의 파괴를 방지하기 때문이다.

죽순, 토란 등에서 나는 아린 맛은 호모겐티신산에 의한 것이며 이것은 수산칼슘이나 포도당과 결합하면 아린 맛이 훨씬 강해진다. 마늘에 들어 있는 함황화합물인 알리신(allicin)은 독특한 냄새뿐 아니라 강한 살균력을 가지고 있다.

<표 7-2> 비타민의 종류에 따른 급원 채소

비타민의 종류	채소의 종류
비타민 A	고추, 고춧잎, 쑥바귀, 당근
비타민 B_1	감자, 아욱, 죽순, 콩나물, 파슬리, 표고버섯, 케일
비타민 B_2	고추, 아욱, 시금치, 가지, 들깻잎, 마늘쫑, 두릅
비타민 C	시금치, 쑥갓, 연근, 무, 무청, 고추, 양배추, 피망

4) 조리에 의한 채소의 변화

(1) 질감의 변화

조리에 의해 전분입자가 호화됨으로써 질감이 부드러워지고 섬유소가 연화된다. 섬유소는 알칼리와 산에 영향을 받는데, 조리수에 중탄산소다($2NaHCO_3$)

와 같은 알칼리를 첨가하면 짧은 시간에 섬유소가 연해지는 반면 산성 물질은 섬유소를 질기게 한다.

(2) 펙틴질의 변화

가열에 의해 세포와 세포를 결착시키고 있던 펙틴 물질이 분해 또는 용해되어 세포간의 결합력을 잃게 되므로 조직이 연화된다. 조리수가 알칼리일 때에는 펙틴의 분해가 촉진되지만, 염화칼슘($CaCl_2$)이나 수산화칼슘($Ca(OH)_2$) 등을 첨가했을 때에는 펙틴물질이 이들과 결합하여 불용해성 칼슘염을 형성하여 용해되지 않고 식물조직에 침체되기 때문에 연해지지 않는다.

(3) 수분의 변화

조리과정 중에서 건조한 채소의 경우는 조리수를 흡수하여 부드럽게 되지만, 수분 함량이 많은 신선한 채소의 경우는 데치거나 굽는 경우 수분 함량이 감소하게 되어 조리전의 아삭한 맛을 느낄 수가 없다. 1% 소금물에서 채소를 가열하면 세포 내와 조리수와의 삼투압이 같기 때문에 채소의 조직은 파괴되지 않는다.

(4) 단백질, 지질, 당질의 변화

가열 조리했을 때의 영양소의 잔존율은 채소의 종류에 따라 다르지만, 일반적으로 단백질 75~80%, 지질 70~90%, 당질 65~85% 정도이다. 또한 조리수에 용출되는 유리아미노산은 주로 맛을 내는 루신(leucine), 글리신(glycine), 알라닌(alanine), 아스파르트산(aspartic acid), 글루탐산(glutamic acid) 등으로 가열에 의해 맛의 용출이 크다. 따라서 조리수를 버리지 않고 요리에 이용하는 것이 영양분의 손실을 막을 수 있는 방법이다.

(5) 무기질의 변화

채소에 함유되어 있는 칼륨, 나트륨, 칼슘, 마그네슘, 인, 황 등의 무기질은 수용성이므로 조리를 하는 과정에서 많이 용출된다. 채소를 물에 담근지 30분 동안 손실되는 양이 가장 많고 채소를 잘게 자를수록 또한 가열시간이 길수록 많이 용출된다.

(6) 비타민의 변화

가. 카로틴

조리에 의한 변화는 거의 없으나 산소와의 접촉이 큰 경우 카로틴의 손실은 많아진다.

나. 비타민 B_1, B_2, nicotinic acid

수용성이라 물에 용출은 되지만 가열에 의한 파괴는 거의 없다.

다. 비타민 C

수용성이면서 산소, 열, 알칼리에 의한 손실이 많아서 조리를 할 때 가장 불안전한 비타민이다. 끓일 때 용출되는 양이 가장 많기 때문에 국물을 가능한 한 이용하도록 한다.

<표 7-3> 채소에 함유되어 있는 비타민 A의 함량

채소의 종류(100g 당)	비타민 A(I.U)
고 추	25,000
당 근	13,500
무 잎	9,000
시금치	8,000

(7) 향미의 변화

채소는 유기산, 당분, 무기염류, 탄닌물질, 휘발성화합물 등의 향미성분에 의해 특유의 향을 갖게 되며 가열조리의 시간이 길수록 향미성분의 변화도 많아진다. 양파는 디아릴 디설파이드(diallyl disulfide)에 의해 강한 향미를 갖게 되는데 이것은 가열에 의해 약화된다.

(8) 색의 변화

가. 클로로필

클로로필은 식물이 녹색을 띠는데 중요한 역할을 하는 색소로 식물체 내에 카로틴(carotene), 잔토필(xanthopyll)과 함께 존재하고 있다. 식물의 잎에 엽록소가 카로티노이드보다 많으면 녹색을 띠지만, 카로티노이드가 많아지면 황색으로 변하게 된다. 해조류에서도 엽록소와 카로티노이드의 양에 따라 녹조류, 갈조류 및 홍조류로 구분된다.

채소를 끓는 물에 데치면 채소 조직내의 공기가 빠져나가 클로로필 색소가 표면화됨으로써 더욱 선명한 녹색을 띠게 되며, 클로로필라제(chlorophyllase)에 의해 수용성인 클로로필라드(chlorophyllide)가 형성되면서 침출되어 조리수가 푸르게 된다. 클로로필 색소는 산에 약하여 산성용액에서 페오피틴(pheophytin)이 형성되어 녹회색 혹은 올리브색으로 변하게 된다.

$$C_{32}H_{30}ON_4(MG^{2+})\begin{matrix} \diagup COOCH_3 \\ \diagdown COOC_{20}H_{39} \end{matrix} + 2H^+ \rightarrow C_{32}H_{30}ON(2H^+)\begin{matrix} \diagup COOCH_3 \\ \diagdown COOC_{20}H_{39} \end{matrix} + Mg^{2+}$$

Chlorophyll a　　　　　　　　　　Pheophytin a

[그림 7-1] 클로로필이 페오피틴으로 치환되는 과정

나. 카로티노이드

카로티노이드는 당근, 호박, 고구마, 난황, 옥수수 등에 존재하는 황색 및 적색의 지용성 색소이며 열에 비교적 영향을 받지 않고 조리에 사용하는 정도의 약산과 약알칼리에는 파괴되지 않는다.

카로티노이드색소는 산소를 갖지 않는 카로틴류(carotene류, hydrocarbon carotenoid)와 산소를 갖는 잔토필류(xanthophyll류, oxygenated carotenes)로 구분된다.

<표 7-4> 카로티노이드색소의 종류와 급원식품

카로틴(caroten)류	급원식품	잔토필 (xanthophyll)류	급원식품
알파-카로틴 (α-caroten)	당근, 고추	루테인 (lutein)	난황, 호박, 푸른잎, 오렌지
베타-카로틴 (β-caroten)	당근, 호박, 고구마, 난황, 오렌지	캅산틴 (capsanthin)	고추
감마-카로틴 (γ-caroten)	살구, 당근, 감귤	크립토잔틴 (cryptoxanthin)	감, 옥수수, 오렌지
리코펜 (lycopene)	수박, 토마토, 당근, 감	푸코산틴 (fucoxanthin)	미역, 다시마

<표 7-5> 카로틴의 흡수율

채소의 종류	흡수율(%)
호박	40~60
생 당근	46~48
시금치	33~43
당근즙	21~35
삶은 당근	21~25

다. 플라보노이드

플라보노이드계 색소에는 플라본(flavon), 안토잔틴(anthoxanthin), 안토시아닌(anthocyanins), 카테킨(catechin), 루코안토시안(leucoanthocyan) 등이 포함되나 좁은 의미로는 안토산틴만을 가리킨다.

플라보노이드는 흰색 혹은 연한 황색을 띠는 색소로 산성에서는 흰색을 유지하지만 알칼리 용액에서는 황색을 띤다. 한 예로 빵을 만들 때 식소다를 넣으면 빵의 색이 황색으로 변한다.

<표 7-6> 플라보노이드의 종류

종류	색소	색	함유 식품
플라본(flavone) 계	아피제닌(apigenin)	담황색	옥수수
	아핀(apiin)	무 색	파슬리
	트리틴(tritin)	담황색	밀, 아스파라거스
플라보놀(flavonol) 계	쿠어세틴(quercetin)	황갈색	양파의 외피, 메밀
	루틴(rutin)	무 색	메밀, 토마토
플라바논(flavanone) 계	헤스페리딘(hesperidin)	무 색	감귤류
	나린진(naringin)	무 색	감귤류

라. 안토시아닌

안토시아닌 색소는 산에 안정하여 선명한 색을 내고 알칼리와 반응하면 붉은색이 보라색으로 변했다가 점점 청색과 녹색으로 변하게 된다. 또한 금속에 의해서도 변색하여 철이나 주석과 같은 금속과 반응하면 청색 혹은 보라색으로 변하여 식품의 품질을 급격하게 저하시킨다.

<표 7-7> 채소 및 과일에 들어 있는 안토시아닌계 색소

종류	색소	색	함유식품
펠라고니딘 (pelargonidin)계	칼스테펀(callistephin)	적 색	딸기
	펠라고닌(pelargonin)	적 색	나팔꽃, 석류
	프라가린(fragarin)	적 색	딸기
시아닌(cyanin)계	크리산테민(crysanthemin)	암적색	검정콩
	시아닌(cyanin)	적 색	당근
	케라시아닌(keracyanin)	암적색	버찌
델피니딘 (delphinidin)계	나스닌(nasnin)	청자색	가지
	히아신(hyacin)	청 색	가지
말비딘(malvidin)계	오닌(oenin)	적자색	포도껍질
	네그레틴(negletin)	적 색	고구마껍질

5) 채소류의 조리

(1) 비가열조리

가. 생식

생식은 채소가 지닌 맛, 향기와 아삭한 질감을 살리고 영양분의 손실을 최소로 하는 조리법으로 쓴맛과 섬유소가 적으며 신선한 채소를 이용한다. 오래 저장한 채소는 세포막을 구성하는 리그닌(lignin)의 함량이 증가하여 질겨지기 때문에 생식하기에는 적합하지 않다. 질감을 좋게 하기 위하여 물에 담가 두는 경우가 있는데, 이때 수용성 영양성분이 빠져 나오기 때문에 오래 담가 두지 않도록 해야 한다. 그러나 모래 등 이물질이 많은 채소의 경우는 이것을 제거하기 위하여 담가 둘 필요가 있다.

나. 절임

채소에 소금을 뿌리는 절이기는 원형질의 수분이 유출되어 채소의 부피가 감소하고 조미와 함께 독특한 질감을 느끼게 하지만 수용성의 영양소가 손실되기 쉽다.

다. 주스

채소를 주스로 만드는 것은 세포막을 제거하여 영양소의 소화흡수를 돕는 방법이지만, 기구를 이용하여 교반할 때 교반시간이 길수록, 산소와 접촉하는 시간이 길수록 영양손실이 많아진다. 따라서 주스로 만든 후에는 오래 두지 말고 바로 마시는 것이 좋다.

라. 샐러드

신선한 채소에 소스를 끼얹어 먹는 방법으로 채소에 없는 영양소를 보충하고 소스의 독특한 향기와 맛을 느낄 수 있는 방법이다. 소스는 식탁에 내기 직전에 끼얹어야 물이 생기지 않고 채소도 시들지 않는다.

마. 김치

김치는 배추를 주재료로 하고 고춧가루, 마늘, 젓갈, 무, 부추 등의 부재료를 첨가하여 만든 우리나라 전통 발효식품이다. 첨가되는 부재료에 의해 독특한 향미를 낼 뿐 아니라 비타민, 무기질, 단백질 등 영양소가 풍부한 알칼리성 식품이다.

(2) 가열조리

채소류 중에는 너무 단단하거나, 약미성분이 강하여 생으로 먹기에 적당하지 않거나 가열 조리하였을 때 더 맛이 있기 때문에 데치기, 삶기, 볶기, 튀기기, 찌기, 굽기 등의 다양한 가열조리가 필요한 것들이 있다.

가열에 의하여 세포벽에 함유된 펙틴이 분해, 용해되어 조직이 연화되고, 불미 성분이 제거되며, 조미료의 침투 등이 쉽게 일어나서 맛있고, 먹기 쉬우며, 소화도 잘 되게 할 수 있다. 그러나 삶기 등의 가열조리에 의해 수용성 성분이 용출되는 등 영양성분과 향미의 손실도 함께 일어난다.

가. 삶기

삶기는 비타민 C, 티아민, 리보플라빈, 당류, 수용성 유리 아미노산, 무기염류 등의 수용성 영양성분의 손실이 많은 조리방법으로 끓이는 시간, 뚜껑의 사용, 물의 양 등이 영양성분의 손실에 영향을 미친다. 삶는 시간이 길수록 비타민의 손실이 많아지며 뚜껑을 열고 삶으면 휘발성 유기산이 휘발되고 많은 양의 조리수에 용출된 유기산이 희석되어 녹색의 변색은 억제되지만 향미 성분도 함께 휘발되어 버린다. 또한 조리수의 양이 많으면 그만큼 용출되는 수용성 성분의 양도 많아지게 되므로 소량의 물에 뚜껑을 닫고 짧은 시간에 조리하는 것이 영양성분의 용출을 줄일 수 있다. 처음부터 채소를 넣고 삶는 것보다 같은 크기로 썰어 끓는 물에 넣고 단시간에 조리하는 것이 좋다.

나. 데치기

채소에서 많이 사용하는 조리방법으로 끓는 물에서 단시간 조리해야 수용성 성분의 손실을 줄이고 클로로필색소를 유지할 수 있다. 뚜껑을 열고 조리하면 휘발성 산들이 휘발되어 클로로필에서 페오피틴으로의 전환을 늦출 수 있으며 소금을 넣으면 클로로필의 변색을 줄일 수 있다.

한편, 녹색채소를 데칠 때 물의 양이 적으면 채소를 넣었을 때 내려갔던 물의 온도가 다시 올라가는 데 걸리는 시간이 길어지고 채소에서 나온 유기산이 엽록소에 많이 접촉되어 녹색을 유지하기가 어렵게 된다. 그러나 물의 양이 많으면 채소의 색은 잘 유지될 수 있으나, 물에 용출되는 비타민 C의 양이 많아지게 되므로 데치는 물의 양은 채소 무게의 5배 정도가 가장 적당하다. 채소를 데친 후 찬물에 헹구는 것은 채소의 온도를 급격하게 낮추어서 비타민 C의 파괴를 막을 수 있다.

다. 찌기

찌기는 수용성 영양성분의 손실은 적지만 열이 높지 않기 때문에 조리시간이 길어져서 열에 의한 비타민의 파괴와 색소의 변화가 일어나게 되는 조리법이다. 따라서 보통 냄비로 찌는 것보다 가압냄비를 이용하면 조리시간을 줄일 수 있기 때문에 그로 인한 색, 맛과 영양성분의 손실을 최소화할 수 있다.

라. 볶기

볶기는 물을 사용하지 않기 때문에 수용성 성분의 손실은 크지 않지만 채소를 작은 크기로 썰어서 볶아야 하므로 단면이 크고 그에 따른 영양성분의 산화와 열에 의한 파괴가 많다. 당근과 같이 지용성 성분을 함유하고 있는 채소의 조리법으로 적당하다.

마. 튀기기

튀기기는 많은 양의 기름을 160~190℃의 높은 온도에서 단시간 조리하기 때문에 수용성 성분의 용출이나 열에 의한 파괴를 최소화할 수 있는 방법이다. 가열을 하는 동안 식품의 수분이 증발하고 동시에 기름이 흡수되어 물과 기름의 교환이 일어나며 이 교환이 잘 일어날수록 바삭한 맛을 가지게 된다.

바. 전자레인지 조리

2,450MHz의 고주파를 이용하여 분자간에 마찰을 일으켜 발열시키는 방식으로 전자레인지의 보급이 많아지면서 채소의 조리에 많이 이용되고 있다. 열효율이 좋아 조리시간을 단축시키고 영양성분과 색, 모양의 손실도 줄일 수 있는 장점이 있다.

2. 과일류

과일은 신선도를 중요시하는 청과물의 일종으로 즙이 많고, 당분과 유기산이 풍부하여 단맛과 상쾌한 신맛을 가지며, 풍부한 향기와 다양한 색은 식욕을 촉진시킨다. 생활수준이 향상되고 식생활이 다양화됨에 따라 과일의 소비량이 많아졌지만, 국민 1인당 연간 소비량은 다른 나라와 비교했을 때 아직 낮은 편이다.

성숙한 과일은 미숙과에 비해 당분의 함량이 많으며 귤, 사과, 딸기, 멜론 등은 다른 과일과 비교했을 때 비타민 C의 함량이 월등하게 높다.

과일의 성분은 수분이 약 85~90%, 단백질 1~0.5%, 지방 0.3%, 포도당, 과당, 자당 등의 당이 10~20% 함유되어 있다. 과일의 당은 주로 당분이나 섬유 형태로 들어 있으며 올리브나 아보카도 등의 과일에는 지방이 약 20%나 함유되어 있다. 과일을 차게 하면 단맛이 훨씬 강한 β형의 과당으로 변하기 때문에 냉장고에서 꺼낸 과일이 더 달고 맛있게 느껴진다. 무기질은 칼륨(K), 칼슘(Ca)이 많고 비타민 C와 A가 특히 풍부하다. 과일에는 구연산, 주석산, 사과산, 젖산 등의 유기산이 많아 상큼한 신맛을 내며, 보통 유기산의 함량은 구연산을 기준으로 나타내는데 과일의 유기산은 0.3~1% 정도이지만 레몬에는 6%나 함유되어 있어 신맛을 강하게 낸다.

과일은 수분함량이 많고 수확 후에도 화학적 변화가 계속 되어 신선도가 쉽게 떨어지기 때문에 과일의 특성에 맞는 온도와 습도를 택하여 저장하여야 하고 조리과정에서의 영양소 파괴도 최소한으로 줄일 수 있는 조리방법을 택하여야 한다.

<표 7-8> 중요 과일의 출하기

과일의 종류	출하시기(월)	과일의 종류	출하시기(월)
매실	5~6	포도	7~11
참외	5~8	사과, 배	8~11
수박	6~8	밤	9~10
복숭아	7~9	대추	10
자두	7~9	딸기	11~6

1) 과일의 분류

(1) 인과류 (kernel fruit)

꽃받침의 연장부가 이를 둘러싸서 발달하여 과일의 중요부분을 이루는 것으로 씨방 안에 종자가 있고 과일의 꼭지가 배꼽의 반대쪽에 있는 것이 특징이다. 사과, 배, 비파, 모과, 레몬, 유자 등이 있다.

(2) 핵과류 (stone fruit)

석과(石果)라고도 하는 핵과류는 중과피가 과육을 이루고 내과피가 나무처럼 단단한 핵을 이루고 있으며 그 속에 종자가 있는 열매를 말한다. 매실, 자두, 살구, 복숭아, 앵두, 대추 등이 있다.

(3) 장과류 (berries fruit)

꽃턱이 주머니 모양이며 중과피와 내과피가 부드럽고 즙이 많으며 그 속에 종자가 있는 형태로 포도, 딸기, 무화과 등이 있다.

(4) 견과류 (nuts fruits)

겉껍질이 단단하며 속에 종실을 감싸고 있는 얇은 막이 있는 것으로 흡수된 영양분이 종자내의 저장기관에 모여 발달한 부분을 식용으로 하는 것이다. 잣, 땅콩, 밤, 호두 등이 여기에 속한다.

(5) 열대과일

열대나 아열대지방에 분포하는 과일로 생산지역의 기후 특성 때문에 실온에 보관해야 하며 바나나, 파인애플, 키위, 아보카도 등이 있다.

2) 과일의 구조

(1) 섬유소와 세포벽

과일과 채소 등 모든 식물세포들은 세포벽에 의해 둘러싸여 있는데 이들 세포벽은 다공질로 물을 투과시키며 주로 섬유소로 구성되어 있다. 이 섬유소는 세포의 내용물을 보호하는 작용을 하며 식물이 단단하면서 유연성을 갖도록 한다.

(2) 펙틴질

세포벽의 섬유소와 헤미셀룰로즈 사이, 세포와 세포사이에 존재하는 펙틴질은 프로토펙틴(protopectin), 펙틴(pectin), 펙티닌산(pectinic acid), 펙틴산(pectic acid)으로 나눌 수 있으며 보통 펙틴과 펙티닌산을 펙틴이라 한다. 그 중 펙틴은 산, 당과 함께 젤리를 만들며, 프로토펙틴은 미성숙한 과일에 존재하며 물에 불용성이지만 채소나 과일을 가열하면 프로토펙틴이 용해성인 펙틴으로 분해되기 때문에 조직이 물러지게 되는 것이다.

(3) 세포질

세포벽 안에는 원형질을 둘러싸고 있는 원형질막이 있으며 원형질은 핵, 연포, 색소체, 세포질로 구분된다. 세포질은 반유동상태를 하고 있어서 핵, 액포와 색소체 등이 그 안에서 자유롭게 움직일 수 있다.

3) 과일의 성분

(1) 수 분

과일은 종류에 따라 다르지만 수분함량이 많아 약 80~90% 함유되어 있다. 수분은 대부분 액포에 존재하며 당, 염, 유기산, 수용성 색소와 비타민 등이 용해되어 있다.

(2) 탄수화물

탄수화물은 과일에서 수분 다음으로 많은 것으로 당, 전분, 섬유소, 헤미셀룰로즈, 펙틴질의 형태로 약 10~12% 들어 있으며 이들은 주로 열량의 급원으로 이용된다. 미숙과에는 전분의 양이 많지만 숙성됨에 따라 전분이 분해되어 당으로 변하기 때문에 과일이 익으면 미숙과에서 느끼지 못하는 단맛을 많이 느낄 수 있다. 과일에 함유되어 있는 당 성분은 주로 포도당(glucose), 과당(fructose), 설탕(sucrose) 등으로 이들은 온도가 올라가면 단

<표 7-9> 과일의 영양성분표

(100g)

종류	열량 (kcal)	수분 (%)	단백질 (g)	지질 (g)	당질 (g)	조섬유 (g)	칼슘 (mg)	인 (mg)	철 (mg)	나트륨 (mg)	칼륨 (mg)	아연 (mg)	비타민					
													A (R.E)	B_1 (mg)	B_2 (mg)	niacin (mg)	C (mg)	엽산
사과	49	86.8	0.3	0.5	11.5	0.6	13	14	1.2	4.0	110	0.04	1.0	0.02	0.04	0.2	6	2.8
배	51	85.8	0.5	0.2	12.3	0.8	4	35	0.2	3.0	142	0.12	0.0	0.04	0.03	0.3	4	6.4
귤	39	88.9	0.5	0.1	10	0.2	17	12	0.1	1	130	0.03	10	0.07	0.04	0.2	35	5
수박	31	91.2	0.7	0.2	7.5	0.1	4	14	0.2	3	102	0.07	26	0.05	0.01	0.2	6	15.8
포도	59	83.7	0.5	0.3	15.1	0.2	4	29	0.5	108	5	0.05	0	0.03	0.03	0.3	8	6.4
매실	29	90.5	0.7	0.2	7	1.1	7	19	0.6	4	230	0.26	23	0.03	0.02	0.4	6	8.6
대추	104	69.5	3.2	0.5	24.8	1.2	25	55	1	2	374	0.05	2.0	0.05	0.14	0.8	55	0
밤	162	57.8	3.2	0.6	35.8	1.3	28	68	1.6	2	573	0.6	8	0.25	0.08	1	12	48.4
딸기	26	91.5	0.8	0.1	6.2	1	13	27	0.4	2	156	0.15	2	0.02	0.02	0.3	82	16.5

맛이 떨어지기 때문에 과일은 차게 해서 먹도록 한다. 과일은 과숙되면 펙틴을 분해하는 효소가 작용하여 작은 분자를 가진 펙틴으로 분해되기 때문에 과육이 물러지게 된다.

(3) 단백질, 지방, 무기질

과일에는 지방이 0.3%, 회분 0.4~0.8%, 단백질은 아주 적은 양이 함유되어 있다. 그러나 예외적으로 아보카도에는 지질이 25%, 호두에는 60%나 함유되어 있다.

(4) 비타민

과일에는 비타민과 무기질이 풍부한데, 특히 감귤류, 딸기, 멜론 등에는 비타민 C가 많고 감, 살구와 같은 등황색 과일에는 비타민 A의 급원인 카로틴(carotene)이 풍부하다. 무기질로는 칼륨(K), 칼슘(Ca) 등이 풍부하다.

(5) 유기산

과일의 세포액에는 여러 가지의 유기산이 용해되어 있는데, 이들 유기산이 과일 특유의 맛을 내는 작용을 한다. 과일에 많은 유기산으로는 구연산(citric acid), 사과산(malic acid), 주석산(tartaric acid)과 그 외 수산(oxalic acid), 호박산(succinic acid), 안식향산(benzoic acid) 등이 있다.

일반적으로 추운 지방에서 생산된 과일에 산의 함량이 더 많고 수확 후 저장기간이 길수록 산은 점차 감소한다. 산의 함량이 가장 많은 과일은 라임과 레몬(pH 2.0~2.2)이며 가장 적은 것은 수박(pH 6)이다.

4) 색소와 향기성분

(1) 색 소

가. 엽록소와 카로티노이드(chlorophyll, carotenoid)

녹색의 엽록소는 몇몇 과일에만 존재하지만 감의 리코펜(lycopene), 카로틴(carotene)과 크산토필(xanthophyll), 살구의 카로틴과 리코펜, 그 외 바나나, 오렌지, 파인애플 등의 과일에는 카로티노이드가 풍부하게 함유되어 있어서 식욕을 돋구는 역할을 한다. 이들 색소는 지방에 용해되는 지용성이다.

나. 플라보노이드(flavonoid)

플라보노이계 색소는 수용성으로 과일과 채소에 널리 존재하며 이 색소는 안토시아닌(anthocyanin)과 안토잔틴(anthoxanthin)으로 나눌 수 있다.

안토시아닌에는 여러 가지의 색소가 있는데 이들 색소의 구조가 조금씩 다르고 또 함께 존재하는 색소의 종류와 양에 따라 붉은색, 보라색, 청색 등을 지니게 된다. 딸기, 체리, 포도, 자두 등에서 이들 색소를 볼 수 있다.

안토잔틴은 안토시아닌보다 더 식물계에 널리 분포되어 있는 것으로 백색 또는 담황색을 내는 색소이다.

(2) 향 기

과일에서 향기를 내는 성분은 수백 종에 이르며 이들 휘발성 화합물이 조화를 이루어 각각의 향을 낸다. 과일의 향기 성분은 유기산의 에스테르(ester)가 주를 이루며 그 외에 알코올(alcohol), 알데하이드(aldehyde), 털펜류(terpen) 등의 휘발성 화합물에 의한 것이다.

5) 조리에 의한 과일의 변화

(1) 질감의 변화

과일 특유의 질감은 과일을 구성하고 있는 섬유소의 양과 특성에 의해 좌우되는데 과일에 물을 넣고 가열하면 섬유소는 부드러워지고 세포막은 변성되어 투과성을 잃게 된다. 가열에 의해 세포내의 용질이 조리수에 침출되면 과육은 생기를 잃게 되고 세포와 세포 사이의 공간에 차 있던 가스는 빠져나가는 대신 물이 들어감으로써 과일은 투명하게 변한다. 과일을 물에 넣고 가열하면 과일 조직 안의 물이 수증기로 변하여 가벼워진 만큼 물위로 뜨게 된다.

(2) 조직의 연화

과일은 가열에 의해 조직이 연해지는데 이것은 세포와 세포를 연결시켜 주고 있던 불용성의 프로토펙틴이 수용성의 펙틴으로 변하여 세포간의 접착을 약하게 하기 때문이다. 그러나 과일을 가열할 때 고농도의 설탕을 넣으면 조직의 연화가 느리게 진행되는데 그 이유는 설탕이 펙틴질의 용해를 방해하기 때문이다.

(3) 색의 변화

과육에 함유되어 있는 유기산, 조리수의 pH 및 무기질에 의한 반응 등으로 인해 과일은 조리과정 중에 색이 변하게 된다.

안토시아닌은 매우 불안정하여 가공, 저장하는 과정에서 색이 변하게 되어 식품의 품질을 저하시키기도 하는데 철이온과 반응하면 제일철염을 형성하여 검은 반점이 생기고 퇴색하게 된다. 또한 산성에서는 붉은 색을, 알칼리성에서는 청색과 보라색을 띠고 가열하면 붉은 색을 잃게 된다.

클로로필은 식물조직이 정상적으로 호흡하고 있을 동안은 안정하여 녹색을 지니게 되지만 pH 4이하의 산성용액에서 가열하면 마그네슘이온(Mg^{2+})이 유리되어 황색의 페오피틴(pheophytin)으로 변한다.

카로티노이드는 엽록체 속에 클로로필과 함께 존재하기도 하는데 열에 비교적 안정하여 조리에 사용하는 정도의 약산과 약알칼리에는 파괴되지 않지만 쉽게 산화되어 퇴색하게 된다.

플라보노이드는 산성에서는 안정하지만 알칼리성에서는 불안정하며 페놀성(phenol) OH기를 가지고 있어서 금속과 반응하여 변색한다.

(4) 향기의 변화

과일의 향을 내는 것은 당, 휘발성 유기산과 그 에스터에 의한 것인데 과일을 오랫동안 가열하게 되면 과일 자체의 향이 약하게 되거나 잃게 된다.

(5) 영양소의 변화

과일에 많이 들어 있는 비타민 C는 수용성일 뿐 아니라 열, 산과 금속 등에 약하므로 과일은 가능한 한 생으로 먹는 것이 좋지만, 조리를 해야 하는 경우에는 비타민의 파괴를 줄이도록 노력하여야 한다.

6) 과일의 조리

과일은 생으로 먹는 경우가 가장 많지만, 필요에 따라 익히거나 잼, 젤리 등으로 이용하는 경우가 많다.

(1) 젤리 (jelly)

펙틴, 젤라틴, 한천, 알긴산 등의 고분자 콜로이드상 물질을 겔화시킨 것을 젤리라 한다. 사과, 포도, 자두 등은 펙틴의 양이 많아 젤리로 만들기에 적합하지만, 딸기와 같이 산이 부족한 과일은 레몬이나 오렌지 등과 같이 산이 많은 과일을 첨가함으로써 젤리로 만들 수 있다.

펙틴 젤리는 고메톡실펙틴(high methoxyl pectin)과 저메톡실펙틴(low methoxyl pectin)을 이용한 경우로 나눌 수 있는데, 고메톡실펙틴의 경우는 산과 60% 이상의 당도가 필요하며 당도가 높을수록 강도가 강해지고 pH 3.0~3.3에서는 최대 강도가 만들어지며, 펙틴의 양은 1% 전후가 적당하다. 저메톡실펙틴의 경우는 이온결합형 젤리로서 반드시 당과 산이 필요한 것은 아니며, pH나 당의 농도에 따라 젤리의 성상이 달라지며 다이어트식품으로 이용되고 있다.

<표 7-10> 젤리를 만드는 최적 조건

펙틴의 함량	약 1%
펙틴의 분자량	완전한 입체적 망 형태를 이룰 수 있을 정도의 크기
과즙의 pH	pH 5이하 : 겔 형성시작 pH 3.0~3.3 : 최적조건
설탕의 농도	65%

(2) 프리저브(preserve)

프리저브는 과일의 형태를 남게 하여 시럽에 넣고 조려서 연하고 투명하게 만든 것으로 잼보다 고급품으로 여긴다. 프리저브를 만들 때 과일을 반으로 나누어 반만 처음부터 설탕과 함께 끓이고, 한참 끓은 후 나머지 반을 넣고 조리면 나중에 넣은 것은 형태가 남게 되며 투명하게 된다. 체리, 무화과, 복숭아, 배, 자두, 딸기 등이 많이 사용된다

(3) 잼(jam)

잼은 기원전부터 꿀이나 엿을 감미료로 만들어 왔던 것으로 추정되며 최초의 기록에 의하면 320년경 알렉산더 대왕이 인도를 정복하고 유럽으로 돌아갈 때 설탕을 가져가 이것을 사용하여 잼을 만들었다고 한다. 그 후 설탕이 풍족하게 되면서 겨울을 위한 저장식품으로 가정에서 잼을 만들게 되었고 병조림법과 통조림법이 발명됨과 동시에 기업화, 상품화하게 되었다.

잼은 과육을 으깨거나 잘게 썰어서 다량의 설탕을 넣고 농축하여 점성이 강한 것으로 고농도의 당분이 미생물의 성장발육을 저지하여 장기간 보존이 가능하다.

잼이 만들어지기 위해서는 펙틴(pectin)·산·설탕의 3가지 물질이 갖추어져야 하는데, 펙틴함량은 과일이 덜 익었거나 너무 익었을 때에는 적고 적당히 익었을 때가 가장 많다. 신 사과, 포도, 레몬 등은 질이 좋은 펙틴과 산을 많이 함유하고 있어 양질의 잼이 될 수 있지만, 복숭아와 배는 펙틴과 산이 부족하기 때문에 시트르산과 같은 유기산과 펙틴을 적당량 첨가해야 한다.

당도는 60~65%가 바람직하며 이 정도의 당도일 때 잼은 103~105℃에서 끓기 시작한다. 잼의 완성도를 알아보기 위해서는 컵테스트와 스푼테스트가 있는데, 컵테스트는 찬물이 담긴 컵에 떨어뜨렸을 때 잼이 풀어지지 않아야 완성된 것이고, 스푼테스트는 스푼으로 떨어뜨렸을 때 주루룩 흐르지 않고 똑똑 떨어져야 잼의 농도가 적당한 것이다.

(4) 마말레이드(marmalade)

마말레이드는 프리저브의 일종으로 특히 그레이프프루트, 오렌지, 레몬 등 감귤류의 과실을 가늘게 채로 썰어서 설탕에 조린 것을 구분하여 일컫

는 것이다. 마말레이드를 만들 때에는 과일과 물을 먼저 넣고 끓인 후 설탕을 넣고 끓인다.

(5) 주스(juice)

과즙은 과일을 으깨어 짜서 만든 것으로 과육의 향기와 맛, 영양성분 등이 들어 있지만, 공기와의 접촉이 많아 갈변하거나 비타민 C의 파괴가 크다. 이때 소금을 첨가하면 갈변과 비타민의 파괴를 줄일 수 있다.

7) 과일의 갈변반응

과일의 껍질을 벗기거나 잘랐을 때 혹은 상처가 났을 때 그 부위의 색이 갈색으로 변하는 것을 볼 수 있는데 이러한 변화를 효소적 갈변반응(enzymatic browning reaction)이라 한다. 효소적 갈변반응은 바깥으로 노출된 식물의 조직이 공기와 접촉되어 일어나는 현상으로, 이러한 반응은 페놀옥시다제(phenol-oxidase) 혹은 폴리페놀옥시다제(polyphenol oxidase)라는 효소에 의해 일어난다.

사과, 바나나, 배, 복숭아 등의 과일은 카테콜(catechol), 티로신(tyrosine), 3,4 디하이디록시 페닐아민(3,4-dihydroxy phenylalanune) 등의 화합물과 효소가 함께 존재하기 때문에 변색이 쉽게 일어나지만, 이러한 효소가 없는 오렌지, 그래이프프루트, 참외, 파인애플 등은 변색이 잘 일어나지 않는다.

효소에 의한 갈변을 방지하는 방법으로는 가열하여 효소를 불활성화시키거나, 비타민 C등의 항산화제를 첨가하는 방법, 산소의 접촉을 막기 위하여 설탕이나 소금물에 담가두는 방법, 파인애플주스나 레몬주스를 첨가하여 pH를 낮추는 방법 등이 있다.

비효소적 갈변 반응(nonenzymatic browning)에는 마이얄 반응(maillard reaction)과 캐러멜화 반응(caramelization)이 있다. 마이얄 반응은 당과 아미노산이 공존하면서 열이 가하여지면 자연스럽게 일어나는 것으로 장어구이 등에서 그 예를 들 수 있다. 캐러멜화 반응은 설탕용액을 고온에서 가열하면 가수분해되고 수분이 사라지면서 갈색을 나타내는 현상으로 캐러멜 소스, 간장 등이 그 예이다.

3. 해조류

해조는 바다에 생육하는 뿌리, 잎과 줄기의 분화가 불완전한 엽상식물을 말한다.

대체로 클로로필을 함유하여 광합성작용을 함으로써 독립적으로 영양을 섭취하는 하등식물로 기원전 3,000년경부터 이용해 온 것으로 알려졌다.

해조류는 전 세계적으로 수백 가지 이상이 있지만, 50~60종 정도만이 식용으로 이용되고 있다.

해조류는 소화율이 낮아서 열량원으로서의 가치는 없지만, 섬유질이 많아 변통을 조절하고 만복감을 들게 하여 다이어트식품으로 이용되며, 정장작용의 기능도 있다. 해조류의 성분으로는 주성분인 당질과 단백질, 무기질, 비타민 등이 있다.

1) 해조류의 분류

(1) 홍조류

김, 우뭇가사리, 감태 등이 홍조류에 속하며 피코에리트린(phycoerythrin)에 의해 붉은 색을 내지만, 그 외에도 클로로필과 카로티노이드가 포함되어 있다.

(2) 녹조류

파래, 청각, 모자반 등이 녹조류에 속하며 클로로필, 잔토필과 카로틴에 의해 녹색을 띤다.

(3) 갈조류

갈조류에는 미역, 다시마, 톳 등이 있으며, 성분으로는 탄수화물인 알긴(algin) 20~30%, 만톨(manntol) 10~20%, 라미나린(laminarin) 1~10%와 그 외 푸코이딘(fucoidin), 헤미셀룰루즈(hemocellulose) 등이 함유되어 있다.

2) 해조류의 성분

(1) 탄수화물

해조류의 주성분은 탄수화물로 40~60% 정도를 함유하며 특이한 점성 다당류로 이루어져 있으며, 전분은 거의 없고 한천, 알긴산(alginic acid), 만니톨(mannitol) 등으로 구성되어 있다.

(2) 수 분

해조류에는 수분이 많아서 약 90%가 함유되어 있지만, 10~20%까지 건조한 것을 주로 사용한다.

<표 7-11> 해조류의 영양성분표

(100g)

종류	열량 (kcal)	수분 (%)	단백질 (g)	지질 (g)	당질 (g)	조섬유 (g)	칼슘 (mg)	인 (mg)	철 (mg)	나트륨 (mg)	칼륨 (mg)	아연 (mg)	비타민 A (R.E)	비타민 B_1 (mg)	비타민 B_2 (mg)	비타민 niacin (mg)	비타민 C (mg)	엽산
김(말린것)	252	11.4	38.6	1.7	38.6	1.7	325	762	17.6	1294	3503	5.1	3750	1.20	2.95	10.4	93	1364
미역(말린것)	190	10.3	13.5	1.7	40.1	2.5	920	415	7.6	5375	6267	5.1	60	0.25	1.05	8.0	14	1058
미역(생것)	18	90.3	1.9	0.3	2.9	0.3	92	40	1.5	822	1005	0.1	233	0.05	0.16	1.2	16	146
다시마(말린것)	189	12.3	7.4	1.1	41.1	4.1	708	186	6.3	2315	4632	7500	72	0.22	0.45	4.5	18	1364
다시마(생것)	19	91.0	1.1	0.2	3.6	0.6	103	23	2.4	554	1242	2.5	97	0.03	0.13	1.1	14	146.3
청각(말린것)	229	10.0	13.8	08	43.0	9.8	735	331	84.5	17047	2792	1.7	624	0.18	0.92	25.7	165	4715.7
우뭇가사리	89	70.3	4.2	0.2	18.5	3.0	183	47	3.9	160	980	12.2	360	0.04	0.43	1.1	15	146.3

(3) 단백질과 지질

갈조류에는 단백질이 약 10%, 홍조류에는 약 20~30%가 함유되어 있다. 메티오닌(methionin)과 리신(lysine)을 제외한 필수아미노산이 많아서 단백가가 높고 유리 아미노산이 많아 맛도 좋다. 다시마에는 특히 글루탐산(glutamic acid)이 많으며 라미닌(laminine)이라는 리신(lysine)유도체가 들어 있어 혈압강하작용을 한다. 해조류 중 클로레라는 단백질이 40~50%로 고단백식품에 속한다.

해조류에는 지질이 1% 정도 들어 있는데, 이것은 트리글리세라이드가 아니고 거의가 카로티노이드계의 색소이며 요오드가가 높고 불검화물이 많다.

(4) 무기질

무기질은 10~30% 정도로 많은 양이 함유되어 있는데 주로 칼슘, 나트륨, 칼륨, 인, 철 등이다. 갈조류와 홍조류에는 요오드가 많은데, 특히 다시마는 식품 중에서 요오드 함량이 가장 많다.

(5) 비타민

해조류에는 비타민 A가 많은데, 특히 김에는 100g 중 20,000~40,000μg이 들어 있어서 식품 중에서 그 함량이 가장 많다. 그 외 비타민 B_1, B_2, C, niacin 등도 풍부하다.

3) 해조류의 조리

(1) 김

김은 인류가 이용한 해조류 중에서 가장 오래된 것으로 비타민과 무기질이 풍부한 알칼리성 식품이다. 김의 단백질인 타우린(taurine)은 콜레스테롤을 감소시키고 암의 예방과 치료에 효과가 있다.

질이 좋은 김은 윤기가 나며 검은빛을 띠는데 160℃의 불에 구우면 선명한 녹색과 함께 독특한 방향을 낸다. 김은 구울 때 두 장씩 겹쳐서 구워야 향미를 보존하고 비타민 A의 감소도 막을 수 있다. 겨울에 나는 김은 질소 함량이 가장 풍부하기 때문에 최상품으로 여긴다.

김은 햇볕에 오래 두면 적색으로 변하게 되는데, 이는 김에 있는 잔토필(xanthophyll)이나 클로로필이 햇볕에 의해 분해되어 나타나는 현상이다. 또 김의 색은 붉은 색의 피코에리트린(phycoerythrin), 푸른색의 피코시안(phycocyanin)과 클로로필로 구성되어 있는데, 저장을 하는 동안 광택을 잃고 적자색으로 변하는 것은 피코시아닌이 피코에리트린으로 변하기 때문이며, 가열을 하면 피코에리트린이 피코시안으로 변하여 붉은 색이 없어지고 녹색으로 변한다.

김의 특유한 향기성분은 디메틸설파이드(dimethylsulfide)에 의한 것이며, 알라닌(alanine)과 글리신(glycine) 등의 아미노산이 단맛을 내고 글루탐산(glutamic acid)은 구수한 맛을 낸다.

마른 김은 습기와 햇빛에 약하므로 김이 습기를 빨아 당겨 눅눅해 지지 않도록 습기 제거용 종이와 함께 서늘하고 그늘진 곳에 보관하는 것이 좋다.

(2) 미 역

미역은 우리나라에서 가장 생산량이 많은 해조류이며 단백질이 약 10%로 많은 편이고 필수아미노산을 고루 함유하고 있어 영양가도 높을 뿐 아니라 칼슘, 요오드, 철 등 무기질 또한 풍부하다. 특히 요오드는 갑상선 호르몬인 티록신(thyroxine)을 만드는 재료로 쓰이며 티록신은 심장과 혈관의 활동, 체온과 땀의 조절, 신진대사 증진 등의 작용을 한다.

또한 미역은 혈액을 맑게 해주고 요오드와 칼슘이 많아 산후 자궁수축과 지혈의 역할을 한다. 미역에는 점성 다당류인 알긴산이 있어 장의 운동을 활발히 하고 만복감을 주기 때문에 다이어트 식품이기도 하다.

미역은 가공할 때 데치기를 거치게 되는데, 이때 수용성 성분의 손실이 생기지만 데치기 과정을 거친 후 건조한 미역은 생미역을 그대로 건조한 것에 비해 클로로필과 카로티노이드를 더 잘 보존할 수 있다. 미역을 데칠 때에는 끓는 물에서 가능한 한 단시간에 처리하여야 수용성 성분의 손실을 줄일 수 있다.

(3) 다시마

다시마의 구성성분은 미역과 비슷하지만, 요오드는 미역에 비해 10배가 많다. 말린 다시마에는 단백질 7%, 지방 0.5%, 당질 44%와 무기질이 28%나 들어 있으며, 무기질 중에서도 특히 칼슘과 철이 풍부한 데 다시마의 칼슘은 소화흡수가 아주 잘 된다. 다시마에는 알긴이라는 당질이 약 20% 들어 있는데, 이것은 소화는 거의 되지 않지만 장의 연동운동을 돕고 수분을 보유하는 역할을 하므로 변비치료에 좋다. 다시마의 표면을 덮고 있는 흰 분말은 만니톨로서 설탕의 60%의 단맛을 가지므로 다시마에서 단맛을 느낄 수가 있다. 다시마의 글루타민산이 나트륨과 결합하여 생긴 모노소디움 글루타메이트(monosodium glutamate, MSG)로 인하여 특유의 감칠맛을 낸다.

다시마는 두꺼울수록 지미, 감미, 염미가 적당하게 혼합되어 있어서 품질이 좋으며, 다시마의 국물을 낼 때에는 다시마에 칼집을 내어 찬물에 10분 정도 담가두었다가 처음부터 다시마를 넣고 끓이다 끓기 시작하면 건져내야 나쁜 맛이 우러나지 않는다.

(4) 우뭇가사리

우뭇가사리는 세포 내에 한천이 존재하기 때문에 우뭇가사리를 끓여서 나오는 즙을 분리하여 한천을 만든다.

한천은 겔화되는 힘이 강한 아가로오스(agarose)와 겔화가 약한 아가로펙틴(agaropection)이 7 : 3의 비율로 구성되어 있으며, 소화흡수가 잘 되지 않는 저에너지 식품이다. 한천은 1% 농도일 때 약 30°C에서 응고하고 농도가 높을수록, 설탕이 첨가되었을 때 더 잘 응고한다. 또한 과즙이 첨가되면 유기산에 의해 한천 분자가 가수분해되어 겔의 강도는 약해지고 많은 양의 우유를 첨가했을 때에는 우유의 지방과 단백질이 겔화를 방해하므로 한천의 농도를 높여주어야 한다.

한천은 겔상의 식품 첨가물, 미생물 배양배지, 젤리와 과자 등에 이용되며 소화가 되지 않기 때문에 변비를 치료하는 데도 쓰인다.

제 8 장

겔상 식품과 조리

1 한천과 조리 272

2 젤라틴과 조리 275

3 펙틴과 조리 279

4 기 타 282

제8장 겔상 식품과 조리

자연에 존재하는 검질(natural gums)은 점도가 큰 성질을 지닌 물질이 많으며 이들은 식품가공에 이용되어 왔다.

검질은 어디에 함유되어 있는가에 따라 크게 3가지로 구분할 수 있다.

① 해조류

해조류로부터 얻어지는 것으로 다당류에 속하는 한천(agar), 알긴산염(alginates), 카라기난(carrageenan) 등이 여기에 속한다.

② 식물체

식물에서 얻어지는 것으로 아라비아 검질(gum arabic)같이 상처가 생겼을 때 자신을 보호하기 위하여 분비하는 물질에 함유되어 있기도 하고, 펙틴(pectin)이나 전분(starch)과 같이 열매에 함유되어 있기도 하다.

③ 동물체

동물에서 얻어지는 것으로 젤라틴(gelatin)이 있다.

1. 한천과 조리

한천(agar)은 홍조류에서의 세포벽 성분으로 주성분은 다당류인 갈락탄(galactan)이며, 갈락탄(galactan)은 갈락토오스(galactose)와 그 유도체로 구성된 아가로오스(agarose)와 아가로펙틴(agaropectin)으로 이루어져 있다.

한천을 만드는 방법은 다음과 같다. 홍조류의 추출액을 여과하고 냉각한 후 만들어진 겔(gel)을 잘게 썰어서 동결시키면 겔에 함유된 수분은 해동시 제거되고, 냉동과 해동의 반복을 통하여 수용성인 불순물도 제거된다. 그 후 건조 탈수하고, 굵기를 조절하여 봉모양으로 제조하거나 분말의 형태로 상품화한다. 한천은 물에 침지하여 흡수시킨 후 가열하여 용해시켜 사용한다.

1) 한천의 성질

한천은 겔 형성능력이 강하며 겔은 고온에서 잘 견디므로 식품에 많이 사용되어 왔다. 한천의 겔 형성은 0.2~0.3%에서부터 이루어지나, 1~2%에서 매우 단단한 형태의 겔을 만든다. 한편, 한천의 농도가 2% 이상이 되면 용해하기 어려우나, 과즙이나 설탕을 첨가한 경우는 2% 이상이 되는 경우도 있다.

한천의 용해온도는 80~100℃이며, 농도가 높아짐에 따라 용해온도가 높게 나타난다. 한천의 응고온도는 한천의 종류, 농도, 설탕의 첨가량에 따라서 다르나, 일반적으로 가열된 한천 수용액은 30℃부근에서 응고하기 시작한다.

<표 8-1> 한천의 농도에 따른 특성

한천의 농도 (g/100g)	응고온도 (℃)	용해온도 (℃)	gel 강도 (dyne/㎡)
0.5	28	68	1.8×105
1	33	80	2.2×105
1.5	34	82	4.4×105
2	35	84	6.7×105

2) 한천 조리시 첨가물의 영향

(1) 설 탕

한천의 농도가 일정할 때 설탕의 첨가량이 많을수록 겔의 강도가 높아진다. 이는 한천분자에 수화된 물분자가 설탕의 탈수작용에 의해 제거됨으로써 한천분자간의 결합의 촉진때문으로 알려져 있다.

겔을 방치하면 포함되어 있는 액체가 빠져 나오는 현상이 일어나는데, 이를 이장현상(syneresis)이라 하며, 한천은 이장현상이 매우 심한 편이다. 그러나 설탕을 첨가할 경우 안정한 젤리를 형성함으로써 이장현상이 감소하고, 투명도가 증가하는 현상을 나타낸다.

한천이 동일한 농도일 때 설탕을 첨가하면 설탕을 첨가하지 않을 때에 비하여 응고온도가 높아진다. 1% 한천용액에 설탕을 첨가하지 않은 경우는 응고온도가 약 33℃이고, 60%의 설탕을 첨가하면 응고온도가 약 38℃로 상승되어 강도가 증가된다. 한편, 설탕을 75% 이상 첨가하면, 겔의 구조가 만들어지기 어려워 오히려 겔의 강도가 저하된다.

(2) 산

한천 용액에 과즙을 첨가하는 경우에 산의 작용에 의해 겔의 형성능력이 저하되는데, 이는 산이 다당류인 한천을 소분자 물질로 분해하여 망상구조를 만드는 힘이 약해지기 때문이다. 따라서 과즙이 포함된 한천 겔을 만들 때에는 한천을 반드시 가열하여 완전히 용해시킨 후, 60℃까지 식혀서 과즙을 첨가하는 것이 바람직하다.

이유는 과즙과 한천을 함께 가열하면 가열하는 동안 한천이 분해되고, 한천 용액이 뜨거울 때 과즙을 섞어주면 비타민 C가 손실되거나 풍미가 감소되기 때문이다. 그러나 이 때에도 한천 겔의 강도는 한천만을 첨가한 것보다도 약하다.

(3) 우 유

한천 겔에 우유를 첨가하면 겔의 강도가 약화된다.

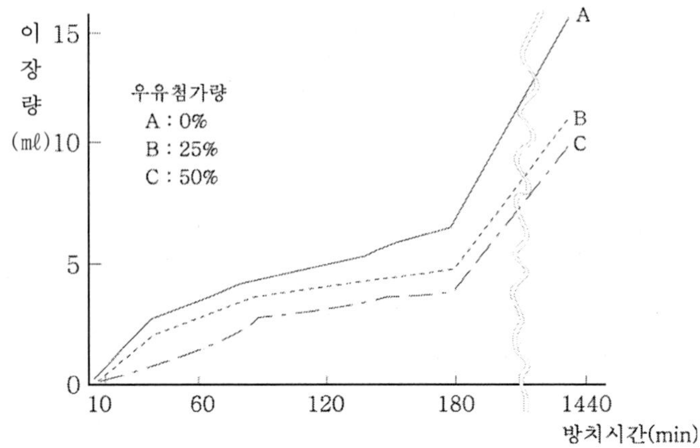

[그림 8-1] 우유 첨가량에 따른 이장량

아주 소량을 사용한 경우는 크게 영향을 받지 않으나 첨가량이 많아지면 강도가 약해진다. 이는 우유에 함유된 유지방이 한천 겔의 망사구조 형성을 방해하기 때문이다. 반면 우유의 첨가량이 많아지면 우유와의 결합으로 겔은 안정화되어, 이장량은 감소하는 것으로 나타났다. 결과적으로 우유의 첨가는 겔의 강도는 약화시키나 안정한 겔을 만드는 것으로 알려져 있다.

3) 한천 응용식품

한천이 이용되는 곳은 다음과 같은 몇 가지 종류가 있다.

① 과일 젤리는 한천 용액을 만들어 설탕을 가하고 가열 용해시켜 과즙을 첨가하여 성형 · 냉각시킨 것이다.
② 양갱은 팥 앙금이 끓으면, 가열한 한천 용액을 첨가하여 다시 끓여준 후 성형하여 냉각시킨 것이다.
③ 고온에서 조리되는 빵제품이나 과자류 및 청량음료, 우유, 유제품 등의 안정제로도 이용된다.
④ 미생물 배양배지로도 이용된다.

2. 젤라틴과 조리

젤라틴은 동물의 결체조직에 존재하는 콜라겐을 부분적으로 가수분해하여 얻어지는 유도단백질이다. 그러나 실제에 있어서는 동물의 표피나 인대 조직, 뼈 등을 알칼리 또는 묽은 산으로 가수분해하여 얻는다.

젤라틴은 젤리를 비롯한 각종 식품에 널리 이용되어 왔으며 가장 오랜 역사를 지닌 물질로 알려져 왔다.

1) 젤라틴의 성질

젤라틴은 한천과 마찬가지로 물에 침지하여 흡수시킨 후 가열하여 용해시켜 사용한다. 젤라틴은 무게의 약 10배의 물을 흡수하며, 흡수 팽윤된 젤라틴은 한천보다 잘 녹는다.

<표 8-2> 젤라틴농도에 따른 응고온도 및 재용해온도

젤라틴의 농도(%)	응고온도(℃)	재용해온도(℃)
2	3.2	20.0
3	8.0	23.5
4	10.5	25
5	13.5	26.5
6	14.5	27.0
10	18.5	28.5

분말 젤라틴은 표면적이 넓어 5분 정도 침지하면 되나, 판상(板狀) 젤라틴의 경우는 20~30분간 담가두는 것이 좋다. 충분히 침지된 젤라틴은 40℃

의 온도에서 한천보다 잘 녹는다. 또한 젤라틴의 침지시간이 길수록, 농도가 낮을 수록, 융해온도가 높을수록 잘 녹는다.

젤라틴은 일반적으로 3~10℃에서 응고하며 온도가 낮을수록 빨리 응고한다. 따라서 젤라틴을 재빨리 응고시키려면 얼음물에 담가두거나 냉장고에 넣어두면 된다. 그러나 젤라틴의 농도에 따라 응고속도와 응고된 겔이 재융해하는 온도는 달라진다.

조리에 사용되는 일반적인 농도는 2~4%이나, 기온이 높은 여름철의 경우는 응고된 겔이 재융해되는 온도를 감안하여 농도를 2배 이상 높여주는 것이 바람직하다.

2) 젤라틴 조리시 첨가물의 영향

(1) 설 탕

설탕은 첨가량이 증가할수록 겔 강도를 감소시켜 부드러운 젤리를 형성한다. 이는 설탕이 젤라틴분자가 단단한 망상구조 만드는 것을 방해하는 때문으로 알려져 있다. 설탕의 첨가정도는 20~25%가 적당하다고 한다.

<표 8-3> 한천과 젤라틴의 성질 비교

구 분	한 천	젤 라 틴
성 분	당질, 갈락탄(galactan)	단백질, 콜라겐(collagen)
원 료	홍조류	동물의 뼈와 가죽
융해온도(℃)	80~100	30~40
응고온도(℃)	25~35	3~10
사용농도(%)	0.5~1.5	2~4
소화성	소화되지 않음	소화됨
투명도	투명감이 낮음	투명감이 높음
질 감	굳고 단단한 질감	하늘하늘한 질감
응용식품	양갱, 과일젤리	족편, 아이스크림

(2) 산

젤라틴에 과일즙이나 레몬즙 등을 첨가하여 pH를 낮추어 주어도, pH가 4.6~8.2범위라면 커다란 변화 없이 응고물이 약간 부드러워지는 현상을 나타낸다. 그러나 이보다 강한 산성을 띠는 경우 서서히 가수분해가 일어나며, 결과적으로 응고를 방해하게 된다. 신맛이 강한 과즙을 첨가할 경우는 젤라틴액과 함께 가열하기보다는, 젤라틴 액을 가열하여 식힌 다음 과즙을 혼합하는 것이 산에 의한 젤라틴의 가수분해를 방지하는 방법이 된다.

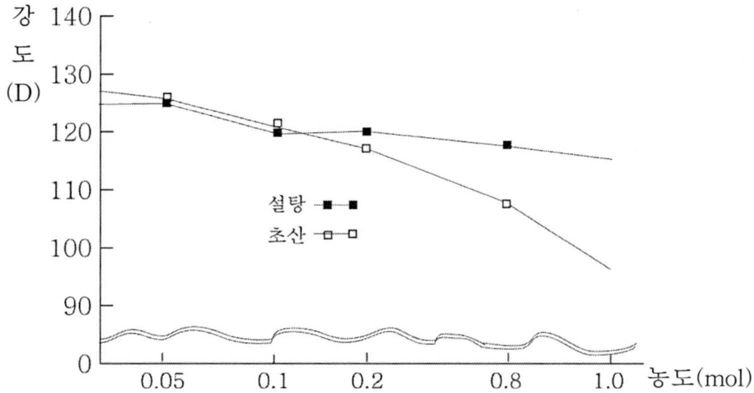

[그림 8-2] 첨가물에 대한 젤라틴 겔의 강도

(3) 효 소

단백질 분해효소는 불완전 단백질인 젤라틴을 분해하여, 겔화되는 능력을 저하시킨다. 젤라틴 젤리의 제조에 파인애플과즙이나 키위과즙 등을 첨가해야 할 때에는 이들 과즙에 함유된 단백질 분해효소가 젤라틴의 겔화능력을 방해하지 못하도록 통조림을 사용하거나, 과즙을 미리 가열하여 효소를 불활성화시킨 후 사용하는 것이 좋다.

(4) 염 류

염류의 경우는 산과 반대로 단단한 응고물을 형성하므로 순수한 물에 비하여 무기질의 함량이 높은 물로 제조한 젤라틴 젤리의 경우가 더 단단한 응고물을 형성한다. 또한 소금은 물의 흡수를 막아 젤의 강도를 높인다고 한다.

3) 젤라틴 응용식품

젤라틴은 식품가공에 널리 이용되어 왔으며 몇 가지 실예로 구분할 수 있다.

① 저칼로리 식품으로 특별한 조직감과 질감을 지니는 젤리과자의 제조 및 찬 디저트를 만드는 데 이용된다.

② 젤라틴이 탄닌과 불용성 염을 형성하므로, 과즙의 탄닌을 제거하기 위해 이용된다.

③ 식품에 첨가하는 유화제나 안정제로 사용된다.

④ 식품의 건조를 억제하기 위한 피막이나 코팅제로 이용된다.

3. 펙틴과 조리

펙틴은 식물의 줄기나 뿌리 또는 과실류의 세포막이나 세포막 사이에 함유되어 있으며, 하나의 단일물질에 대한 명칭이 아니라 공통된 구조나 성질을 지닌 여러 가지 물질에 대한 일반 명칭이다.

펙틴의 종류는 크게 세 가지로 구분할 수 있다.

① 프로토펙틴(protopectin)

프로토펙틴은 펙틴의 모체가 되는 물질로 미성숙한 식물조직에 주로 함유되어 있으며, 성숙되면서 가수분해되어 펙틴으로 전환된다.

② 펙티닌산(pectinic acid)

펙티닌산은 분자 속 유기산기의 상당수가 메틸화(methyl ester)된 갈락튜론산(galacturonic acid)의 중합체이며, 우리가 흔히 펙틴이라 부르는 것이다.

③ 펙틴산(pectic acid)

펙틴산은 분자 속 유기산기가 전혀 메틸화(methyl ester)되지 않은 갈락튜론산(galacturonic acid)의 중합체이다.

1) 펙틴의 성질

펙틴은 물에 녹아 교질용액을 형성하는 것으로 점도가 매우 크며, 펙틴의 겔 형성능력은 분자의 크기에 의해 가장 영향을 받는다. 또한 펙틴의 물 흡수 유지능력은 분자량이 클수록 크게 나타난다.

펙틴은 알코올이나 아세톤에는 녹지 않으며, 특히 알코올에 녹지 않는 성질을 이용하여 펙틴 추출액에서 펙틴을 침전·분리하여 함량을 관찰한다. 예를 들면 과즙에 동량의 알코올을 가하여 전체가 겔상으로 되면 펙틴의 함량이 많은 것이고, 소량의 침전이 생기거나 침전이 생기지 않으면 펙틴의 함량이 적은 것이다.

펙틴의 농도가 0.5~1.5%, pH가 3~3.4, 설탕의 농도가 60~65%일 때 적당한 강도를 지니는 젤리, 잼이나 마말레이드 같은 식품으로 가공할 수 있다.

<표 8-4> 일부 식물조직에 함유된 펙틴함량

식물조직	함량(%)
당 근(carrot)	7
사탕무 찌꺼기(beet pulp)	25~30
사과 찌꺼기(apple pomace)	15~18
레몬껍질 찌꺼기(lemon pulp)	30~35
오렌지껍질 찌꺼기(orange pulp)	30~40

<표 8-5> 과일의 펙틴질과 산의 함량(%)

과일의 종류	펙틴질	산
사과, 레몬, 오렌지	1	0.8~1.2
무화과, 복숭아, 바나나	1	0.1
포도, 잘 익은 사과	0.7	0.4
딸기, 살구	0.5	1.0
배, 감, 잘익은 복숭아	0.5	0.1

2) 펙틴 조리시 첨가물의 영향

(1) 설 탕

펙틴분자의 교질용액에 설탕을 첨가하면, 설탕분자는 자신이 수화되기 위해 펙틴분자에 수화되어 있는 물분자를 제거한다. 즉, 설탕은 펙틴분자들에 대하여 탈수제로 작용하게 된다. 물분자가 제거됨에 따라 펙틴분자의 수화에 의한 안정상태는 파괴되어 불안정하게 되며, 펙틴분자끼리 결합하기 쉬운 상태로 된다.

(2) 산

펙틴 겔은 한천이나 젤라틴 겔과는 달리 산을 첨가해도 겔 강도가 저하되지 않는다. 특히 pH가 3일 때 겔의 강도가 최대가 되므로 펙틴 겔을 만들 경우 pH를 3부근으로 조절할 필요가 있다.

산에 의한 수소이온은 펙틴분자가 가진 음이온을 중화함으로 펙틴분자의 안정성을 감소시켜 펙틴분자끼리의 결합으로 겔형성을 도와준다. 그러나 pH 2.5 이하는 펙틴의 가수분해가 일어나 겔의 강도를 저하시킨다.

3) 펙틴 응용식품

펙틴을 이용한 식품으로는 잼이나 마말레이드 또는 젤리를 들 수 있다.

① 잼은 과일의 원형을 이용하여 단단한 겔을 형성한 것이다.
② 마말레이드는 과즙을 짜서 과육과 과편이 혼합되어 있는 상태를 겔로 만든 것으로 잼보다는 다소 부드러운 제품이다.
③ 젤리는 충분한 펙틴과 유기산을 함유한 주스에 설탕을 첨가한 후 주형(鑄型, mold)을 이용하여 응고시킨 것이다.

4. 기 타

식물성으로부터 얻을 수 있는 겔상 식품자원은 로커스트 빈 검(locust bean gum)와 구아 검(guar gum) 등이 있다. 또한 식물의 종자, 뿌리나 줄기에 함유된 전분도 겔상을 이루는 자원이 된다.

해초류에서 얻을 수 있는 자원은 한천 이외에 갈조류의 세포막에서 발견된 알긴산(alginic acid)과 홍조류에 속하는 해초류의 추출물로부터 얻을 수 있는 카라기난(carrageennan)을 들 수 있다.

또한 미생물이 만들어내는 겔상 식품의 자원으로 가장 대표적인 것은 덱스트란(dextran)이며, 덱스트란은 포도당(glucose)이 1,6결합에 의한 다당류이다.

<참고문헌>

이순애, 조리학, 수학사, 1988.
박일화, 식품과 조리원리, 수학사, 1992.
장수경 외 3인, 식품과 조리과학, 문운당, 1995.
허필숙, 조리원리, 지구문화사, 1996.
현기순 외 2인, 조리학, 교문사, 1995.
정현숙 외 3인, 조리과학, 지구문화사, 1997.
안명수, 식품과 조리원리, 신광출판사, 1997.
김기숙 외 3인, 조리과학-이론과 실험실습-, 수학사, 2000.
문수재 외 1인, 식품학 및 조리원리, 수학사, 2000.
김경진, 식품조리 및 이론, 보성문화사, 2000.
장명숙, 식품과 조리원리, 효일출판사, 1999.
식품영양소 함량자료집, 한국영양학회 부설 영양정보센타, 1998.
박유식, 식품과 식품화학, 효일출판사, 1998.
조재선 외 1인, 식품학, 1997.
이혜수 외 1인, 조리원리, 교문사, 1999.
김성곤 외 2인, 제과제빵과학, 비앤씨월드, 1999.
유영상, 조리과학, 수학사, 1998.
장명숙, 서양요리, 신광출판사, 1998.
김동훈, 식품화학, 탐구당, 1998.
김미향 외 3인, 조리원리, 형설출판사, 2000.
이진순 외 3인, 새로운 조리원리, 지구문화사, 2000.
정현숙 외 3인, 새로운 조리과학, 지구문화사, 2000.
현영희 외 3인, 형설출판사, 2001.
한국식품영양학회, 식품재료사전, 한국사전연구사, 1999.
한국영양학회 ,한국인영양권장량 제7차 개정, 2000.
등급을 알고 고기를 골라 드세요, 농림부축산물등급판정소, 2000.
정영도 외 11인, 식품조리재료학, 지구문화사, 2000.
下田吉人 외 3인 調理の科學, 朝倉書店, 1997.
中信子 調理の科學, 三共出版, 1977.

松元文子, 新調理學, 光生館, 1990.

太田靜行 외 1인, フライ食品の理論の 実際, 幸書房, 1989.

茂木美智子 외 7인, 最新調理科學. 建帛社, 1990.

鳥田淳子 외 1인, 調理學, 朝倉書店, 1990.

杉田造一, 調理のコシの科學, 講談社, 1990.

日本調理科学会近畿支部 焼く分科会 ハソベーグステーキ焼成時① 内部温度, 日本調理科学会誌, 32(4) 338~345, 1999.

富岡文枝 외 3인, マィクロ 波加熱によるサベ 肉脂質の劣化, 調理科学 25(1) 15~21, 1992.

斎藤貴美子 冷凍魚① 解凍にっぃて, 日本調理科学会誌, 29(1) 67~72, 1996.

日本調理科学会近畿支部 焼く分科会 ハソベーグステーキ焼成時① 内部温度, 日本調理科学会誌, 32(4) 288~295, 1999.

沖谷明紘 외 2인, 食肉のおぃしさと熟成 調理科学 25(4), 314~326, 1992.

近膜保 外 1인 食品 コロイド科學 三共 出版株式會社 조和

Marion Bennion. *Introductory FOODS 9th ed*, Macmillan Publishing Company. 1985.

Helen charley, *Food Science 2th ed*, 1982.

Harry I snyder 외 1인, *SOYBEAN UTILIZATION,* An AVI Book, 1987.

R. Carl Hoseney. *Principles of Cereal Science and Technology,* American Association of Cereal Chemists Inc., 1990.

John M. deMAN. *Principles of Food Chemistry 3th ed*, Aspen Publishers. Inc., 1999.

Yeshanjabu Pomeranz, *Functionl Properties of Foods Components,* ACADEMIC PRESS INC., 1985.

NOHWANSEOB, *Fundamentals of FOOD SCIENCE,* Ji Goo Publishing Co., 1993.

Thomas Richardson 외 1인, *CHENICAL CHANGES IN FOOD DURING PROCESSING,* AVI PUBLISHING COMPANY INC., 1984.

Vladimir KYZLINK, *PRINCIPLES OF FOOD PRESERVATION,* Elsevier Science Publishing Co. Inc., 1990.

박세원 외 2인, Microwave를 이용한 조리방법에 따른 상용채소의 무기질 함량 변화-시금치와 브로커리-, 한국조리과학회지 11(2) 98~103, 1995.

서형주 외 4인, 조리방법에 따른 고구마의 당 함량 변화, 한국조리과학회지14(2), 182~187, 1998.

저자약력

- **송 주 은**
  동우대학 호텔조리과 교수
- **현 영 희**
  수원여자대학 식품조리과 교수
- **변 진 원**
  수원여자대학 식품영양과 교수
- **백 승 희**
  천안연암대학 외식산업과 교수
- **김 종 욱**
  대림대학 호텔관광외식경영과 교수
- **전 기 수**
  경문전문학교 푸드스트일리스트과 교수
- **김 미 정**
  신성대학 호텔식품계열 교수

최신 조리원리

2001년 9월 5일 초판 1쇄 발행
2015년 9월 10일 초판 9쇄 발행

지은이 송주은 · 현영희 · 변진원 · 백승희 · 김종욱 · 전기수 · 김미정
펴낸이 진욱상 · 진성원
펴낸곳 백산출판사
교 정 편집부
본문디자인 편집부
표지디자인 편집부

등 록 1974년 1월 9일 제1-72호
주 소 경기도 파주시 회동길 370(백산빌딩 3층)
전 화 02-914-1621(代)
팩 스 031-955-9911
이메일 editbsp@naver.com
홈페이지 www.ibaeksan.kr

ISBN 89-7739-392-2
값 17,000원

* 파본은 구입하신 서점에서 교환해 드립니다.
* 저작권법에 의해 보호를 받는 저작물이므로 무단전재와 복제를 금합니다.
  이를 위반시 5년 이하의 징역 또는 5천만원 이하의 벌금에 처하거나 이를 병과할 수 있습니다.